高职信息检索

肖亚明　尹志清　　　　　主　编
韩　华　刘华锋　黄　铂　副主编
熊仕涛　　　　　　　　　主　审

天津大学出版社
TIANJIN UNIVERSITY PRESS

图书在版编目（CIP）数据

高职信息检索／肖亚明，尹志清主编.
—天津：天津大学出版社，2014.8（2023.9 重印）
ISBN 978－7－5618－5170－8

Ⅰ.①高… Ⅱ.①肖… ②尹… Ⅲ.①情报检索—高等职业教育—教材 Ⅳ.①G354

中国版本图书馆 CIP 数据核字（2014）第 189790 号

出版发行 天津大学出版社
地　　址 天津市卫津路 92 号天津大学内（邮编：300072）
电　　话 发行部：022－27403647
网　　址 publish. tju. edu. cn
印　　刷 北京虎彩文化传播有限公司
经　　销 全国各地新华书店
开　　本 185mm×260mm
印　　张 12.75
字　　数 318 千
版　　次 2014 年 9 月第 1 版
印　　次 2023 年 9 月第 8 次
定　　价 30.00 元

前　言

随着知识经济时代的到来和现代信息技术的迅猛发展，现代社会的信息量正在呈几何级数量递增，信息的海量增长与人们对信息的特定需求之间的矛盾越来越突出。信息已经成为人类社会发展的一种驱动力，人们越来越重视对信息资源的有效开发和利用。信息素养教育是当代大学生素质教育的重要内容之一，此项教育主要通过信息检索课程进行。目前，许多高职院校将信息检索作为公共基础课程，目的是要培养大学生的信息意识和获取信息的能力，进而提高其创新能力，该课程也受到了越来越多大学生的欢迎。

为了满足高职高专和中职学校信息检索课程教学的需要，充分体现数字化、网络化和信息化的时代特征，我们编写了这本《高职信息检索》。本书在介绍基本理论和信息技术的基础上列举具体的实例，将理论与应用技术相结合，从而引导学生学以致用，使其真正掌握信息检索技术。此外，为培养学生的实践能力，本书每章后均设有思考题，并专设一章为信息检索综合实训，以便于学生在检索实习中能够充分接触和利用信息机构、信息渠道来检索所需信息。

本书由武汉船舶职业技术学院肖亚明、尹志清担任主编，武汉船舶职业技术学院韩华、刘华锋和黄铂担任副主编，武汉船舶职业技术学院熊仕涛担任主审。具体分工如下：肖亚明编写第1章，尹志清编写第3章、第4章和第5章，韩华编写第2章，黄铂编写第6章，刘华锋编写第7章。

编者在本书的编写过程中参阅了大量的文献资料，在此向有关作者表示衷心的谢意。由于编者本身知识结构和专业水平的局限性，再加上时间仓促，书中错误在所难免，敬请广大专家学者和各位同行、读者批评指正。

编　者

2014.5

目　录

第 1 章 信息与信息素质

第 1 节 信息素质

一、信息素质的概念

信息素质（Information Literacy）这一概念是美国信息产业协会主席保罗·泽考斯基（Paul Zurkowski）于 1974 年在美国图书情报学全国委员会（National Commisson on Libraries and Information Science）上正式提出的。他把信息素质定义为“利用大量的信息工具及主要信息源，寻找、评价和有效利用信息使问题得到解答的技术和技能”，并建议在以后几十年内在全国范围内使全民达到具有信息素质这一目标。

1998 年全美图书馆协会和美国教育传播与技术协会在《信息能力：创建学习的伙伴》一书中，从信息素质、独立学习和社会责任三个方面阐述了学生学习的九大信息素质标准，具体见表 1－1。

表 1－1 信息素质标准

信息素质主要内容	信息素质标准
信息素质	标准一：能够有效、高效地获取信息
	标准二：能够熟练、批判性地评价信息
	标准三：能够精确、创造性地使用信息
独立学习	标准四：能够探求与个人兴趣有关的信息
	标准五：能够欣赏作品和其他对信息进行创造性表达的内容
	标准六：能够力争在信息查询和知识创新中做得最好
社会责任	标准七：能够认识信息对民主化社会的重要性
	标准八：能够履行与信息和信息技术相关的符合伦理道德的行为
	标准九：能够积极参与小组活动来探求和创建信息

2003 年 9 月，联合国教科文组织（UNESCO）和美国图书情报学全国委员会（NCLIS）在捷克首都布拉格召开了信息素质专家会议（Information Literacy Meeting of Experts），会议发表了题为“走向信息素质社会”的布拉格宣言（*The Prague Declaration “Towards an Information Literate Society”*）。会议将信息素质定义为一种能力，它能够确定、查找、评估、组织和有效地生产、使用和交流信息，并解决面临的问题。会议宣称信息素质是人们有效参与信息社会的一个先决条件，是终身学习的一种基本人权。

2005 年 11 月，由联合国教科文组织（UNESCO）、国际图书馆协会联合会（IFLA）和美国信息素质论坛在埃及亚历山大城联合召开了国际高级信息素质和终身学习研讨会，并发表了题为“信息社会灯塔：关于信息素质和终身学习”的亚历山大宣言（*Beacons of the Information Society the Alexandria Proclamation on Information Literacy and Lifelong Learning*）。亚历山大宣言宣称信息素质和终身学习是信息社会的灯塔，照亮了通向发展、繁荣和自由的道路；信息素质是终身学习的核心，它能使人们在一生中有效地寻求、评价、利用和创造信息，以便达到个人的、社会的、职业的和教育的目标。

从上述逐渐完善的定义和标准中可以看出，信息素质是一个综合的概念，主要包括三方面的内容：信息意识（人们对信息的敏感程度）、信息能力（人们以各种形式发现、评价、利用和交流信息的能力）、信息道德（人们在信息活动中应遵循的道德规范）。也就是说，一个具有信息素质的人，就是一个具有信息意识、信息能力和信息道德的，从而能够较好地适应信息时代生存和发展的人。

二、信息素质体现的能力

具体来说，信息素质体现为以下六方面的能力。

1. 识别信息需求的能力

识别信息需求主要指能够充分认识信息的重要性，在实践中提炼信息需求，预判信息存在的形式并且能够表达信息需求。该能力需要对信息敏感，需要了解信息的存在形式和信息的种类等。

举例：张三是一名大学生，暑期准备和家人去旅游，出发地是湖北武汉，目的地是海南三亚著名景点，时间是六天五夜，整个旅行设计要求既省钱又详细可行，如何制订旅游计划就是一个信息需求。

2. 获取信息的能力

获取信息主要指依据信息需求方便、快捷地获取所需信息。该能力需要使用计算机或相关检索工具，了解信息源，知晓检索方法等。

举例：张三可以上网通过搜索引擎搜索旅游信息（包括旅游线路、交通工具、景点门票、酒店住宿、费用预算、时间安排等），也可以直接到旅行社询问，不管通过何种手段，都是为了方便、快捷地获取信息。

3. 分析评价信息的能力

分析评价信息主要指筛选、鉴别所需要的信息，判断信息的真实性、可靠性。该能力需要了解信息评价的基本方法，结合实际，大胆假设，小心求证。

举例：对通过搜索引擎发现的旅游信息或通过向旅行社咨询到的信息进行分析比较，选择既经济实惠又详细可行的旅游计划。

4. 加工处理信息的能力

加工处理信息主要指将多种信息进行整理分析，对事物形成新的认识。该能力需要有一定的知识储备，通过归纳、综合、抽象、联想等思维活动，在知识层面融合信息。

5. 利用信息解决具体问题的能力

利用信息解决具体问题主要指在掌握一定信息的基础上，进行新的实践，进而解决问题。

6. 合理使用信息的能力

合理使用信息主要指了解学术规范，正确引用信息，合理使用电子资源，避免学术造假和剽窃。

三、信息素质教育

信息素质是当今综合素质中必不可少的一种重要素质。“餐人以鱼，其食一饷；授人以渔，其食一生。”站在信息素质的角度看，怎样才能“授人以渔”呢？显然，这种素质不是与生俱来的，而是在后天社会活动中逐步形成的。那么要想真正拥有这种素质，最有效的方法就是接受信息素质教育。所谓信息素质教育，就是以提高人的信息素质为目的的教育活动。培养受教育者具备利用各种方法和手段获取、评价、利用信息的技能，使受教育者在信息意识、信息能力、信息道德等多方面达到信息化社会的需求。

国外发达国家由于率先进入信息社会和知识经济时代，因此对信息素质教育的意义认识得较早，重视程度高，早已把信息素质纳入自己的教育体系中，如美国、澳大利亚、英国、日本等国走在了信息素质教育的前沿，信息素质教育已经比较成熟。而我国国情与教育体制与国外不同，我国信息检索课程作为对大学生开展信息素质教育的主干课程，开设始于国家教育部和原国家教委在 1984 年、1985 年和 1992 年分别下发的《关于在高等学校开设文献检索与利用课的意见》《关于改进和发展文献课教学的几点意见》和《文献检索课教学基本要求》三份指导性文件，它们均把课程称为“文献检索与利用”，简称“文献检索”。在国家教育部门的重视和指导下，许多高校开设了与文献检索有关的课程。但信息检索课程在高职院校开设的时间还不长，开设的面也很有限。近年来，高职院校不断建设与发展，越来越重视信息检索课程建设，也取得了一些教学成果。2011 年 5 月，全国高职院校图书馆信息检索课程教学研讨会在深圳职业技术学院召开，这是高职院校首次召开全国性的信息检索课程教学研讨会。会议的主要任务是在高职院校图书馆从规模建设到内涵发展的转变时期，研讨我国高职院校文献信息检索课程教学与信息素养教育所面临的形势、问题和对策，加强交流与学习，不断提高高职院校文献信息服务水平。目前我国许多高职院校以选修或必修等方式开设了信息检索课程（如文献检索、信息资源检索、信息素质等课程）。

总之，信息素质教育是一个系统工程，它可以采取多种形式。大学生要想有效地提高自身的信息素质，就应该坚持课堂学习与业余学习相结合的“两条腿走路”的方针。这两种教育形式是良性互动的辩证关系，二者彼此互补，相辅相成，缺一不可。业余学习可以消化课堂学习所得并进一步拓展思路，课堂学习则可以反过来提升业余学习的水平。对任何人来说，课堂学习都是一时的，而业余学习则是永恒的。

第 2 节　信息概述

信息作为一种社会资源很早就被人们所认识，而且自古以来人类就在利用这种资源，只是利用的能力和水平很低而已。例如，我国古代发明的采用原始感测和显示技术的指南针，原始通信技术的烽火台，以及信息记录、存储技术的造纸术和印刷术等。

随着计算机技术的快速普及，随着 Internet 热潮席卷全球，人类社会正以无法估量的速度悄然迈入知识（信息）经济时代。在这个时代，经济活动对于信息（知识）活动的依赖程度越来越深，在所有可利用的资源中，信息资源的利用已上升到主导地位。近年来，赛博空间（Cyberspace，又称为网络空间）和虚拟现实（Virtual Reality）的出现已使“秀才不出门，便知天下事”成为了现实，信息的高速流动使地球变成了一个小小的村落。

一、信息的定义

信息可以说是当代社会使用最多、最广、最频繁的词汇之一，它不仅在人类社会生活的各个方面和各个领域被广泛使用，而且在自然界的生命现象与非生命现象研究中也被广泛采用。世间万物的运动，人间万象的更迭，都离不开信息的作用。据说上古时期，诺亚方舟在洪水中飘荡许久，当放出的飞鸽衔回一束橄榄枝，意味着带回了洪水已退的信息；李白的诗“日照香炉生紫烟，遥看瀑布挂前川。飞流直下三千尺，疑是银河落九天”给我们带来的显然就是庐山瀑布的信息；苏东坡的词“大江东去，浪淘尽，千古风流人物……”给我们传递的是赤壁怀古的信息。现代人更是如此，在某种意义上，无法获得信息的人将很难立足于现代社会。从购物到旅游，从升学到择业，生活就是对信息的收集、分析和在此基础上的行动，是人们日常生活中最平常、最普通的活动。如商品购买者需要比较不同商品价格和质量的信息，足球教练员需要掌握最新的技战术、球员状况、对手的伤病员等信息。每一个组织的管理机构要想使该组织获得成功，取决于是否有效地组织了各分支部门之间的信息交流。每一个国家的决策部门同样需要利用内外信息作为“润滑剂”，以使国家机器正常运转。自古至今，人们随时都在自觉地接收、传递、存储和利用信息。其实信息与你我如此贴近，犹如日常生活中每天都会面对的衣服、食物和文件一样。

然而，什么是信息，迄今尚未有公认的定义。

我国南唐李中《碧云集·暮春怀故人》诗“梦断美人沉信息，目穿长路倚楼台”及南宋陈亮《梅花》诗“欲传春信息，不怕雪埋藏”中的“信息”指的是“音讯”和“消息”。在英文中，“信息”（Information）和“消息”（Message）两个词在许多场合也是相互通用的。

最早把信息作为科学对象来加以研究是在通信领域，因为通信的本质就是传输信息，通信科技工作者为了解决通信中的种种问题，需要深入研究信息的本质及其度量的方法。这一领域的奠基之作当推哈特莱 1928 年在《贝尔系统电话杂志》上发表的题为“信息传输”的论文。他在这篇文章中把信息理解为选择通信符号的方式，并用选择的自由度来计量这种信息的大小。1948 年，通信专家申农在他的著名论文《通信的数学理论》中把“信息”解释为“两次不定性之差”，即通信的意义在于消除某种不定性。简单地说即“信息是指有新内容、新知识的消息”。例如，人们收听广播，听到了一些新闻，也就是接收到了一些消息。这些消息的内容可能是已经知道的，也可能是还不知道的。事先已经知道的不是信息，因为人们不能从中获得新内容或新知识，以消除不确定性。在接收者看来，信息必须是事先不知道内容的新消息。可见，申农的信息定义是从信息在通信过程中的作用的角度提出的。几乎同时，美国科学家维纳（N. Wiener）在发表的《平稳时间序列的外推、内插和平滑化》一文和《控制论》一书中表明，信息就是人们在适应外部世界，并把这种适应反作用于外部世界的过程中同外部世界进行相互联系、相互作用、相互交换的一种内容。维纳的理论为人们提供了一条深入揭示信息本质的正确途径。

随着科学技术和经济的发展，人们的认识水平不断提高，信息概念也在不断拓展。当计算机出现后，信息被看作是数据，在计算机科学的许多基础理论中使用，并应用于数据库的开发和建设。在生命科学领域，动物界与植物界的信号交换，甚至生命体由一个细胞传递给另一个细胞，由一个机体传递给另一个机体，也开始被看作是信息的传递。例如，生物体内的核酸分子（分为脱氧核糖核酸 DNA 和核糖核酸 RNA）就是通过自我复制，把遗传信息一代代传下去的，这就是一种重要的信息传递。第二次世界大战后，科技信息工作成为科技工作的重要组成部分，信息服务逐渐发展起来，成为社会经济生活中独立的产业，信息又被看作经验、知识和资料。信息的普遍性和广泛性也引起了哲学家的关注，他们发现，人类社会、自然界、思维，乃至宇宙中一切事物的存在方式及运动状态都有其固有的规律和特征，由相应的信息来表现这种运动的状态和方式。由于任何事物都有其内部结构和外部联系，正是这种内部结构和外部联系的综合作用，决定了事物的运动状态和方式，因此，信息可以说是事物的一种普遍属性。

信息的定义之所以呈现多样化，主要原因有三：第一，信息本身的复杂性，它是一个多元化、多层次、多功能的综合物；第二，信息科学是一门新兴学科，它的许多分支学科仍在随着社会、经济和科学技术的发展而发展，其内涵和外延不很确切；第三，人们会出于不同的研究和使用目的，从不同的角度或层次出发，对信息概念作出不同的解释。

目前，关于信息比较统一和科学的定义是："信息是指应用文字、数据或信号等形式，通过一定的传递和处理来表现各种相互联系的客观事物在运动变化中所具有特征性内容的总称。不同事物具有不同的存在方式和运动规律，从而构成了各种事物的不同的特征，发出不同的信息。总之，信息是对客观世界中各种事物的变化和特征的反映，是客观事物之间相互作用和联系的表征，是客观事物经过感知或认识后的再现。"

二、信息的特征

根据我们对信息定义的分析，可以进一步归纳出信息的特征。了解信息的特征，反过来又会加强我们对信息定义的理解和认识。

1. 信息存在的普遍性和客观性

信息是事物存在方式和运动状态的表现，宇宙间的万事万物都有其独特的存在方式和运动状态，也就必然存在着反映其存在方式和运动状态的信息。事物的存在和运动无时不有、无处不在，因而信息也就如影随形，无时不有、无处不在。这种普遍存在着的信息还具有绝对性和客观性。绝对性表现为客观的物质世界先于人类主体而存在，因此信息的存在不依主体而转移；客观性表现为信息不是虚无飘渺的东西，它的存在可以被人感知、获取、存储、处理、传递和利用。

2. 信息产生的广延性和无限性

宇宙时空中的一切事物都有其存在方式和运动状态，都在不断地产生信息；而宇宙时空中的事物是无限丰富的，在空间上广阔无边，在时间上变化无限。因而信息的产生是无限的，分布也是无限的。即使在有限的空间和时间段中，事物也是无限多样的，信息自然也是无限的。

3. 信息在时间和空间上的传递性

信息产生于事物的存在和运动，但信息可以独立于其发生源而相对独立，可以由其他物质载体携载在时间或空间中传递。在时间上的传递即是信息的存储。在空间中的传递就是通信。其实，存储也是通信，只是面向未来的通信而已。当然，信息在空间上的传递也需要时间，但它在空间中传递的速度是一个有限值。尤其是在现代通信技术支持下，信息在空间上转移的时间越来越短，甚至可以忽略不计。信息在时间和空间中传递的性质十分重要，它不仅使人类社会能够进行有效的信息交流和沟通，而且能够进行知识和信息的积累与传播。正如维纳所说，信息是人类社会的黏结剂。很难想象，如果没有信息的传递性，人类社会会是什么状况。

4. 信息对物质载体的依附性和独立性

信息表征事物的存在和运动，但信息不是事物本身。这种表征可以通过人类创造的各种符号、代码和语言来表达，通过竹、帛、纸、磁盘、光盘等物质来记录和存储，通过光、声、电等能量来载荷和传递。离开这些物质载体，信息便无法存在。这说明，信息对物质载体具有依附性。但信息具体由哪种物质载体来表达、记录和载荷都不会改变信息的性质和含义，这说明信息对物质载体具有独立性。例如，“明天是否下雨”这则气象信息，我们可以用数字 0 和 1 来表示，也可以用电流正和负表示，还可以用硬币的正面和反面来表示；可以记录在纸张上，也可以记录在磁盘上，还可以记录在黑板上；可以用光来传递，也可以用声音来传递，还可以用电波来传递等，但它们都不影响该信息的性质和内容。也就是说，载荷信息的物质载体的转换并不改变事物存在的方式和运动状态的表现形式。信息的这一性质使得人们有可能对信息进行各种加工处理和变换。

5. 信息对认识主体的相对性

由于人们的观察能力、认识能力、理解能力和目的不同，人们从同一事物中所获得的信息量也各不相同。即使他们的这些能力和目的完全相同，但他们在观察事物时，选择的角度不同、侧面不一样，他们所获得的有关同一事物的信息肯定也不同。根据信息的客观性和绝对性，可以假定某一事物的实在信息量 $I(X)$ 是常数。在这样的条件下，第 i 个观察者的实得信息量 $I(X, R_i)$ 可表示为

$$I(X, R_i) = I(X) - I_0(X, R_i)$$

既然各个观察者的先验信息 $I_0(X, R_i)$ 各不相同，他们从该事物实际得到的信息量当然也各不相同。信息的这一性质说明，实得信息量是因人而异的。信息的这一性质在我们的日常生活和工作中是屡见不鲜的。例如，对于 $E = mc^2$ 这个公式，具有物理学知识

的人见到它立即会领会到它所代表的质能转换的深刻内涵，而没有物理学知识的人所得到的信息很可能就是一个普通的数学公式或英文字母、数字的组合。

6. 信息对利用者的共享性

因为信息可以脱离其发生源或独立于其物质载体，并且在利用中不被消耗，因而可以在同一时间或不同时间提供给众多的用户利用，这就是信息的共享性。信息能够共享是信息不同于物质和能量的重要特征。物质和能量的利用表现为占有和消耗。当物质和能量一定时，利用者在利用上总是存在着明显的竞争关系，即“你多我就少”。或者说，在对某一数量的物质和能量加以利用时，一部分人利用得多了，其他人就只得少利用甚至不利用。但信息的利用不存在这样的竞争关系。例如，某人阅读一本书，他从这本书中获取的知识内容（或称信息量）并不会因为其他人已经阅读而受到影响，也不会对将要阅读这本书的人产生影响。再如，当计算机的应用软件开发出来之后，生产者可以将其复制转让给其他利用者，而生产者并未因转让而失去原有软件信息，他可以在该软件信息寿命周期内不断转让。各利用者利用该软件的信息并不以其他利用者少利用或不利用为前提，他们在利用上不存在竞争关系，可以同时共享一份信息。信息的共享性是信息的一种天然属性（本质特性）。

7. 信息的不可变换性和不可组合性

信息一旦产生，就表达某种特定的含义。它不是包含在信息中的各种要素（如符号、数据、单词等）的简单算术和，因而不可能将这些要素以任意的顺序排列和以不同的组合加以归并而不损害信息的含义。例如，“明年的夏天比今年更热”这条信息，如果将“今年”与“明年”两个要素调换位置，则变为“今年的夏天比明年更热”，意思与原信息完全相反。将信息中的构成要素以任意的顺序排列和不同的组合加以归并就能够保持原有的含义仅仅是偶然现象。同样，构成信息的要素也是不能任意分割的。

8. 信息产生和利用的时效性

从信息产生的角度看，信息所表征的是特定时刻事物的存在方式和运动状态，由于所有的事物都在不断交化，过了这一时刻，事物的存在方式和运动状态必然会改变，表征这一方式和状态的信息也会随之改变，即所谓的时过境迁。从信息利用的角度看，信息仅在特定的时刻发挥其效用。一条及时的信息可能价值连城，使濒临破产的企业扭亏为盈，成为行业巨头；一条过时的信息则可能分文不值，使企业丧失难得的发展机遇，酿成灾难性的后果。

信息的时效性并不意味着生产出来的信息越早利用越好，这中间并没有必然的因果关系。早投入利用固然可能容易实现其效用价值，但相反的情况也屡见不鲜。随着时间推移，某些信息可以像陈年老酒一样不断增值。这里主要强调“特定时刻”，利用者要善于把握时机，只有时机适宜，信息才能充分发挥效用。

我们在这里列举和讨论的仅仅是信息的基本特征，是不同种类的信息都具有的属性。

实际上，不同类型的信息还有不同的特性，我们就不一一讨论了，留待读者自己去分析。

三、信息的分类

根据产生信息的信源性质的不同，信息一般可分为自然信息、生物信息和社会信息。

1. 自然信息

自然信息是由自然界客观存在的固有事物所发出的信息，如形形色色的天气变化、地壳运动、天体演变、自然奇观等。

2. 生物信息

生物信息是指由生物体发出的信息，如鸟语花香、体温升降等。

3. 社会信息

社会信息是指人类活动所产生及伴随的各类信息，其范围相当广泛，如人口信息、法律与政治信息、教育信息等。

我们在这里要讲的信息并不是一般意义上的信息，而是具有使用价值的社会信息。

四、知识、情报、文献与信息

知识、情报、文献与信息之间既有区别又有联系。

1. 知识

知识是人类在改造世界的过程中所获得的认识和经验的总和。人们把在利用自然、改造自然的社会实践中所搜集和利用的信息加以概括与总结，发挥自身的主观能动性，对所掌握的信息加以系统化和完备化，就产生了具有一定模式的知识。可见，信息被人类所感知并被提炼加工，即成为知识。只有通过对信息的加工，人们才能获得知识。如果没有信息，也就根本谈不上知识。知识则是信息升华的结果，是一种浓缩的系统化的信息。因此，信息是知识的基础，而知识是信息的核心。

“知识的一半就是知道到哪里去寻找它。”这是一句雕刻在美国一所大学大门上的名言。俄罗斯学者布留索夫在《论目录学对于科学的意义》一文中写道：“学问与其说是知识的储蓄，倒不如说是善于在书海中找到知识的本领。”经济合作与发展组织（OECD）在 1996 年的年度报告《以知识为基础的经济》中将知识分为四大类：①知道是什么的知识（Know What），主要是叙述事实方面的知识；②知道为什么的知识（Know Why），主要是自然原理和规律方面的知识；③知道怎么做的知识（Know How），主要是指针对某些事物的技能和能力；④知道是谁的知识（Know Who），涉及谁知道和谁知道如何做某些事的知识。

2. 情报

情报源于战争，源于竞争，源于为了取得优势地位。情报就是人们在一定时间内为一定目的而传递的有使用价值的知识或信息，它有明确的接收对象，属于人工知识或信息的范畴，它来源于知识与信息，是激活了的知识，是动态的信息。

作为情报，应满足以下三个基本条件。第一，该知识或信息必须处在被使用的过程中，即在传递的流动过程中。例如，图书馆书架上的图书资料中的众多信息或知识，在没有用户借阅的状态下，完全处于静止状态，就不能称其为情报。第二，情报的时效性。情报具有很强的时间性。例如，我国国内成品油价格随国际市场原油价格的变化而变化，应在一定的时段里作出价格调整。假如汽车司机在市场执行涨价前获悉这一信息，此时该信息绝对是一则情报；一旦涨价事实已在市场中被执行，这一原来具有价值的情报就只是一般的市场信息而已，不能再称为情报。第三，情报是针对特定对象所提供的有价值的知识或信息。再以上述成品油涨价为例，汽车司机提前获悉该信息后及时加油，即产生了相应的效益；对无汽车者而言，即便提前获悉涨价一事，也产生不了直接效益，仅仅是一则消息而已。美国著名的未来学家约翰·奈斯比特（John Naisbitt）曾经这样说过：“我们周围充满了信息，但却缺少真正意义的情况。”

3. 文献

文献是伴随着人类对史料的记载而产生的。在我国，“文献”一词最早见于《论语·八佾》：“子曰：夏礼吾能言之，杞不足征也；殷礼吾能言之，宋不足征也。文献不足故也。足，则吾能征之矣。”孔子在此强调了文献的重要性，说明文献的“足”与“不足”，是国家“礼”制的依据。宋代朱熹在《四书章句集注》中注：“文，典籍也；献，贤也。”可见古人的“文”指的是典籍资料，“献”则指有学问的人。随着时代的变迁，文献载体不断地丰实，书籍日益增多，文献的概念也发生了变化，文献已不兼指书和人，而是专指著述。

随着文献交流的日趋频繁，学术界也力求对文献做一个统一的界定，其中代表性的定义有：①文献泛指一切文字、图形、影像和视听资料，是以特定的物质为载体的人类精神信息的固态品；②文献是用一定的技术、手段将一定的信息内容记录到一定载体上形成的存储型传递媒介；③文献是记录信息与知识的一切人工附载物。国际标准化组织的《文献情报术语国际标准草案》（ISO/DIS 5127）对文献的定义是：在存储、检索、利用或传递信息过程中，可作为一个单元处理，依附载体而存储有信息或数据的载体。《中华人民共和国国家标准·文献著录总则》（GB 3792. 1—1983）对文献的定义则是：记录有知识的一切载体。从以上文献定义的表述来看，文献是指人们对信息加以有序化、系统化，并以文字、图形、符号、音频、视频等信息符号记录在一定载体上的固态精神产品。

文献是重要的信息资源，是人类知识的物质保存形式。文献由以下三个要素构成。

1）文献内容，即被记录的信息、知识。

2）文献载体，即除人脑以外的用于记录信息、知识的物质载体，如最早的泥板文献中的泥板以及竹简、甲骨、石头、金箔、纸张、磁带、光盘、磁盘等。

3）记录方式，即信息、知识被记录、存储到载体材料上的方式，如铸刻、书写、印刷、录制、摄制、刻录等。

信息、知识、情报与文献之间的关系如图 1－1 所示，一方面，人们将信息、知识、情报经过选择、分析、综合，记录存储在一定的载体上，加工成文献，这是文献的创作过程；另一方面，人们通过不同类型的文献认识和掌握纷繁复杂的信息、知识和情报，用于认识世界和改造世界，这是文献的利用过程。

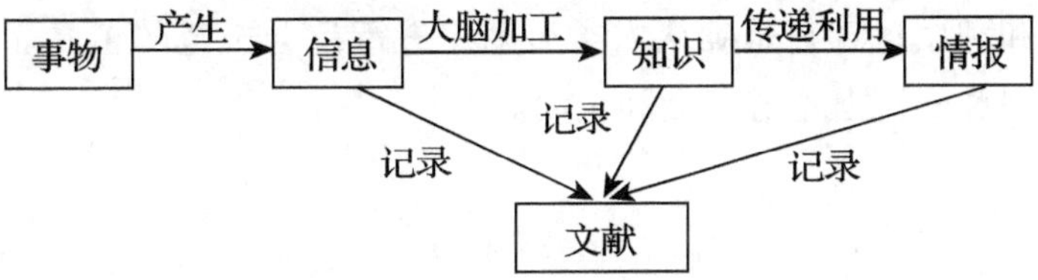

图 1－1　信息、知识、情报与文献之间的关系

第 3 节　信息源

一、信息源定义及其类型

1. 信息源的定义

饮水思源，掌握信息也有必要先了解信息之源。联合国教科文组织出版的《文献术语》一书认为："个人为满足其情报需要而获得情报的来源，称为信息源。"苏联出版的《俄英情报学词典》则认为："产生消息或为了传递而持有情报的任何系统，均称为信息源。"可见，所谓信息源，就是人们为满足信息需要而借以获得信息的来源。信息源既可以是产生和持有信息的个人和机构，也可以是负荷信息的载体。从信息的内涵可以知道，信息本身既不是物质，又不具有能量。因此，任何信息都离不开一定的物质载体和能量，信息总是以一定类型或形式的载体作为其存在和传递的物质基础。

信息载体又可分为信息表征载体和物质载体两类。所谓信息表征载体是指信息内容赖以存在的文字、符号、声波、光波等用以记录信息的载体，亦称第一载体。所谓物质载体则是指信息载体赖以存在和传递的纸张、胶片、磁带、光盘等物质材料，亦称第二载体或硬载体、载体的载体。只有第一载体和第二载体有机结合，才能保证信息内容得到完整的保存和有效的传递。信息科学、材料科学不断发展，信息载体也会相应地发展变化。

2. 信息源的类型

信息源的种类繁多，但总体上一般可分为两大类型：文献信息源和非文献信息源（包括实物信息源和口头信息源）。两类信息源各具特点，一般地说，文献信息源信息量大，相对稳定，易于组织、管理和检索；非文献信息源相对而言则具有生动直观、选择性和针对性强、获取速度快的特点。

文献信息源是正规的信息源，是人类社会所特有的人工信息源。凡是以文献作为载体形式的信息源均可称之为文献信息源。由于文献在保存和传递信息方面具有重要的作用，可以说文献信息源是人们获取信息最基本、最主要的来源。文献信息源具有的特殊优势：①能够促使信息得到长久的保存和广泛的传播；②所载信息固定而明确，便于进行多方面的加工和利用；③它是确认人类活动，进行社会规范的工具。文献信息源的主要缺陷就是在传递和交流上不够灵活和生动。

二、文献信息源

丰富的文献信息源能够为人们提供前人或他人的已有成果，避免无效劳动，为社会创造效益。文献作为信息的宝库，是人类文明成果的总汇，是一种宝贵的智力资源和精神物质资源，是社会进步的重要标志。各类文献经过加工、整理、布局就构成了文献信息源。

1. 文献信息源的类型

根据不同的划分标准，文献信息源可以分成多种类型。下面按照载体形式、加工层次、出版类型三种方式来划分文献信息源类型。

（1）按载体形式划分

1）印刷型文献。

印刷型文献是指以纸张为存储介质，以印刷（包括铅印、油印、胶印、木版印刷）为记录手段的一种文献形式。印刷型文献是一种有着悠久历史传统的文献载体，它具有易于携带、方便阅读、经济实用等其他文献载体所无法比拟的特点，其最突出的优点在于符合人类长期以来形成的阅读习惯。因此，它一直都是人们用以传播文献信息的主要载体。其缺点是收藏需占用较大空间，且不易于保存、管理，不便于快速传递信息、高效查阅和高密度存储文献信息。

2）缩微型文献。

缩微型文献是指以感光材料为载体（如银盐片、重氮片、微泡片），以缩微照相技术为记录手段而产生的一种文献形式。对这类载体的文献查阅，需要借助于专门的仪器设备。缩微型文献的主要优点是：①信息储存量大；②体积小，重量轻，在存储相同资料的情况下，普通缩微平片比纸质文献节省空间98%；③成本低，价格便宜；④保存期长，在通常工作环境中可保存 50 年，适当环境湿度下可保存 100 年以上；⑤不易散失弄乱，易于检索、复制、放大、转换成其他形式的文献。缩微型载体文献的主要缺点为非直观性，不符合人们的阅读习惯。

3）声像型文献。

声像型文献是以磁性材料、光学材料为记录载体，利用专门的机械电子装置记录与显示声音和图像的文献，又称声像资料、视听资料、音像制品，如我们常见的磁带、录像带等。与印刷型文献相比，声像型文献能如实记录声音和图像信息，加以存储，并超越时空限制反复播放。此外声像型文献可以使人们在接收信息时多通道地摄入，更有助于理解知识、加深印象并获得长久记忆。声像型文献还可以使信息按人们需要来表现，如放慢瞬时动作供分析，放大肉眼看不见的微观现象等，提高研究和教学的效果从而使人感觉非常生动。

4）电子型文献。

电子型文献是指以数字代码方式将图、文、声、像等信息存储到磁、光、电介质上，通过计算机或类似设备阅读使用的文献，也称机读型文献。目前电子型文献种类多、数量大、内容丰富，如各种电子图书、电子期刊、联机数据库、网络数据库、网络新闻、光盘数据库等。特点是信息存储量大，出版周期短、易更新，传递信息迅速，存取速度快，可以融文本、图像、声音等多媒体信息于一体，信息共享性好、易复制。缺点是必须利用计算机才能阅读。

（2）按加工层次划分

1）一次文献。

一次文献也称为原始文献，是指由作者本人来源于科研和生产实践而撰写或发表的学术论文、科研报告、技术说明书等原始创新成果。它具有内容新颖、使用价值高等优点，是科研人员追踪的主要目标。一次文献的判断不是依据其载体类型、存在形式及出版方式，而是根据它的内容性质，只要是作者根据自己的研究成果而发表的原始创作，都属于一次文献。一次文献具有创造性、原始性和分散性的特点。创造性是指一次文献是作者创造性劳动的结晶，包含着新观点、新发明、新技术、新成果，具有直接参考和使用的价值；原始性是指作者的首次发表；分散性是指成果的个别性，同一学科、主题的相关一次文献出版一般都较为分散。

例：期刊论文《电弧喷涂 Zn-Al 伪合金涂层电化学腐蚀性能研究》，作者：陈长江、李秉忠，发表于《船海工程》2009 年第 6 期。文章提出："通过腐蚀电位测定、极化电阻测定、中性盐雾腐蚀试验分析锌铝伪合金涂层的电化学腐蚀性能并与纯锌、纯铝及锌铝合金涂层进行比较。结果表明，锌铝伪合金涂层的阴极保护能力和耐腐蚀性能优于锌铝合金涂层。"此文为一次文献。

2）二次文献。

二次文献是人们把大量分散、无序的一次文献搜集起来，按照一定的方法进行加工、整理、提炼、浓缩，即著录其外部特征和内容特征，标引出文献的主题，编制成具有多种检索途径的检索工具，使之系统化和便于查找而形成的文献。二次文献是对一次文献的加工重组，并不是新的信息，类型主要有题录、文摘、索引等。二次文献具有汇集性、检索性、系统性的特点。汇集性是指它是在大量的分散性文献的基础上加工整理而形成的，一般汇集某一单位或专业范围内的文献，能直接反映某一信息部门或专业学科的文献收藏出版状况；检索性是指它所汇集的不是文献本身，而是一定范围内的文献线索，其本身是检索工具，还需要通过文献线索来进一步获取原始文献；系统性是指二次文献实现了对不同专业学科文献的系统组织。

例：国内报刊检索工具《全国报刊索引》、美国的《工程索引》均为二次文献。

3）三次文献。

三次文献是围绕某个主题，利用二次文献搜集大量相关的一次文献，经过研究、分析、综合而编写出来的文献，如各种综述、述评、学科年度总结、年鉴、数据手册等。三次文献具有综合性、价值性和针对性的特点。综合性是指需要对大量分散的有关课题的文献、数据、事实进行分析、综合、浓缩，其内容较为概括；价值性是指三次文献可以直接提供有价值的信息，供用户参考、利用，三次文献兼有一次文献的作用，有时可以替代原文；针对性是指三次文献大多数都是为特定目的而编写的，一般情况下是信息部门受用户委托而从事的研究成果，研究人员通过综述性文章的撰写也可以全面了解当前某一领域的研究状况。

例：论文《我国信息经济学研究综述》，作者：娄策群。该文分析了信息经济学在中国发展的两个阶段的成果，并就该学科的研究内容及关注的问题做了较详尽的探讨。此文为三次文献。

在文献信息源信息的层次结构演变中（见图 1－2），从一次文献到二次文献、三次文献，每个环节都不断融入了著者及文献工作者的创造性劳动，使文献信息得到鉴别、提纯，不断满足人们的各种需求。文献信息经过加工、整理、浓缩，从一次文献到三次文献的变化，是文献信息由博返约、由分散到集中、由无序到有序的过程；文献信息内容随层次的变化逐步老化，但其可检性、易检性及可获得性在不断递增；文献信息的这一层次变化，使人们获取信息变得有章可循、有径可录。

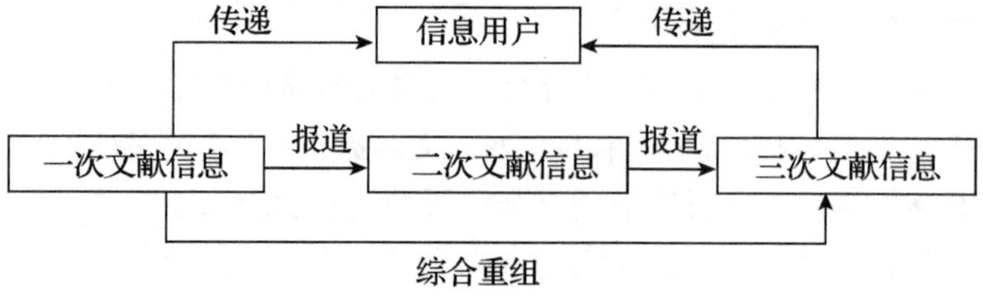

图 1－2　文献信息源信息的层次结构演变

(3) 按出版类型划分

按文献的内容特点和出版形式，可以将文献划分为图书、连续出版物和特种文献三种类型。

1）图书。

图书又称为书籍，联合国教科文组织对图书的定义为：凡由出版社（商）出版的不包括封面和封底在内 49 页以上的印刷品，具有特定的书名和著者，编有国际标准书号，有定价并取得版权保护的出版物称为图书。学术类图书一般是对已有的知识和科研成果的全面概括和总结，内容系统完整、成熟可靠。因出版周期较长，图书往往不能反映最新研究进展，不收录学科前沿问题和争论较大的理论，内容新颖性较差。

专业教材能够对某一学科的理论知识、基本技能与学科未来发展进行全面系统的阐述；学术专著则在较为系统地阐述某一学科当前研究成果的基础上，对该学科的某一领域分支或某些问题进行深入研究与探讨，具有较高的学术价值。因此，如果想对某方面知识进行全面的了解与学习，可首选相关学科的教科书进行阅读。如果已经掌握了一定的基础知识，想对某一学科专业领域做进一步深入的研究，可选择相关专业学者的学术专著进行阅读。

根据图书的内容与用途，可以将其划分为可读型图书（包括教科书、专著、丛书、文集、科普读物等)、参考工具书（包括字典、词典、手册、年鉴、百科全书、各类指南、名录、图谱等)、检索工具书（包括文摘、索引、题录）等。

ISBN（International Standard Book Number）为国际标准书号的代号，由 13 位数字，分 5 段组成，每段之间以短横间隔。第一段为国际物品编码协会（EAN International）指定给国际标准书号（ISBN）系统的专用前缀码，是 978；第二段为国家、区域号，由国际标准组织（ISO）拨给；第三段为出版商代号，由国家、区域的有关标准化组织拨给；第四段为书号，由出版商自己给；第五段为稽核号，为计算机核查数字。凡参加国际标准组织的国家，出版的书都可以根据国际标准书号编制法编制各国的标准书号。我国已正式加入国际标准书号系统，并确定我国第一位数字的组号为“7”（“0”代表美国，“1”代表英国，“2”代表法国）。一般单个数字代表较大的地域或国家，双位数字代表较小的地域或国家。

2）连续出版物。

① 期刊。

期刊又称“杂志”，指具有固定名称、统一的出版形式，按一定规律出版和连续编号的连续出版物。世界范围内正规出版的期刊都有唯一的 ISSN（International Standard Serial Number)，即国际标准连续出版物编号。ISSN 号是根据国际标准 ISO 3297 制定的连续出版物国际标准编码，其目的是使世界上每一种不同题名、不同版本的连续出版物都有一个国际性的唯一代码标识。ISSN 号是以 ISSN 为前缀，由 8 位数字组成。

8 位数字分为前后两段各 4 位，中间用连接号相连，前 7 位数字为顺序号，最后一位是校验位。如《武汉船舶职业技术学院学报》国际标准连续出版物编号 ISSN 1671-8100。另外，我国批准的正式期刊除了具有 ISSN 号，还应有国内统一刊号，即 CN 号。中文期刊 CN 号共包括四个部分，以《武汉船舶职业技术学院学报》为例，其 CN 号为 CN 42-1670/Z：CN 表示国内标识；42 表示省份码，如湖北为 42；1670 表示序列号；Z 表示分类号。

我国期刊众多，在学科、主办单位、主管部门、质量、服务等方面千差万别。下面介绍我国主要三种核心期刊定级标准。

a.《中文核心期刊要目总览》。

北京大学图书馆每四年出版一次（2011 年后每三年出版一次）《中文核心期刊要目总览》。《中文核心期刊要目总览》是学术界对某类期刊的定义，是一种期刊等级的划分。中文核心期刊是根据期刊影响因子等诸多因素所划分的期刊，由北京大学图书馆联合众多学术界权威专家鉴定。

b.《中国科学引文数据库》。

《中国科学引文数据库》（CSCD）由国家自然科学基金委员会和中国科学院共同资助，中国科学院文献情报中心承建开发。该系统全面参照美国“Science Citation Index”（SCI）的编制体系，按照“二八规律”（80% 的主要文献分布在 20% 的核心期刊中）遴选了我国 4 000 余种自然科学期刊中具有较高水平和编辑质量的核心期刊。

c.《中文社会科学引文索引》（CSSCI）。

《中文社会科学引文索引》由南京大学与香港科技大学合作研制。1997 年，南京大学提出研制开发电子版《中文社会科学引文索引》的设想，并于 1998 年被作为重大项目在南京大学正式立项。1999 年该项目被列为教育部人文社会科学研究重大项目，1998 年南京大学与香港科技大学决定合作研制 CSSCI，至 2000 年 5 月，《中文社会科学引文索引》（1998 年）光盘正式出版发行。CSSCI 系统可提供我国各社会科学研究机构、高校、地区乃至学者个人的发表论文数量，期刊、论文、学者个人被引用情况，以及各种排序，由此可定量评价研究机构、高校、地区、学者个人的科研生产能力、学术成果、学术影响，评价社会科学学术期刊的质量和学术地位。

影响因子（Impact Factor）是 1972 年由美国情报学家 E. 加菲尔德提出的，现已成为国际上通用的学术期刊评价指标，它不仅是一种测度期刊有用性和显示度的指标，而且也是测度期刊的学术水平乃至论文质量的重要指标。影响因子是一个相对统计量，是以年为单位进行计算的。

以 2012 年的某一期刊影响因子为例，IF（2012 年）$=A/B$

式中 A——该期刊 2010 年至 2011 年所有文章在 2012 年中被引用的次数；

B——该期刊 2010 年至 2011 年所有文章数。

② 报纸。

报纸是报道新闻、评论以及相关行业工作动态、技术革新、发明创造，多以活页的形式定期或不定期连续出版的一种文献形式。报纸一般出版周期短，传递信息快，信息量大，传播面广，具有大众普及性，是重要的社会舆论工具和信息源。但报纸报道的信息老化快，深度不够，一般不发表学术性较强的研究性文章。

政府机关报是获取国家方针政策及政治、经济、法律信息的权威信息源，如《人民日报》《光明日报》，通过《人民日报索引》可以对《人民日报》发表的文章进行全面检索。行业报纸是获取行业发展信息的重要信息源，如《中国船舶报》《中国电力报》等。科技类报纸出版量较小，一般并不登载反映学科领域重大科研成果的学术论文、研究报告，只登载一些科研动态、成果评论及某些小经验、小发明、小创造的文章，如《电脑报》《电子报》等。

3）特种文献。

特种文献包括会议文献、科技报告、专利文献、学位论文、标准文献、政府出版物、产品资料等，其在收藏与管理上与图书、期刊等传统文献有较大区别。

① 会议文献。

会议文献主要是指在学术会议上发表或提交的论文、讨论记录等文献资料。随着科学技术的迅速发展，为了加强学术信息交流，各个国家的学会、协会、研究机构及国际学术组织每年都定期或不定期地召开学术会议。在学术会议上，同一领域的专家学者集中在一起，对专业问题进行研讨，对科研创造进行评定判断，有利于发现问题、解决问题，产生新的进展和突破，提高科研工作的效率。因此，会议文献内容新颖，质量较高，学术性很强，往往代表某一学科或专业领域的最新成就和研究方向，是比较重要的文献信息源。

会议文献有两种类型：一种是会前文献，即会前发表的论文或报告，有的还有开幕词、闭幕词、会议预报等；另一种是会后文献，即会后发表的论文集等。会议文献的出版包括图书、期刊、科技报告、视听资料等多种形式，有的会议论文既在会议论文集上发表，也在学术期刊上发表。CNKI中国重要会议论文全文数据库、万方中国学术会议论文全文数据库等是国内会议文献最重要的检索工具之一。

② 科技报告。

科技报告是记录某一科研项目调查、实验、研究的成果或进展情况的文献，一般由科研设计单位向政府部门或主管单位提供，主要有立项报告、中期进展报告、结题报告或鉴定报告等。科技报告大部分能就某一专题或专项研究的实际内容做客观的分析，提出可行性建议来指导生产，或提出某种假设来说明问题，通常以正式报告、进展报告、技术札记、备忘录、通报等形式出版。科技报告的主要特点是：时滞短、失效快；出版迅速，出版周期不定，篇幅长短不等，内容比较专深、新颖、具体，一般都是一册、一份报告，有机构名称和统一编号；保密性强，可分为保密、解密、公开三种类型；内容比较广泛，由于它是研究成果的记录，因而能反映出一个国家或地区的科研水平。

世界著名的科技报告有美国武装部队技术情报局（Armed Service Technical Information Agency，ASTIA）报告、美国政府出版局（Publication Board，PB）报告、美国能源部（Department of Energy，DOE）报告、美国国家航空航天局（National Aeronautics and Space Administration，NASA）报告。我国的科技报告有《中国核科技报告》《中国国防船舶科技报告》等，通过《航空科技报告文摘数据库》《中国科技成果数据库》等可进行国内科技报告的检索。

③ 标准文献。

标准文献是指按规定程序制定，经公认权威机构（主管机关）批准的一整套在特定范围（领域）内必须执行或推荐执行的规格、规则、技术要求等规范性文献，简称标准。广义的标准文献是指与标准化工作有关的一切文献，包括标准形成过程中的各种档案，宣传推广标准的手册及其他出版物，揭示报道标准文献信息的目录、索引等。标准化是现代化大生产的产物，它既是一种经济活动，也是一项技术活动，反映一个国家的生产和技术水平，是组织现代化生产活动的重要手段。

标准有多种不同的类型。

a. 标准按性质可划分为技术标准和管理标准。技术标准按内容又可分为基础标准、产品标准、方法标准、安全和环境保护标准等；管理标准按内容分为技术管理标准、生产组织标准、经济管理标准、行政管理标准、管理业务标准、工作标准等。

b. 标准按适用范围可划分为国际标准、区域性标准、国家标准、专业（部）标准和企业标准等。

c. 标准按成熟程度可划分为法定标准、推荐标准、试行标准和标准草案等。

20 世纪 80 年代后，已有 100 多个国家和地区成立了全国性标准化组织，国家标准中影响较大的有美国（ANSI）、英国（BS）、日本（JIS）、法国（NF）等。国际标准化机构中最重要、影响最大的是 1947 年成立的国际标准化组织（ISO）和 1906 年成立的国际电工委员会（IEC），它们制定或批准的标准具有广泛的国际影响。中国国家标准局于 1957 年成立，次年颁布了第一批国家标准（GB）。

④ 专利文献。

专利文献主要是指专利权人向本国或国外的专利主管机关申请保护其某项发明、创造时所呈交的一份详细的技术说明书，经专利局审查公开出版或授权后所形成的文献。广义的专利文献包含专利说明书、专利公报和专利分类表、专利文摘以及与专利有关的法律文件及诉讼资料等。专利文献记载了人类技术进步的发展历史，反映了最新的科技发展成就，是报道先进技术与创新成果最快的信息源。其反映的技术信息内容广博，几乎涉及人类生产活动的全部技术领域，同时它还随着人们认识水平和生产水平的提高不断推陈出新，如生物技术、能源技术、电子信息技术、新材料技术等领域的创新成果一般都最先在专利文献上揭示。

专利文献是集技术信息、法律信息、经济信息于一体的信息载体，蕴含着巨大的战略信息资源。今天，以互联网为依托，专利信息检索已经全面实现了数字化、集成化、网络化。加强专利信息的传播与利用，通过对专利信息的检索、分析、研究，将知识产权转化为生产力，对国家的经济发展与创新型国家的建设具有重要意义。

⑤ 学位论文。

学位论文是指高等院校、科研院所培养的学生为取得相应学位，而撰写的具有一定学术水平，证明作者具备相应的学识能力并通过公开答辩的学术论文，包括学士论文、硕士论文和博士论文。博、硕士论文内容专一，一般从历史背景、基础理论、评述开始详细介绍研究经过、实验记录和具体数据成果，具有一定独创性，对科研、生产有一定的参考价值。

近些年，随着高等教育的发展，学位论文的数量增长很快，但由于学位等级的不同，学位授予单位、导师要求的差异，其质量也参差不齐。一般来说，重点院校、学术研究能力较强的科研单位培养的研究生，尤其是博士研究生撰写的学位论文，要经过由该领域知名专家学者组成的答辩委员会的质疑，其质量更高。同时，一篇博士论文的参考文献一般有几百篇，等于一个专题索引，是较为可靠的信息源。

学位论文不如公开出版物那样广泛流传，有些学位论文还具有一定的保密性，一般在学位授予单位收藏。我国学位论文经国务院指定由国家图书馆、中国科技信息研究所、社科院信息研究中心分别负责收藏。查找国内学位论文可选择 CNKI《中国优秀硕士学位论文全文数据库》、CNKI《中国博士学位论文全文数据库》、万方《中国学位论文全文数据库》、CALIS《高校学位论文库》等。

⑥ 政府出版物。

政府出版物是各国政府部门及所属单位发表与出版的文件。它的内容广泛，概括起来可分为行政性文件和科技性文献两大类。行政性文件包括国会记录、司法资料、方针政策、规章制度、决议指示以及调查统计资料等；科技性文献包括各部门的研究报告、技术成果公告、技术政策文件等。

目前不少国家都设专门机构（如美国政府出版局等）负责办理政府出版物的发行工作。据报道，美、英、日等国的政府出版物每年多达几十万种，而且还在不断增加。政府出版物的主要特点是内容可靠，与其他信息源有一定重复，对了解一个国家的科学技术和经济政策及其演变情况，有一定参考价值。我国权威政府出版物有《中华人民共和国全国人民代表大会常务委员会公报》《中华人民共和国国务院公报》《中华人民共和国最高人民检察院公报》《中华人民共和国最高人民法院公报》。

⑦ 产品资料。

产品资料是企业对其生产或销售产品的性能、构造、原理、用途、使用方法、操作规程、产品规格等所做的具体说明和详细介绍的文献资料。它图文并茂、形象直观，数据可靠、准确，直接反映最新技术创新与性能指标。

产品资料包括产品样本、产品目录、产品说明书、厂商介绍等。查阅和分析有关产品资料有助于了解国内外产品工艺性水平、技术水平及有关技术的演变过程和发展动向，可以获得设计、制造、使用中所需要的数据和方法，也可以判断某种产品的价值，为引进设备、选购产品、企业研发提供直接的参考信息。一般产品的真正技术关键和核心数据在产品资料中是不介绍的，与登载其相关技术研究的期刊论文、专利、标准文献等一同分析使用，往往更有价值。

3. 文献信息源的识别

我们在获取的文献信息中，大量的信息属于二次文献，它们将不同类型文献的信息按照主题内容、学科领域集中起来，系统排列，提供文献的线索和出处。读者必须依据文献线索，通过各种途径索取原始文献，这就涉及文献类型识别问题。因为在查找原始文献之前，首先必须弄清楚所需资料来自何种文献类型，是图书、期刊，还是专利？为此，我们应对二次文献的信息进行认真分析、判断，找出相应的识别标志，准确得出文献源。以下是常见的几种文献类型的主要的识别标志。

图书：书名、著者、出版项（出版地、出版社、出版年）、ISBN（10位或13位）、总页码。

期刊论文：题名、作者、刊名缩写、卷号或期号、ISSN（8位）、CN。

会议论文：题名、作者、会议录名称、会议地点、会议时间、会议届次。

学位论文：题名、作者、学位名称、大学名称。

专利：专利名称、专利国别及专利号。

标准：标准名称、标准号。

另外在学术论文写作中引用的参考文献，根据GB 3469—1983《文献类型与文献载体代码》的规定，以单字母方式标志各种参考文献类型，如［J］——期刊文章，［M］——图书、专著，［C］——会议论文集，［D］——学位论文，［R］——报告，［S］——标准，［P］——专利，［A］——专著、论文集中的析出文献，［Z］——其他未说明的文献类型。这些单字母也可作为识别文献来源的标志。

例如：蔡文琴，王伯．实用免疫细胞化学与核酸分子杂交技术［M］．成都：四川科学技术出版社，1994：354-432.［M］表示该文献为图书专著。

又如：肖亚明，张辉，吴劲松．高职课程体系创新与人才培养［J］．江汉石油学院学报：社会科学版，2002，4（1）：55-56.［J］表示该文献为期刊文章。

4. 文献信息源的整体特征和规律

现代科学技术的进步日新月异，无论是从它的发展速度、发展规模来看，还是从它对人类社会和经济生活的影响来看，都是前所未有的。作为记录和传播科学信息或知识的文献，更是直接受到科学技术发展的巨大影响。当代科学发展的上述特点必然反映到文献中来，使现代文献从整体上呈现以下特征。

（1）数量庞大，急剧增长

伴随着科学技术的迅速发展，各学科领域的文献数量多、增长快。国外统计资料表明，科技成果每增加一倍，情报量就增加几倍；生产翻一番，文献情报量就增加四倍。据联合国教科文组织的统计资料，全世界发行的图书，20 世纪 50 年代为 20 多万种，60 年代为 40 万种，70 年代为 60 万种，80 年代达 80 万种，平均每 20 年图书品种增长一倍，图书册数增加两倍。我国 1988 年出版图书 6.5 万种，比 1978 年增长了 3.3 倍。全世界的期刊，19 世纪初仅有 100 多种，20 世纪 50 年代约为 2 万种，60 年代约为 4 万种，70 年代约为 8 万种，80 年代约为 15 万种，每 10 年翻一番。全世界专利文献每年增加 400 万件以上，技术标准每年增加 20 万件以上，产品样本每年增加 50 万 ~60 万件，出版的会议文献每年达 100 万篇。

文献数量庞大，急剧增长，带来的负面影响是“信息污染”，使图书馆和其他文献情报机构在文献的选择、收集、整理、保存、传递诸方面，面临许多新的课题，同时给读者和用户在文献的查找和使用上带来很大的困难。

（2）内容交叉重复

现代社会文献量爆炸性增长与文献冗余有密切关系。现代科学技术综合交叉、彼此渗透的特点，必然导致知识的产生和文献的出版也相互交叉，彼此重复，具体表现为以下六点。

1）各种学术机构、研究单位在科研选题上相互重复，反映其研究成果的文献内容也必然出现重复。

2）同一内容的文献以不同形式、不同文字、不同载体形态发表或出版。

3）世界各国为了及时了解和利用其他国家的科技成就，相互翻译出版了大量的书刊资料。

4）再版和改版的文献数量不断增多。科学技术的迅速发展、知识更新速度的加快，使原来的文献内容很快变得陈旧。为了及时反映当前科技发展的水平，作者需要不断地修正、充实自己原来的著作，于是再版和改版文献大量出现。

5）许多杂志社同时出版内容完全相同的印刷型和缩微型两种版本的文献。

6）各国出版商为提高声誉或追求盈利，大量出版发行热门书和新兴学科书刊。

（3）专业文献出版分散

现代科学技术不断分化综合的发展趋势，使各学科的严格界限逐渐消失，各学科之间的相互联系逐渐加强。由于这一原因，文献的分布呈现出既集中又分散的不均匀现象，相当数量的专业论文相对集中刊载在少量的专业期刊中，其余数量的专业论文却高度分散刊载在大量非专业期刊中。文献分布的不均匀现象还表现在：一种专业期刊不仅刊载本学科的论文，也发表许多相关学科或相邻学科的论文，而同一专业的论文不仅发表在本专业的刊物上，也出现在许多不同专业的刊物上。

英国化学家、文献学家布拉德福（S. C. Bradford）经过长期对各学科文献的大量统计调查，发现了文献分布规律。他发现，全部有关电技术的文献约1/3登载在本专业少数几种期刊上，约1/3登载在数量约5倍的并非直接与电有关的交通运输等相关学科的期刊中，约1/3登载在25倍数量的相邻学科期刊上。布拉德福在对书目、文摘等进行大量统计分析的基础上，采用等级排列技术，揭示了文献离散定律。他指出："如果把科学期刊按其关于某一学科的文章刊载的数量多少，以渐减顺序排列起来，在所得的清单中，可以分出直接为此学科服务的期刊所形成的核心，和另外几个组或区，其中每组或每区期刊所载的文章数量，同核心区中的期刊刊载的文章数量相等。这时，核心区中的期刊数量与相邻各区中期刊的数量成 $1:n:n^2$ 的关系。"布氏定律表明，某一学科文献在期刊上载文量的多少，是随着该期刊与该学科关系的疏密程度发生增减变化的。关系越密切，载文量越多，期刊的种数就越少；关系越疏远，载文量越少，期刊的种数就越多。按专业文献载文量多少，可以将期刊划分为3个区域，每一区域中期刊登载某一学科文献数量，是该学科所发表文献总数量的1/3，而3个区域的期刊数量之比呈几何级数分布。其中，第一个区域为核心区，是载文量最高的少数几种核心期刊；第二区域为相关区域，是载文量中等的数量较多的期刊；第三区域为相邻区域，是载文量最低而数量最多的期刊。布拉德福在1948年提出的文献聚散经验公式是：$P_1:P_2:P_3=1:n:n^2$。P 代表不同区域的期刊种数；n 代表布拉德福常数，按已分析的数据，n 的数值约为5。

布氏定理表明，每一学科或专业的文献，在科技期刊中的分布，总是相对集中在少数专业期刊中，同时又高度分散在数量庞大的相关专业与相邻专业的期刊中。专业核心区期刊，种数不多，本学科文献载文率高，信息量大，与本学科关系最密切；相关区期刊，种数较多，本学科载文率中等，信息量次之，与本学科关系较密切；非专业相邻期刊，种数很多，本学科载文率低，信息量小，与本学科关系较疏远。一般来说，核心期刊的载文率必须在50%以上，而且读者的借阅率高，引用指数较高，从量与质两方面测定才比较合理。

（4）文献老化加快

现代科学技术发展日新月异，使科研成果从发明到推广应用的周期缩短，知识的有效期缩短，不成熟的观点被成熟的观点所代替，错误、片面的数据被客观的事实校正，不完善的方法被较先进的方法更替，这自然而然形成了科技文献的新旧更替。我们把这种现象称为文献信息的"老化"。所谓文献老化，是指随着文献出版年龄的增长，被利用的次数逐渐减少的过程。造成文献老化的原因主要有以下几点。

1）技术发展快，使文献中的知识信息更新加快，如计算机类文献。

2）文献中的信息虽正确，但被载有新的、更全面内容的文献所代替。因为就某一新文献来说，其创新的部分最多只有 10%，但人们还是习惯于阅读新文献。

3）文献老化受环境的影响。科技文化发达的地方已淘汰的文献在科技文化相对落后地区可能还很受欢迎。

4）文献老化受学科性质的影响。1958 年，美国科学家引用放射元素衰变过程中的“半衰期”描绘文献的老化速度。1960 年美国伯顿（R. E. Burton）、凯布勒（R. kelber）合作，通过对科技文献使用的引文进行载文统计，提出了“半衰期”的概念。半衰期是一个时间长度，指正在被利用的文献中的1/2失去效用所经历的时间。不同学科文献的半衰期不同，基础理论学科文献老化慢，而工业技术领域的文献老化快。如数学文献的半衰期为 10.5 年，化学 8.1 年，物理学 4.6 年，而生物医学则是 3 年。学科文献的半衰期还与该学科文献的增长速度有关，增长越快，半衰期就越短。不同类型文献的半衰期也不同，据苏联《发明问题》杂志统计，各类文献的平均使用时效为：图书 10 ~20 年，期刊及连续出版物3 ~5年，科技报告、学位论文 5 ~7 年，技术标准 5 年，产品样本 3 ~5 年。西方国家认为，80% ~90% 的科技文献的使用寿命为 5 ~7 年。了解半衰期对我们进行文献信息选择、利用都有十分重要的意义。

（5）文献语种繁多

现代文献有一个语种繁多的问题。全世界约有 3 000 种语言，使用者达 100 万人以上的有 200 多种。全世界 200 多个国家和地区中，使用英语的达 70 多个。过去大部分文献用英、法、德几种文字发表，后来增加了俄、日、意等文种。1909 年，科技人员只需掌握英、德、法三种语言就可以阅读全世界化学、化工方面 92% 的文献，而现在用这三种文字出版的化学文献只占全世界化学文献的 66%。

现在世界上绝大部分科技文献是用 35 种语言出版的，例如苏联的《文摘》杂志就引用了 66 种语言的文献，但比较通用的有 12 种，其中英文占 46%，俄文占 14%，德文占 10%，法文占 9%，日文占 4%，其他语种占 17%。据联合国教科文组织的资料统计，在现有的全部科学文献中，有1/2的文献是用 50% 以上的科学家没有掌握的语言出版的，技术文献有2/3是用英语出版的，而世界上有2/3的工程师不能阅读英语文献。

（6）文献载体形态增加

现代文献的生产突破了传统的纸张印刷方式，声、光、电、磁等现代技术和化学塑胶新材料的广泛应用，使现代文献载体形式发生了重大变化，缩微资料、声像资料、机读资料、光盘资料等新型文献载体相继问世。这些非纸质文献载体，或加大了知识信息的储存密度，或加快了信息的检索、传递的速度，或使人能闻其声、见其形，获得直观的感受，总之从功能上大大优于传统的纸张印刷型文献。因此，这些新型的文献载体在文献中所占的比例越来越大。

课后习题

（1）简述信息素质体现的能力的内容。

（2）名词解释：信息、文献。

（3）简述信息、知识、情报、文献的关系。

（4）农谚是指直接关系农业的耕种、收获和其他农事的谚语，它们是长期以来劳动人民农业生产知识、经验的总结。下面看几条有关气象的农谚：

朝霞不出门，晚霞走千里/日晕三更雨，月晕午时风/蜘蛛结网，雨必晴；蚂蚁搬家，雨必下/天上钩钩云，地下雨淋淋/天上鲤鱼斑，明天晒谷不用翻/云往东，刮阵风；云往西，披蓑衣/久晴西风雨，久雨西风晴。

指出每条谚语哪些是信息，哪些是知识。

（5）文献从加工级次上来划分，可分为一次、二次、三次文献，那么，《高等数学》《焊接手册》《中国机械工程文摘》这三种文献各属于哪个级次的文献？

第 2 章 信息检索基础

第 1 节　图书馆利用

图书馆是收集、整理、保管和利用书刊资料，为一定社会的政治、经济服务的文化、科学和教育机构，是人类社会发展到一定阶段的产物。人类社会信息交流的方式主要有两种：直接交流和间接交流。直接交流是人们之间直接接触而产生的信息交流，它通过语言、动作、表情等体态语言，生动、直观地表达信息。直接交流受时间、空间和语言等的限制，而且不能有效地长期存储。间接交流是人们通过辅助工具（如文献信息）而间接接触所产生的信息交流，它突破了直接交流的局限。图书馆正是为适应人类间接交流的需要而产生的。图书馆是人们提升信息素质，获取终身学习能力的重要场所。

一、图书馆概述

1. 图书馆的概述

图书馆是人类文明发展到一定阶段的产物，它伴随着文字的发明和文献的出现而产生。图书馆是对信息进行收集、整理、存储、传递和开发，并向社会提供科学文化教育和信息服务的机构。英国哲学家卡尔·波普尔于 1967 年曾提出过两个思想实验：①如果人类所有的机器、工具都被毁坏了，而图书馆还保存着，那么，人类虽然需要经过许多苦难，却仍然能够在短时间内重新发展；② 如果图书馆连同所有机器、工具都被破坏了，那么，人类文明的重新出现，就会是几千年以后的事了。因此，收集和保存人类文化遗产和传递文献信息知识是图书馆的两个基本职能。今天，了解图书馆，充分利用图书馆，已经成为大学生获得成功和终身学习的必备技能。

2. 现代图书馆的类型

在我国，按主管部门、领导系统和读者对象不同可以把图书馆分为公共图书馆、大学图书馆、科学与专业图书馆等几个主要类型。

（1）公共图书馆

公共图书馆是面向社会和公众开放的图书馆。包括国家图书馆，省、市、自治区图书馆，县图书馆，等等。国家图书馆是由国家建立的面向全国的中心图书馆，它代表一个国家图书馆事业的发展水平，是整个图书馆界的表率。如我国的中国国家图书馆、美国的国会图书馆、英国的大英图书馆都是国家图书馆。

（2）大学图书馆

大学图书馆也称高等学校图书馆，是一种学术性的机构，同时又是一种服务性的组织。作为高等学校的图书文献中心，大学图书馆是学校教学和科研工作的重要组成部分。在高等教育提倡素质教育的今天，大学图书馆也是高等学校信息素质教育中心。

（3）科学与专业图书馆

科学与专业图书馆是按专业和系统组织起来的，在一个专业或系统内形成的、上下沟通的图书馆体系。我国的科学与专业图书馆主要包括：中国科学院系统图书馆、中国社会科学院系统图书馆、中国农业科学院系统图书馆、中国医学科学院系统图书馆、中国地质科学院系统图书馆、政府部门所属研究院图书馆等。

3. 图书分类法

图书及其他文献资源需要通过某种方法统一排架，以方便管理与利用。图书分类是根据一定的图书文献内容的学科属性或外部特征，依据一定的分类方法，将图书分门别类地、逻辑系统地组织起来，同时给予相应的标识符号（分类号），以便于将同一类主题集中排架，方便查找。现在我国各类图书馆普遍使用的是《中国图书馆分类法》（简称《中图法》），但中国科学院系统所属的图书馆采用的是《中国科学院图书馆分类法》（简称《科图法》），中国人民大学图书馆和中国政法大学图书馆采用《中国人民大学图书馆分类法》（简称《人大法》）。分类法虽名称不同，但大都是按照社会科学、自然科学、综合性图书三方面来分类，然后在这个基础上层层细分。由于《中图法》在我国各类图书馆普遍使用，以下以《中图法》为例进行讲解。

《中图法》以学科分类为基础，以文献内容的科学性为对象，运用概念的划分（缩小）与概括（扩大）方法，按照知识门类的逻辑次序，从总到分，从简单到复杂，进行概念的层层划分。每划分一次，就产生许多的类目。逐级划分，就产生许多不同等级的类目。所有不同等级的类目，层层隶属，形成一个严格有序的直线性的知识类目的等级体系。而每个类目都用分类符号作为标记（分类号）在一次划分或者概括过程中，对划分所得或被概括的概念称为种概念，也称下位类；被划分或者概括所得的概念称为属概念，也称上位类；各下位类互称同位类，也称并列概念。例如，“自动化技术、计算机技术”可以划分为“计算技术、计算机技术”“自动化技术及设备”等；“计算技术、计算机技术”又可划分为“计算机软件”“一般计算器和计算机”“电子数字计算机”，等等。层层划分的结果就使“自动化技术、计算机技术”这个概念形成一系列具有属种关系和并列关系的更为专指的新概念。反之，也可以将许多专指的概念概括为泛指的概念。例如，“计算机软件”“一般计算器和计算机”“电子数子计算机”等，可以概括为“计算技术、计算机技术”；“计算技术、计算机技术”“自动化技术及设备”等又可进而概括为“自动化技术、计算机技术”。若对概念的每一次划分所得到的类目给定分类号，就能编成分类表。

《中图法》是在科学分类的基础上，结合图书的特性所编制的分类法。它将学科分 5 个基本部类，22 个大类。采用汉语拼音字母与阿拉伯数字相结合的混合号码，用一个字母代表一个大类，以字母顺序反映大类的次序，在字母后用数字作为标记。

《中图法》基本序列是：马克思主义、列宁主义、毛泽东思想，哲学，社会科学，自然科学，综合性图书五个部类。每个部类都有相对应的基本大类。《中图法》22 个基本大类就是《中图法》的一级类目。《中图法》基本大类及部分二级类目、类号如表 2－1 所示。

表 2－1 《中图法》简表（部分）

基本部类	基本大类	二级类目
1. 马克思主义、列宁主义、毛泽东思想	A. 马克思主义、列宁主义、毛泽东思想、邓小平理论	1 马克思、恩格斯著作 2 列宁著作 3 斯大林著作 4 毛泽东著作……
2. 哲学	B. 哲学、宗教	0 哲学理论 1 世界哲学 2 中国哲学 3 亚洲哲学 4 非洲哲学 5 欧洲哲学 6 大洋洲哲学 7 美洲哲学……
3. 社会科学	C. 社会科学总论	0 社会科学理论与方法论 1 社会科学现状、概况……
	D. 政治、法律	0 政治理论 1/3 共产主义运动、共产党 4 工人、农民、青年、妇女运动与组织 5 世界政治 6 中国政治 7/8 各国政治外交、国际关系 9 法律
	E. 军事	0 军事理论 1 世界军事 2 中国军事 3/7 各国军事 8 战略、战术、战役 9 军事技术
	F. 经济	0 政治经济学 1 世界各国经济概况、经济史、经济地理 2 经济计划与管理 3 农业经济 4 工业经济 5 交通运输经济 6 邮电经济 7 贸易经济 8 财政、金融
	G. 文化、科学、教育、体育	0 文化理论 1 世界各国文化事业概况 2 信息与知识传播 3 科学、科学研究 4 教育 8 体育
	H. 语言	0 语言学 1 汉语 2 中国少数民族语 3 常用外国语 4 汉藏语系 5/7 各语系

续表

基本部类	基本大类	二级类目
3. 社会科学	I. 文学	0 文学理论 1 世界文学 2 中国文学 3/7 各国文学
	J. 艺术	0 艺术理论 1 世界各国艺术概况 2 绘画 3 雕塑 4 摄影艺术 5 工艺美术 6 音乐 7 舞蹈 8 戏剧艺术 9 电影、电视艺术
	K. 历史、地理	0 史学理论 1 世界史 2 中国史 3 亚洲史 4 非洲史 5 欧洲史 6 大洋洲史 7 美洲史 81 传记 9 地理
4. 自然科学	N. 自然科学	
	O. 数理科学和化学	
	P. 天文学、地球科学	
	Q. 生物科学	
	R. 医药、卫生	1 预防医学、卫生学 2 中国医学 3 基础医学 4 临床医学 5 内科学 6 外科学 9 药学
	S. 农业科学	
	T. 工业技术	TB 一般工业技术 TD 矿业工程 TE 石油、天然气工业 TF 冶金工业 TG 金属学、金属工艺 TH 机械、仪表工业 TJ 武器工业 TK 动力工程 TL 原子能技术 TM 电工技术 TN 无线电电子学、电信技术 TP 自动化技术、计算机技术 TQ 化学工业 TS 轻工业、手工业 TU 建筑科学 TV 水利工程
	U. 交通运输	1 综合运输 2 铁路运输 3 公路运输 6 水路运输
	V. 航空、航天	
	X. 环境科学、安全科学	
5. 综合性图书	Z. 综合性图书	1 丛书 2 百科全书、类书 3 辞典 4 论文集、全集、选集、杂著 5 年鉴、年刊 6 期刊、连续性出版物 8 图书目录、文摘、索引

《中图法》为适应工业技术发展及该类文献的分类，对工业技术二级类目采用双字母标记。见表2-2。

表2-2 《中图法》T工业技术大类简表（二级类目表）

TB 一般工业技术	TL 原子能技术
TD 矿业工程	TM 电工技术
TE 石油、天然气工业	TN 无线电电子学、电信技术
TF 冶金工业	TP 自动化技术、计算机技术
TG 金属学、金属工艺	TQ 化学工业
TH 机械、仪表工业	TS 轻工业、手工业
TJ 武器工业	TU 建筑科学
TK 动力工程	TV 水利工程

以“船舶抗腐蚀性”说明其类号、类目展开，见表2-3。

表2-3 “船舶抗腐蚀性”类号、类目展开示例

U 交通运输　（一级类）

U1 综合运输　（二级类）

U2 铁路运输
U4 公路运输
U6 水路运输
……
U61 航道工程　（三级类）
U64 通航建筑物与助航设备
U65 港口工程
U66 船舶工程
U69 水路运输技术管理
……
U661 船舶原理　（四级类）
U662 船舶设计
U663 船舶结构
U664 船舶机械
U665 船舶电气设备、观通设备
U666 导航设备、水声设备
U667 船舶舾装设备
U668 造船用材料
……
U661.1 船舶流体力学　（五级类）

续表

U661.2 船舶静力学
U661.3 船舶动力学
U661.4 船舶结构力学
U661.5 船舶抗腐蚀性
U661.6 海生物附着危险性
U661.7 船舶性能试验与设备

4. OPAC 检索

Online Public Access Catalogue，简称 OPAC，直译为公共联机书目查询系统，也称馆藏目录检索系统、馆藏书刊检索系统。20 世纪 70 年代，美国大学和公共图书馆最先使用 OPAC，发展至今已有 40 多年的历史。它随着图书馆自动化系统的兴起而兴起，是图书馆自动化系统面向读者的一个窗口。一般情况下，OPAC 中存储的信息内容由图书馆馆藏书目记录的内容来决定。通过 OPAC 检索到的书目信息通常包含以下内容：文献描述、复本数、馆藏地点、馆藏状态、连续馆藏细节等，所有信息均来自于图书馆馆藏书目数据库。

下面以 ILASIII（Integrated Library Automation System）图书馆自动化集成管理系统为例进行介绍。ILASIII 图书馆自动化集成系统是由深圳市科图自动化新技术应用公司研制的第三代网络版产品，整合了书目检索、新书通报、信息发布、读者荐购以及我的图书馆等几大功能。通过 ILASIIIOPAC，读者可以查询馆藏书刊信息、管理自己的借还信息，可以进行网上续借、预约，可以查阅预约到书、超期催还、到馆新书等信息，还可以进行书刊荐购。

（1）书目检索

通过该模块读者可以查询图书馆所有馆藏书刊的目录信息。书目检索提供了简单检索和特色检索两种方式。

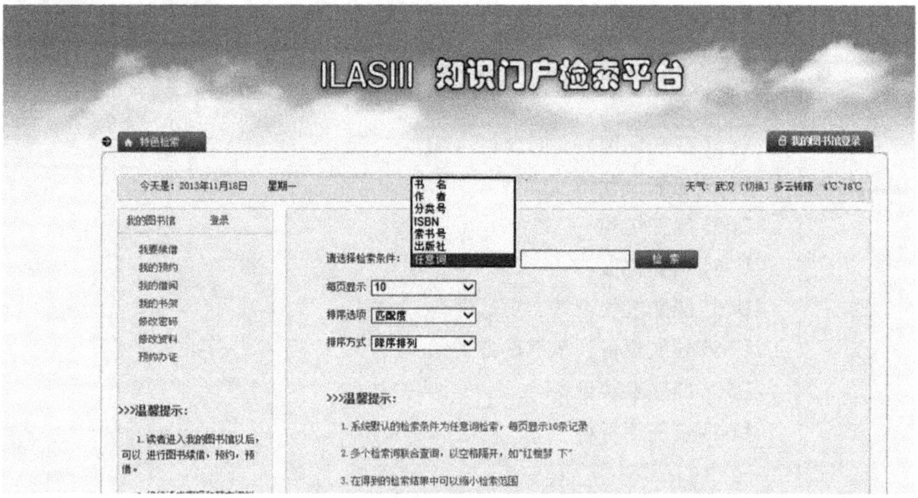

图 2-1 ILASIII 知识门户检索平台

简单检索是读者可通过书名、作者、分类号、ISBN、索书号、出版社、任意词七个字段进行单一条件检索。如图 2－1，在这里可以设置检索的限制条件，例如，每页显示的记录数，可以选择 10、20、50；检索结果排序选项，可以按出版日期、出版社等排序；检索结果排序方式，可以按升序和降序等排序。当多个检索词联合查询时，以空格隔开，如“船舶内燃机”，在得到的检索结果中可以缩小检索范围。

特色检索提供分类号检索、高级检索、新书检索、热门检索、责任者检索、丛书检索、排行榜检索、联合目录等检索方式，如图 2－2 所示。

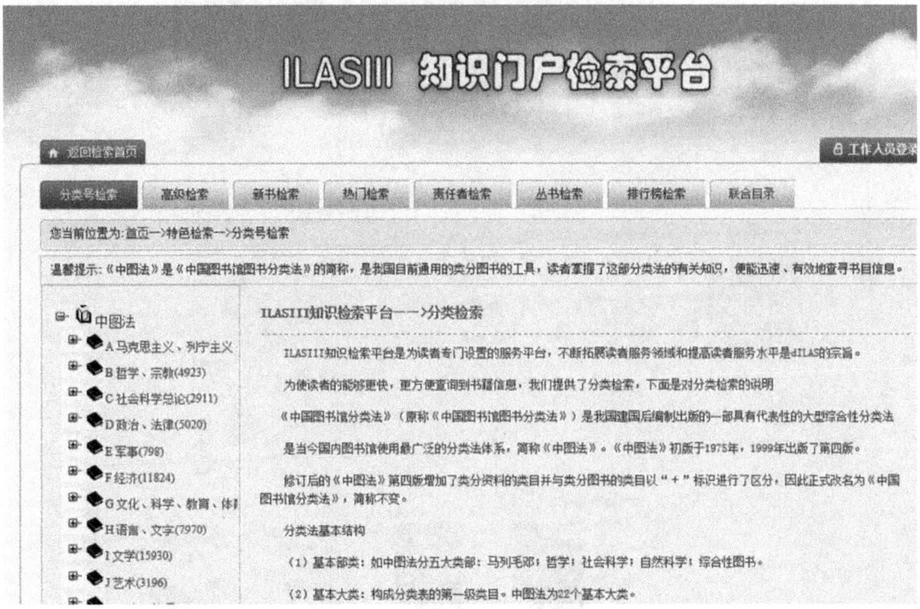

图 2－2　ILASIII 特色检索

读者选择好检索字段，设定条件后，输入想要查找的书刊信息，进行检索。系统会返回查询结果一览表，包括题名、责任者、出版信息、索书号。单击每条记录的题名，可以进一步查看详细书目信息，选择需要的图书或期刊，到相应的馆藏地借阅。如图 2－3 所示。

（2）我的图书馆

“我的图书馆”是为读者专门设置的服务平台，旨在不断拓展读者服务领域和提高读者服务水平。“我的图书馆”包含个人功能管理、个人信息管理、我的荐购、我的咨询、我的预约、我的预借、我的评论、我的书架八个小模块。读者可以在“个人功能管理”中进行图书续借、财经查询、财经史查询。读者可以在“个人信息管理”中修改密码和个人资料。读者可以在“我的预约”中进行预约请求查询，了解当前的预约状况和处理过程。读者可以在“我的借阅”中进行图书续借和借阅权限查询、借阅史查询，了解当前的借阅状况和处理过程。读者可以在“我的荐购”中对图书馆准备采购的文献提出推荐建议，并可以查询“荐购结果”，如果读者有新的文献希望购买，但图书馆准备采购的目录中没有列出，读者可以进行荐购。

图 2-3　ILASIII 详细信息

(3) *索书号及构成*

索书号是图书馆赋予每一种馆藏图书的号码，这种号码具有一定结构并带有特定的意义。在馆藏系统中，每种图书的索书号是唯一的，可借以准确地确定馆藏图书在书架上的排列位置，是读者查找图书非常必要的代码信息。

在通常情况下，索书号由两部分组成：索书号的第一部分是根据图书的学科主题编排的分类号码，使同一学科主题的图书比较集中地排列在书架上，方便读者按类查找图书；索书号的第二部分是按照图书作者姓名所编排的著者号码，或者是按照图书进入馆藏时间的先后编排的顺序号码。

1）按著者姓名排。

按著者姓名排即按图书编著者的姓名，根据一定的编号方法取号，然后再按照所取的著者号码顺序排。采用这种方法，要借助一定的著者号码表取号。

2）按图书分编先后次序排。

按图书分编先后次序排即根据同类书分编的先后顺序，依次给予每种书不同的顺序号（又叫种次号），再依这一号码的大小顺序，小号在前，大号在后，依次逐种排列。由于这种方法简单易学，号码短，排检图书和目录都很方便，因此被很多图书馆所采用。种次号和分类号共同构成排架号（又叫索书号），采用这种方法排列图书时，先按规则对分类号进行排列，对分类号相同的书再按种次号的大小进行排列。在加工图书时，分类号和种次号往往分别写在书标的不同行，以示区分，如图 2－4 所示。

G252.7	G252.7	G252.7	G252.7
17	18	19	20

图 2－4　图书种次号

【例 1】查询有关“国家公务员考试”方面的馆藏图书信息。

① 单击流通子系统中的“书目查询”，出现如图 2－5 所示的界面。

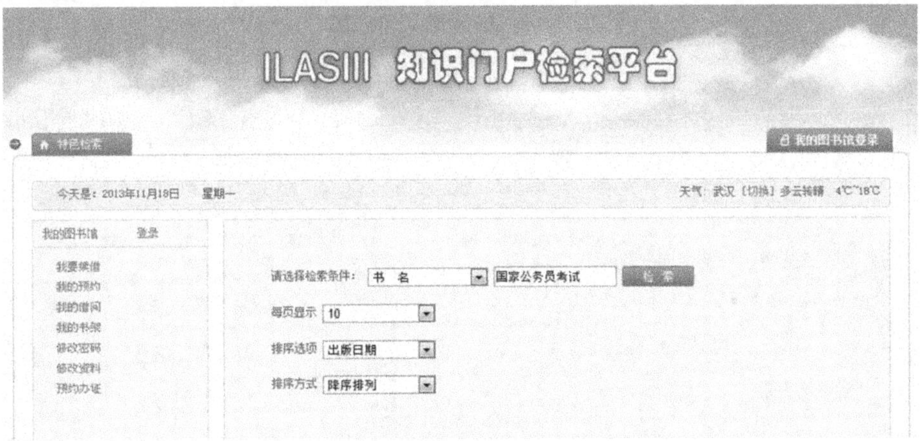

图 2－5　书目查询界面

填写有关检索项：检索途径选择“书名”途径；输入题名“国家公务员考试”；系统默认的“浏览数据条数”是每屏显示 10 条；排序选项选择“出版日期”；排序方式选择“降序排列”。填完后单击“检索”按钮。

② 系统经过检索，命中的馆藏图书信息就显示在屏幕上，每次显示 10 条，利用翻页键查看下一页。此次共检索出 5 种图书，摘录部分结果如图 2－6 所示。

从图 2－6 中可看出，每条图书的著录信息有书名、责任者、出版项、页数、价格、索书号（分类号）、详细信息等，可依据这些信息进行选择。如果选中了一本图书，就查看它的“详细信息”。下面就以选中伍景玉编的《国家公务员录用考试教材：申论》这本书为例查看它的详细信息。

③ 单击“详细信息”后，出现了如图 2－7 所示的界面。

图 2－6　检索结果示意图

馆藏信息

索书号	条码号	登录号	馆藏地点	流通点	馆藏状态	借出日期	还回日期	流通类型	预约处理	卷册说明
D630.3/W553	00465814	0	开架书库		入藏			外借中文图书	预借	
D630.3/W553	00465815	0	开架书库		入藏			外借中文图书	预借	
D630.3/W553	00465819	0	开架书库		入藏			外借中文图书	预借	
D630.3/W553	00465817	0	开架书库		入藏			外借中文图书	预借	
D630.3/W553	00465818	0	开架书库		入藏			外借中文图书	预借	
D630.3/W553	00465816	0	开架书库		入藏			外借中文图书	预借	

图 2－7　馆藏信息

在“详细信息”中除了提供这本书的详细信息外，还提供了馆藏信息。

④ 如果觉得这本书不理想，可以返回前一页，重新选定。如果觉得这本书符合要求，就将这本书的索书号、题名、责任者、出版项等抄下来，然后再到书库去有目标地索取图书。

⑤ 该书的分类号为 D630.3。可依据这个分类号，直接到标号为 D630.3 的那几个书架上去找这本书，而有关 D 类的其他书架就不用找了。这就缩小了查找范围，节约了时间和人力，而且查准率相当高。

⑥ 找到这本书后，还要把本书的题名、责任者、出版项等与刚才查找到的项目相比较，一一对应了，才能办理借阅手续。

⑦ 假如流通书库里的存书都被借走了，可以利用“预借”功能办理“预约图书”手续，等其他读者还回图书后，图书馆就会通知预约读者办理借阅手续。

⑧ 还可以根据需要改变检索项，如改变检索途径、检索词、时间范围、检索方式等，会有不同的检索结果。

⑨ 同样的检索过程和方法，也可以查找馆藏期刊信息。

第 2 节　信息检索概述

一、信息检索含义

1950 年，美国数学家莫尔斯（Calvin N. Mooers）首次提出“信息检索”（Information Retrieval）一词。其后，随着信息检索理论和实践的更新发展，人们对信息检索的认识也在不断深入。对于信息检索，主要存在时间性通信、信息处理和文献查找三种角度的认识。

1. 时间性通信角度的认识

美国数学家莫尔斯在 1950 年发表了《把信息检索看作是时间性的通讯》一文，不仅首次提出了信息检索这个概念，并认为“信息检索是一种时间性的通信形式”。换言之，通过信息检索得到了一些文献，从而使得著者与读者（信息检索的用户）之间建立了一种通信。

按照这种通信角度的认识，莫尔斯强调了在通信双方中，信息发送者必须尽可能发送一切信息，是时间性通信的被动一方；而信息读者则是主动、活跃的一方，正是读者决定了什么时候接收以及如何接收。因此，信息检索的问题就在于，如何把一个可能的用户指引向所存储的信息。

这种认识突出了用户需求的重要性，对于如何做好信息检索服务工作，至今依然具有很强的理论和实践意义。

2. 信息处理角度的认识

从信息处理的角度来看，信息检索的基本问题是如何处理信息和信息的结构。这种认识偏重于信息管理，认识信息不仅限于文献本身，文献的范围、图像、声音、数据等也都能反映信息。它还把信息检索视为计算机科学技术的一个分支。

把信息检索看作是一种信息处理的认识，强调了如何构造以及利用什么形式来构造信息结构的问题。在当今互联网迅速发展，网络信息浩如烟海的情况下，这种认识对于信息检索工具的设计和组建具有非常重要的指导意义。

3. 文献查找角度的认识

简言之，从这种角度来看，信息检索就是查找出含有用户所需信息的文献的过程。

在信息检索领域，这是一种传统的主流观点，支持者众多。例如，英国著名学者维克利（B. C. Vickery）认为，“信息检索是从汇集的文献中选出特定用户在特定时间所需信息的操作过程”；美国著名信息专家兰卡斯特（F. W. Lancaster）认为，“信息检索是查找某一文献库的过程，以便找出那些某一主题的文献”。关于这种认识，兰卡斯特的经典表述是“信息检索系统并不检索信息”。因为信息是无形的，必须依附于文献而存在。虽然信息检索的最终结果是满足用户的信息需求，但检索的直接对象还是文献，当用户阅读文献并理解其内容时，用户的信息需求才被满足。

之所以产生上述三种不同的认识，主要有两方面的原因：一方面，认识任何事物都可以有多种角度，由此产生各种不同看法也很正常；另一方面，信息检索本身的技术发展，也使人们对于信息检索的认识不断发生变化。

实际上，信息检索包括两个层次的含义：信息的存储和信息的查找，即包含了广义的信息检索和狭义的信息检索。广义的信息检索包括信息的存储和查找两个过程，本章所讲的主要是狭义的信息检索，即信息的查找过程。信息的存储就是将大量无序的文献信息进行搜集、整理、归类，采用规范的方法加以有规律的编排，编制出各种检索系统。信息检索必须先有信息存储，而信息存储就是为了更快捷地查找信息。信息检索则是信息存储的逆向过程，也就是人们根据特定需求，运用已有的检索系统，有序地查询并查找出符合要求的信息。

我们可以这样定义“信息检索”：从信息集合中迅速、准确地查找出所需信息的程序和方法。这里所说的信息集合指的是有组织的信息整体。它可以是数据库的全部记录，也可以是某种检索工具，还可以是某个图书馆的全部馆藏。信息检索也就是从数据库、检索工具以及馆藏中查找所需信息的活动。

二、信息检索的类型

按照不同的标准可以将信息检索划分为不同的类型。

1. 根据检索的内容和查找的对象划分

信息检索可分为文献信息检索、数据信息检索和事实信息检索。

（1）文献信息检索

文献信息检索即从一个文献集合中查找出专门包含所需信息内容的文献，是以文献为检索对象的信息检索。又可分为线索检索与全文检索。

1）线索检索：是指获得有关标题、作者、出版信息或文摘等信息线索的检索。如利用书目或目录数据库、文摘或索引类数据库进行的检索，“近年来国内外有关船舶焊接的专著和论文有哪些”，都属于线索检索。

2）全文检索：是从存储整篇论文、专利说明书乃至整本著作等一次文献的信息资源中获取全文信息的检索。如利用各种期刊论文全文数据库、专利数据库、学位论文数据库、电子图书数据库等进行检索。

（2）数据信息检索

数据信息检索是以特定数据为检索对象和检索目的的信息检索，包括数据图表，某物质材料成分、性能、图谱、市场行情、物质的物理与化学特性、设备的型号与规格等，是一种确定性检索。例如，查找“2013 年中国经济增长率是多少”“武汉长江大桥有多长”。

（3）事实信息检索

事实信息检索是从存储有大量知识信息、事实信息和数据信息的信息资源中获取某一事项具体答案的信息检索，如利用各种百科全书、年鉴和名录等，对特定事件或事实进行检索，包括事物的性质、定义、原理以及发生的时间、地点、经过等。检索的结果是有关某一事物的具体答案。事实信息检索既包含数值数据的检索、运算、推导，也包括事实、概念等的检索、比较、逻辑判断。例如，查找“美国 9 · 11 事件发生的经过与结果处理”“武汉船舶职业技术学院近年来的发展状况如何”“我国最大的水电站是哪一个”“汽车上金属漆好还是不上金属漆好？能比较二者的优缺点吗”等均属于事实检索。事实检索也是一种确定性检索。

2. 按信息资源检索技术来划分

信息检索可分为全文文本检索、超文本检索、多媒体检索和网络信息资源检索。

（1）全文文本检索

全文文本检索也称全文数据库检索，它通过计算机将文件的全貌，包括文字和图形、图像等信息转换成计算机可读形式，直接采用自然语言来设置检索入口，检索时以文中任意信息单元均可作为检索点，计算机自动进行高速比照，完成检索过程。

（2）超文本检索

传统的文本都是线性的，用户必须按顺序阅读。而超文本是一种非线性的网状结构，用户可以沿着交叉链接选择自己感兴趣的部分阅读。超文本早期多为文字信息，现在扩展到图形、图像、视频、音频等各种动态、静态信息。

（3）多媒体检索

多媒体检索是对存储的文本、图像、声音等多种媒体信息的检索。它是多维存储结构，是有向的链接，与超文本检索一样，可提供浏览式查询和跨度检索。

（4）网络信息资源检索

网络信息资源检索是指利用各种网络资源进行的信息检索。

三、信息检索的基本原理

信息检索是信息传播过程的一个重要环节，是指从信息集合中识别和获取所需信息的过程，以及所采取的一系列方法和策略。广义地说，它包括信息存储和信息检索两个过程。实施检索的主要方法是利用各种检索系统，检索系统是打开信息资源宝库的钥匙，是连接信息用户与信息资源的桥梁。简而言之，信息检索的基本原理，是检索者的检索提问词与存储在检索系统中的检索标引词进行匹配对比，取得一致即为检索命中，命中结果可从检索系统中以各种方式输出。检索者可据此线索对原文进行判断、筛选，以获取自己所需要的信息。信息检索的基本原理如图 2－8 所示。

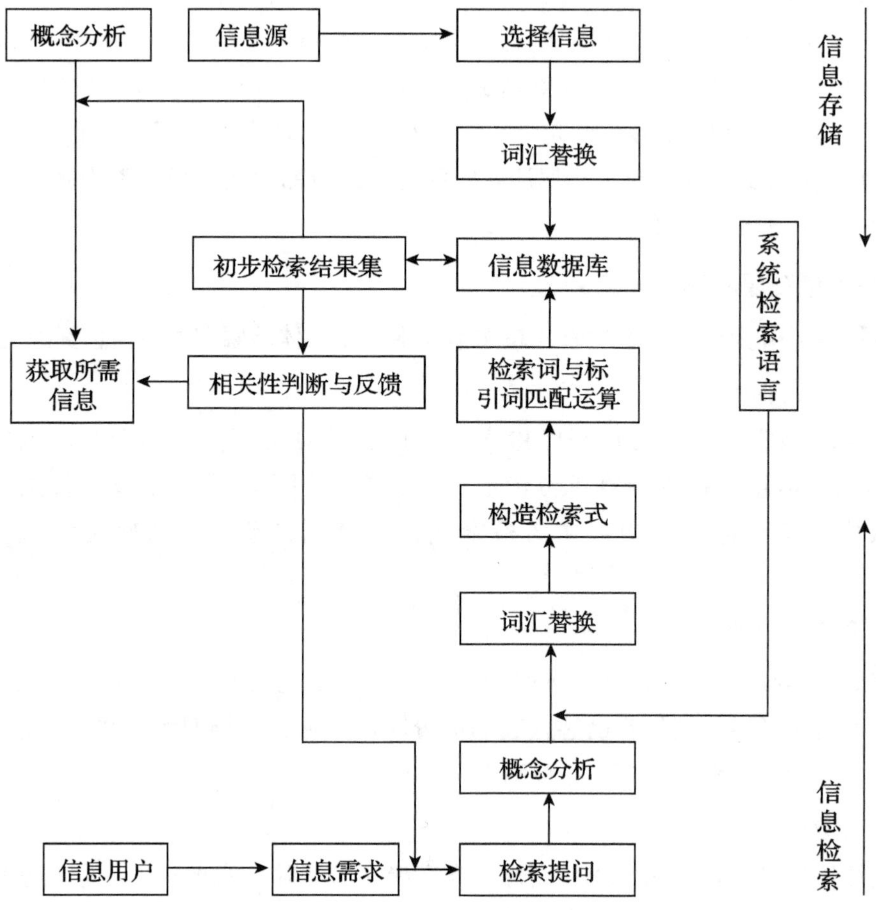

图 2－8　信息检索的原理基本

第3节　检索技术

一、布尔逻辑检索

布尔逻辑检索就是采用布尔代数中的逻辑与、逻辑或、逻辑非等运算符，将检索提问转换成逻辑表达式。计算机根据逻辑表达式，查找符合限定条件的文献信息。布尔逻辑检索是现代信息检索中最常用的一种方法，许多文献数据库和网络搜索引擎（如Google、百度等）都使用了这种检索技术。

1. 布尔逻辑运算符

布尔逻辑运算符用来表示两个检索词之间的逻辑关系，用以形成一个概念。常用的布尔逻辑运算符有三种，分别是逻辑“与”（AND）、逻辑“或”（OR）、逻辑“非”（NOT）。

（1）逻辑“与”

逻辑“与”用AND或*表示。检索词A、B若用逻辑“与”相连，即A AND B（A*B），则表示同时含有这两个检索词才能被命中，如图2-9所示。

【例2】要检索“生物质燃料秸秆”的文献，检索逻辑式可表示为：生物质燃料AND秸秆。表示“生物质燃料”和“秸秆”两词同时出现在检索结果的每篇文献中。

（2）逻辑“或”

逻辑“或”用OR或+表示。检索词A、B若用逻辑“或”相连，即A OR B（A+B），则表示只要含有其中一个检索词或同时含有这两个检索词的文献都将被命中，如图2-10所示。

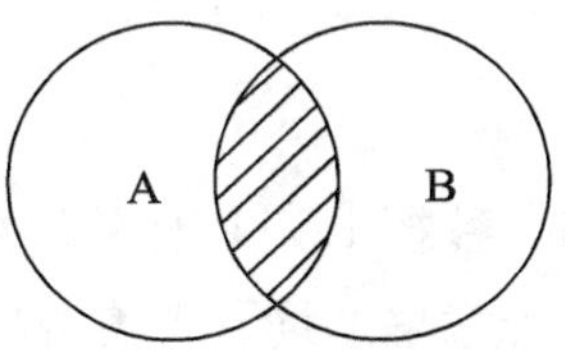

图2-9　逻辑“与”运算

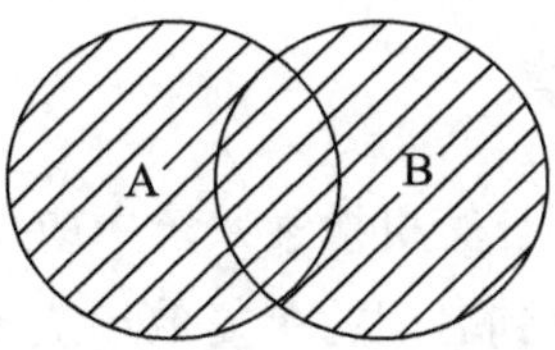

图2-10　逻辑“或”运算

【例3】要检索“生物质燃料或生物质发电”方面的文献，检索逻辑式可表示为：生物质燃料OR生物质发电。表示检索结果中要么只有“生物质燃料”一词，要么只有“生物质发电”一词，或者“生物质燃料”“生物质发电”两词同时出现在的检索结果的每篇文献中。

(3) 逻辑“非”

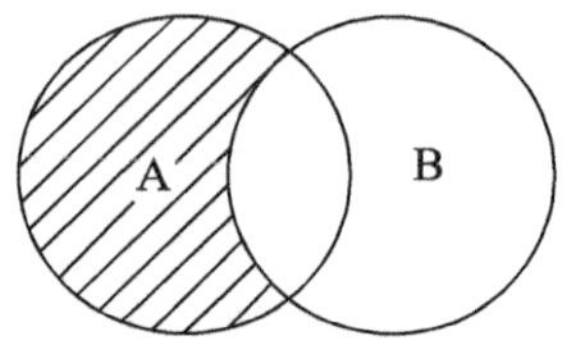

图2－11 逻辑“非”运算

逻辑“非”用NOT（AND NOT，BUT NOT）或－表示。检索词A、B若用逻辑“非”相连，即A NOT B（A－B），则表示被检索文献在含有检索词A而不含有检索词B时才能被命中，如图2－11所示。

【例4】要检索有关“生物质燃料”方面的文献，但涉及“秸秆”方面的文章不要，检索逻辑式可表示为：生物质燃料NOT秸秆。

NOT可以缩小检索范围，但必须谨慎使用，只有当绝对确信要从检索结果中排除一个术语或短语时才用它；否则，会将有用的资料排除在外。

上面三种检索逻辑式是最为简单的布尔逻辑运算。在检索实践中，可以根据实际需要，组合使用多个布尔运算符，以准确表达检索主题。布尔逻辑检索与人们的思维习惯一致，表达清晰，方便用户进行扩检和缩检，而且易于利用计算机实现，因此，在计算机信息检索系统中得到广泛使用。但是它无法反映检索词对于检索的重要性，无法反映概念之间内在的语义联系，因而检索结果不能按照用户定义的重要性排序输出。

2. 布尔逻辑运算符使用注意事项

1）逻辑式中有多个逻辑符时，不同的系统对AND、OR、NOT的运算次序有不同的规定。一般来说，逻辑符运算次序依次为：NOT、AND、OR。

2）在使用逻辑运算符时，可用括号“（）”改变执行顺序。在有括号的情况下，括号内的逻辑运算先执行。

3）慎重使用逻辑非，以免排除有用的文献信息，造成漏检。例如，检索计算机软件方面的文献，如果用构造检索式（computer AND software）NOT hardware来检索，则会将同时包含软件、硬件的相关文献排除。

二、截词检索

截词检索是计算机检索系统中应用非常普遍的一种技术。由于西文的构词特性，在检索中经常会遇到名词的单复数形式不一致；同一个意思的词，英美拼法不一致；词干加上不同性质的前缀和后缀就可以派生出许多意义相近的词，等等。为了保证查全，就得在检索式中加上这些具有各种变化形式的相关意义的检索词，这样就会出现检索式过于冗长，输入检索词的时间太久，同时也占用太多机时。截词检索就是为了解决这个问题而设计的，它既可保证不漏检，又可节约输入检索式的时间。

所谓截词，就是指在检索词的适当位置截断，用截断的词的一个局部进行检索，是检索词与数据库所存储信息字符的部分一致性匹配检索，又称部分一致检索。在西文检索系统中，使用截词符处理自由词，对提高查全率效果非常显著。截词检索可以扩大检索范围。狭义的截词检索对象为单词、词组，广义的截词检索对象已发展到文献题名、文摘，甚至全文。不同的检索系统其截词检索的截词符也不同，常用的有“?”“＄”“＊”等。例如，美国 Dialog 系统和 STN 系统用“?”表示截词符，BRS 系统用“＄”作为截词符，Ei compendex Web 用“＊”作为截词符，ESA-IRS 系统用“+”作为截词符等。截词的方式有多种，按截断部位可分为前截词检索、后截词检索、中间截词检索、前后截词检索等。按截断长度可分为有限截词（一个截词符只代表一个字符）和无限截词（一个截词符可代表多个字符）。下面以将“?”作为截词符进行介绍。

1. 后截断检索

截去某个词的尾部，是词的前方一致比较，也称前方一致检索。它是将截词符放在一串字符的后面，用以表示以相同字符串开头而结尾不同的所有词，利于扩大检索范围。例如，输入“system?”（后截断符号）将会把含有“system”和“systems”等词的记录检索出来；输入“生产?”将会把含有“生产”“生产力”“生产工具”“生产方式”等词的记录检索出来。

2. 前截词检索

截去某个词的前部，是词的后方一致比较，也称为后方一致检索，利于扩大检索范围。例如，输入“? 英语”，能够检索出含有“四级英语”“六级英语”“研究生英语”等词的记录；输入“? lish”能够检索出含有“english”“abolish”“foolish”“polish”“accomplish”等词的记录。

3. 中截词检索

截去某个词的中间部分，是词的两边一致比较，也称前后一致检索或两边一致检索。例如，输入“信息? 类型”，能够检索出含有“信息资源类型”“信息交流类型”等词的记录；输入“f? t”，可检索出含有“foot”“feet”等词的记录。

4. 前后截词检索

截去某个词的前后部分，是词的中间一致比较，也称中间一致检索。使用这种检索技术所检索信息的范围更广。例如，输入“? 考试?”，能够检索出“英语考试”“考试试题”“计算机等级考试指南”“考生考试前的心理调整”等记录；输入“? ea?”可查出含有“bread”“wealth”“ear”“conceal”“beauty”等词的信息。

5. 有限截词

有限截词是指允许截去有限个字符。例如输入“acid? ?”表示截去一个字符，它可检出“acid”“acids”，但不能检出“acidic”“acidcity”“acidity”等词；又如输入

“compute??? ?”可检出“compute”“computer”“computers”“computing”等词，但不能检出“computable”“computation”“computerize”等词。注意：词干后面连续的数个问号是截断符，表示允许截去字符的个数，最后一个问号是终止符，它与截断符之间要有一个空格，输入时一定要注意。

6. 无限截词

无限截词是指允许截去的字符数量不限，也称开放式截词。上面前截词、后截词所举的例子均属此类型。

由上述可见：任何一种截词检索，都隐含着布尔逻辑检索的“或”运算。采用截词检索时，既要灵活，又要谨慎，截词的部位要适当，如果截得太短（输入的字符少于3个），将增加检索噪声，影响查准率。

三、词位置检索

词位置检索又称为邻近检索，主要用来规定概念相互间的邻近关系，包括在记录中出现的顺序和相对位置。位置运算符都用“（）”括起，其前后不留空格。常用的位置运算符有以下几种。

1.（W）

（W），即“with”，表示A与B两个概念必须相邻，且词序不变，可表示为

A（W）B

【例5】computer（W）education—computer education

2.（*n*W）

（*n*W），即“*n*words”，表示A与B两个概念之间最多可夹*n*个单词，词序不变，可表示为

A（*n*W）B

【例6】wear（1W）materials—wear of materials

gone（2W）wind—gone with the wind

3.（N）

（N），即“near”，表示A与B两词必须相邻，但词序可变，可表示为

A（N）B

【例7】economic（N）recovery—economic recovery 或者 recovery economic

4.（*n*N）

（*n*N），即“*n*near”，表示A与B两个概念最多可夹*n*个单词，但词序可变，可表

示为

A（*n*N）B

【例8】economic（2N）recovery—recovery of the economy

5.（X）

（X），表示A与B两个完全相同的概念必须相邻，可表示为

A（X）B

【例9】protein（X）protein—protein protein

6.（*n*X）

（*n*X），表示A与B两个完全相同的概念之间最多可夹*n*个单词，可表示为

A（*n*X）B

【例10】ship（1X）ship—ship to ship

7.（C）

（C），即“citation”，表示A与B两个概念必须出现在同一记录内，不限定词序和字段，可表示为

A（C）B

【例11】arthritis（C）acupuncture—arthritis and acupuncture

8.（F）

（F），即“field”，表示A与B两个概念必须在同一字段内，但词序可变，可表示为

A（F）B

【例12】nrdc（W）report（F）88—nrdc report，jan88（13）

9.（L）

（L），即“link”，表示A与B两个概念必须出现在同一叙词单位，且有一定的从属关系，可表示为

A（L）B

【例13】power plants（L）control—power plants 是主标题，control 是副标题

10.（S）

（S），即“subfield”，表示A与B两个概念必须出现在同一句子内或同一字段，且词序可变，可表示为

A（S）B

【例14】electric（S）plant—electric power plant

四、字段限制检索

使用截词检索，简化了布尔检索中的逻辑或功能，但没有改善布尔检索的性质。使用词位检索，只能限制检索词之间的相对位置，不能完全确定检索词在数据库记录中出现的字段位置，特别在使用自由词进行全文检索时，需要用字段限制查找的范围。字段限定检索是一种用于限定提问关键词在数据库记录中出现的区域，控制检索结果的相关性，提高检索效果的检索方法，多以字段限定方式实现。

字段检索是指将检索词限定（Within）在某个或某些字段中，用以检索某个或某些字段含有该检索词的记录。限制检索字段通常有两种方式。

1. 通过下拉菜单选择检索字段

此时，字段名一般用全称表示，如主题、题名、摘要等。

2. 输入检索字段符限定检索字段

此时，字段名一般用字段符表示，各检索系统的字段符各不相同。检索字段符是对检索词出现的字段范围进行限定。执行时，计算机只对指定的字段进行检索，经常应用于检索结果的调整。如用户在利用搜索引擎检索信息时，可以把查询范围限定在标题、统一资源定位地址或超链接等部分，这相当于字段检索。例如，检索式“intitle：mp3”表示检出标题名称中含有“mp3”的网页。

通常，文献数据库设置的可供检索的字段有两种：表达文献主题内容特征的基本字段和表达文献外部特征的辅助字段。第四章的CNKI中国知网用2个或2个以上字母表示的字段标识符，常用的字段有主题（Subject，SU）、题名（Title，TI）、关键词（Keyword，KY）、摘要（Abstract，AB）、全文（Full Text，FT）、作者（Author，AU）、第一责任人（First Author，FI）、刊名（Journal，JN）、年（Year，YE）、机构（Application Framework，AF）、中图分类号（Chinese Library Classification，CLC）等。维普期刊资源整合服务平台用1个字母表示的字段标识符，常用的字段有关键词（Keyword，K）、题名（Title，T）、作者作者（Author，A）、第一责任人（First Author，F）、刊名（Journal，J）、机构（Source，S）、分类号（Classification，C）等。

这些限制符在不同的检索系统有不同的表达形式和使用规则，在进行字段限制检索时，应参阅系统及有关数据库的使用说明，避免产生检索误差。要查询谭浩强教授发表的文章，就应将“谭浩强”限制在“作者”字段，如果要查询谭浩强教授指导研究生的毕业论文，就应将“谭浩强”限制在“导师”字段。又如要检索关于研究老舍的论文，输入“老舍”时必须选择“标题”或者“关键词”的途径，不能选择“作者”途径。这是因为“老舍”在这里是被研究的对象而不是论文的作者。

五、加权检索

检索提问式中不同检索词的重要性是不同的，因此，可以用一定的数值来表示它们的重要性，这就出现了定量检索技术——加权检索。加权检索的基本方法就是在检索时赋予每个检索词一个表示其重要程度的数值，即所谓的“权值”。检索过程中，对含有这些检索词的文献进行加权计算，权值之和在规定的数值（称为阈值）之上才会作为检索结果输出，权值的大小可以反映出被检出文献的切题程度。

运用加权检索可以命中核心概念文献，因此它是一种缩小检索范围、提高查准率的有效方法。其重点不在于判定检索词是否在某一文献中存在以及与其他检索词的关系，而在于判定检索词在满足检索逻辑后对文献命中与否的影响程度。

加权检索目前在信息检索系统中的应用还很不完善，并不是所有的系统都提供这种检索技术。而能提供加权检索的系统，对权的定义、加权方式、权值计算和检索结果的判定都有不同的技术规范。不过现在几乎约定俗成，用加号“+”表示检索词一定要出现在检索结果中，而减号“-”表示某检索词一定不能出现在检索结果中。目前存在两种基本的加权检索方法：词加权检索和词频加权检索。

1. 词加权检索

词加权检索是指在构造检索式的时候，检索者根据对检索需求的理解选定检索词，同时每一个检索词（概念）被赋予一个数值（权重），表示其在本次检索中的重要程度。检索时先判断检索词在文献记录中是否存在，然后计算存在检索词的记录所包含的检索词的权值总和，通过与预先给定的阈值进行比较，权值之和达到或超过阈值的记录视为命中记录，命中记录的输出按权值总和从大到小排列输出。这种给检索词加权来表达信息需求的方式，称为词加权。

检索词的权值是按照提问者的需要给出的。加权运算符的表示如表2-4所示。

表2-4 加权运算符的表示

符号	含义和作用	举例
/n (n>1)	指定某个检索词在查询中的权重（默认权重为1）	计算机/10

例如，以“粮食收购政策”为检索课题，给检索词“粮食”“政策”和“收购”分别赋予权值30、30和40。检索时，在关键字文本框内输入“粮食/30”“政策/30”“收购/40”，单击查询，则依所含关键词的权重检出相应记录，按权值递减排列如下：

100=30+30+40 粮食收购政策

70=30+40 粮食收购

60=30+30 粮食政策

若规定权值大于或者等于70的为命中文献（70为阈值），则只有有关粮食收购政策和粮食收购的文献被输出。

2．词频加权检索

词频加权检索是根据检索词在文档记录中出现的频率来决定该检索词的权值，而不是由检索者指定检索词的权值。这种方法消除了人工干预因素，但是这种方式必须建立在全文或者文摘型数据库基础之上，否则词频加权将没有意义。

课后习题

（1）利用图书馆OPAC检索10本本专业的馆藏书目。

（2）何为信息检索？它有几种类型？

（3）简述信息检索基本原理，并举例。

（4）布尔逻辑检索运算符有哪些？试举例。

第 3 章 信息检索过程

第 1 节 信息需求识别

一、明确检索题目

明确信息需求与检索目的、检索题目与范围，是实施检索的基础和前提。

明确检索题目，也就是分析题目的主题内容需求，在题目背景知识的基础上，明确题目所涉及的核心问题，具体包括：分析题目检索学科属性，确定主题概念或相关概念，明确其含义和相互间联系，确定中文及相应的英文关键词。

可以通过以下几个问题来检查自己对即将展开的检索题目是否明确：检查选定的关键词是否确切描述了题目的内容，是否有不明确之处；将题目以一个或几个问题的形式表达出来并确信问题能够包含题目的全部相关内容。

例如：针对题目“新联邦成立之后俄罗斯制造业的变化”

问题 1：俄罗斯制造业的历史和现状如何?

问题 2：新联邦成立后俄罗斯制造业经历了哪些变化?

对以上两个问题的思考会自然引申出以下问题：

1）为了回答这些问题，需要搜集哪些信息?（查找什么）

2）在哪儿能找到这些信息?（在哪儿找）

3）如何才能得到关于这一主题的研究成果?（怎样找）

对于以上问题的回答可以帮助检索者进一步理顺自己的思路，明确题目范围及方向，为下一阶段的工作打下良好的基础。

二、明确信息需求

基于对题目基本属性的了解，进而明确所需信息的类型、语种、数量、文献范围和年代等，以控制对查新、查准、查全的指标要求。如要了解某一学科领域的最新动态、了解前沿信息，所需信息必须“新”；如要解决具体问题，所需信息必须“准”；如要系统地进行文献调研，撰写综述报告，所需信息必须“全”。

1）在信息需求分析的基础上，选择相应的信息资源。若需要某一题目比较系统、详尽的信息，如撰写论文、科技查新、专利鉴定等，需了解其历史、现状和发展，对检索的文献要求全面、彻底，检索覆盖的年份也较长。为了满足此类检索，应尽可能选用一些收录年份较长的综合型和专业型数据库。

2）关于某一题目的最新信息。这类用户对检索信息的要求是新，检索覆盖的年份也比较短，可以选择一些更新及时的网络数据库和搜索引擎来查找。

3）了解某一方面的信息，以解决一些具体问题。如针对某个问题查找一些相关参考资料、一般论文写作、了解某人的资料等。此类检索不需要查找大量资料，但针对性很强。可以选择一般的数据库和网络搜索引擎进行。

若是涉及专业性较强、学科单一、专指性强的题目，可选择专业数据库进行检索；若是涉及技术成果的题目，则应考虑专利数据库。

第2节　信息资源选择

一、目录（Bibliography，Catalogue）

目录一般以整本的图书、期刊等作为报道单元，描述比较简单。每一个条目的著录项有：文献名称、著者、出版年月、出版地和载体形态等，主要用于查找出版物的出版或收藏单位。根据编制目的及社会职能，目录可以分为国家目录、馆藏目录、联合目录和出版社与书商目录等。

【例1】

1）船舶管系工识图. 叶添法、罗廷华、施福章编. 哈尔滨：哈尔滨工程大学出版社，1994.

2）船舶CAD：CAD for Ship. 曾隆杰主编. 北京：人民交通出版社，2000.

二、题录（Title）

题录是与目录相近的一个概念。题录是对单篇文献的外表特征加以揭示与报道，并按照一定顺序编排而成的条目的集合，它包含文献标题、作者、作者单位、文献发表时间、文献来源信息等。题录侧重于对单篇文章外表特征的揭示，而目录侧重于对图书或期刊等整部文献外表特征的揭示。

【例2】

1）高职课程体系创新与人才培养. 肖亚明（武汉船舶职业技术学院）. 江汉石油学院学报：社会科学版，2003（22）：55－56.

2）基于ANSYS水火弯板温度场的数值分析. 韩华（武汉船舶职业技术学院）. 武汉船舶职业技术学院学报，2005（3）：13－17.

三、文摘（Abstract）

文摘是将论文或专著的内容加以浓缩，以精练的语言把文献信息的重要内容、学术观点、数据及结构准确地摘录下来，并按一定的著录规则与排列方式编排起来，供读者查阅使用的一种检索系统。将描述文献外表特征的著录加上文摘，按一定的顺序排列起来，即形成文摘型检索刊物，通常简称为文摘，其实质就是题录加上内容摘要。

【例3】

1）高职课程体系创新与人才培养. 肖亚明（武汉船舶职业技术学院）. 江汉石油学院学报：社会科学版，2003（22）：55－56.

从高等职业教育的现状出发，分析了高职教育存在的问题，指出了高职课程体系创新的基本理念和目标；强调高职课程体系必须坚持社会主义方向不动摇，以技能优先、以理论够用为原则，强调课程的综合化是高职课程体系改革的方向，旨在全面提高学生的素质，培养出社会需要的综合型人才。

2）基于ANSYS水火弯板温度场的数值分析. 韩华（武汉船舶职业技术学院）. 武汉船舶职业技术学院学报，2005（3）：13－17.

本文根据传热学理论，运用ANSYS有限元分析软件，对水火弯板的温度场进行了数值模拟，并给出了水火弯板数值分析的边界条件。通过与试验结果对比，发现该数值模拟可靠，反映了水火弯板温度场分布的基本规律。

四、索引（Index）

索引是将信息资源内容及外表特征中具有检索意义的知识单元提取出来，按字顺、分类或其他逻辑次序排列以供检索的工具。换句话说，一种索引就是一种检索途径、一个检索入口、一个检索字段。无论是在印刷型信息资源中还是在数字型信息资源中，索引往往可以起到强大的辅助检索的作用。而引文索引，还具有发现知识的功能。图3－1是中医药文献索引部分内容。

R201.8 文物考古

9100261 **对马王堆医书的探讨**/张琪，王子良(黑龙江省中医研究院)//黑龙江中医药, (1). —6~9
9100262 **从敦煌遗物看汉代医药文化之西传**/范新俊（甘肃省敦煌市中医院）//上海中医药杂志, (1). —36 ~ 37
9100263 **敦煌遗书藏医文献初析**/赵健雄，苏彦玲（兰州医学院）//甘肃中医, 4(4). —28 ~ 29
9100264 **敦煌壁画中的医学史料**/范新俊（甘肃省敦煌市中医院）//上海中医药杂志. (11). —40 ~ 41
9100265 **南诏大理国时期的两位医家墓碑**/杨可大（云南省大理市卫生干部进修学校）//中华医史杂志

图 3－1　中医药文献索引

1. 篇名索引

最常见的索引是篇名索引，它著录文献的篇名及其他外部特征，并提供文献的来源信息。它的著录对象是图书或期刊中的某一篇文章，每一篇文章的著录结果称为一个题录，因此篇名索引也称为题录。而摘录文献的主题、作者等信息编制的索引，如主题索引、分子式索引、著者索引，则成为一种检索途径。

2. 引文索引

引文，也称被引文献、参考文献。假设有 A 文献和 B 文献，如果 A 文献在行文中提到或引用了 B 文献，则 B 文献称为 A 文献的引文。相应地，A 文献则称为 B 文献的来源文献、引证文献或施引文献。来源文献包括期刊论文、会议论文、图书、学位论文等。

文献之间的引用关系反映了一种科学交流活动，显示了科学文献之间、刊载文献的期刊之间以及文献所属学科之间的内在联系。论文之间的相互引用和被引使诸多文献联系起来，构成一个网络。通过追溯文献之间的这种关系，可以找到一系列内容相关的文献，并据此深化或展开新的研究。

共享参考文献的文献之间互称相关文献，如 A 文献与 B 文献都引用了 C 文献，则 A 文献与 B 文献互为相关文献，也称共引文献。共引文献揭示有共同研究背景的相关文献信息。

在科学研究与科学著述活动中，文献的引用贯穿始终，直接或间接地引用他人的著述、观点是学术活动的一个非常重要的部分。以科学文献之间的引证关系为基础，对文献的引文进行标引而形成的索引词表，我们称之为引文索引。现存最早的引文索引是 1873 年美国出版的供律师查阅法律判例的检索工具《谢泼德引文》。20 世纪 50 年代，美国 E. 加菲尔德从中受到启发，研制出用计算机辅助编制的引文索引。他主办的费城科学情报研究所（ISI）先后创办了《科学引文索引》（SCI，1963 年创刊）、《社会科学引文索引》(SSCI，1973年创刊) 和艺术与人文科学引文索引 (AHCI，1978年创刊) 等三种引文索引刊物，并建立了引文索引数据库。利用引文索引，将文献的引文作为检索入口的检索方法，叫作引文索引法，也叫引文检索。

五、数据库（Database）

数据库是发展历史最久、影响最广的一种数字信息资源，它产生于20世纪50年代末60年代初，在70年代得到迅速发展，到80年代逐渐走向成熟。进入80年代后期，世界上一些著名的联机数据库系统从过去以提供书目与索引等二次文献服务为主变为以全文数据库、数值数据库为主，提供的信息内容几乎涉及自然科学、人文社会科学的各个领域。

1. 数据库的概念

数据库是长期存储在计算机内有组织的、可共享的数据集合。数据库中的数据按一定的数据模型组织、描述和储存，具有较小的冗余度、较高的数据独立性和易扩展性，并可在一定范围内为各种用户所共享。换一种形象点儿的说法，一个数据库就是一个关于图书、期刊文章、会议文章、学位论文、科技报告、专利、文摘或全文信息的电子仓库。这个仓库是计算机的大容量存储器，如硬盘就是一种最常见的存储设备。与传统的印刷型文献相比，数据库只不过是充分利用了现代信息技术与处理手段，为信息内容更换了存储介质，并基于数据库的有序结构、专业内容、索引和词表功能等通过检索界面为科研人员提供更加便捷的信息服务。正是因为具有强大的检索功能，数据库资源也经常被称为数据库信息检索系统。

2. 数据库的类型

按照国际上通用的分类方法，数据库通常被划分为以下几个类型。

(1) *参考数据库* (Reference Database)

参考数据库是指用户在这些数据库中获取信息线索后，还需要进一步查找原文或其他资料的一类数据库。它包括书目数据库和指南数据库。

1) 书目数据库 (Bibliographic Database)。它是存储某个学科领域的二次信息资源的数据库，其显著特征是向用户提供信息线索，一般只能检索出信息的标题、出处、著者、主题等，如，美国化学文摘数据库、中文科技期刊篇名数据库等。

2) 指南数据库 (Directory Database)。它是存储能够提供用户参考、给予用户指导的各类信息，如商业、企业等机构的名称、地址、电话，人物，出版物，项目，程序，活动等简要描述性信息的一类数据库，亦称指示性数据库，如公司名录数据库、人物传记数据库、技术标准数据库等。

(2) *源数据库* (Source Database)

源数据库在欧洲也被称作数据银行 (Data Bank)。它是能够直接为用户提供原始资料或具体数据的一类数据库，主要有以下几种。

1）数值型数据库（Numeric Database）。它是指专门提供以数值形式表示的一种源数据库，如各种统计数据库、财务数据库等。

2）文本—数值数据库（Textual-Numeric Database）。它是一种能同时提供文本信息和数值数据的源数据库，如企业信息数据库、产品数据库等。

3）全文数据库（Full-Text Database）。它是指存储文献全文或其中主要部分的一种源数据库，简称全文库，如中国知网的中国学术期刊数据库、维普的中文科技期刊数据库等。

4）术语数据库（Terminological Database）。它是指专门存储和检索名词术语、词语信息等的一种源数据库，如名词术语信息库等。

5）图像数据库（Graphics Database）。它是指用来存储和检索各种图像或图形信息及有关文字说明资料的一种源数据库，可用于各种建筑、产品、广告设计、产品、图片或照片等资料类型的计算机存储与检索。

6）新闻数据库（News Database）。它是指用来存储大量新闻消息的一种源数据库，其特点是收录的新闻内容范围十分广泛，时间性强，更新极为迅速，如《人民日报》全文数据库等。

除上述几种类型的数据库外，还有能同时存储多种不同类型数据的数据库，即混合型数据库。另外，数据库按其载体不同又可分成磁媒体数据库、光盘数据库和多媒体数据库等。

3. 数据库的结构

不同类型、不同内容的数据库，由于数据内容及标引人员的不同，其文献记录标引方式、结构必然存在一定的差异，因而会提供不同的检索方法，因此对数据库结构的了解极其重要。下面以书目型数据库为例，具体介绍数据库的结构。

文献数据库大多是书目型数据库，这种数据库里存储的并非是原始文献，而是经过加工的二次文献，即文献的题录、文摘以及索引字段，其结构类似于印刷型的检索工具。这类数据库是一个包含大量反映文献外表特征和内容特征的著录款目的集合。一个数据库主要由字段、记录和文档三个层次构成。

（1）字段（Field）

字段是记录的下级数据单位，用来描述实体的某一属性。在文献数据库的记录中，字段的划分与文献著录事项的划分相一致。一个字段与一个著录项目相对应。所以，一个记录中通常含有文献号字段、题名字段、作者字段、出版字段、语种字段、文摘字段、主题词字段、分类号字段等各种必要的字段。每个字段的具体内容称为字段值（Field Value）或属性值（Attribute Value）。子字段（Subfield）是字段的下一级数据单位。在有些字段中，它们的值往往由多个子项构成。

(2) 记录(Record)

记录是作为一个单位来处理的有关数据的集合，是对某一实体的属性进行描述的结果。在书目数据库中，被描述的实体是某一特定的文献，实体的属性就是该文献的特征，如文献的题名、作者、发表时间、语种、分类号、主题词等。可以看出，文献数据库中的一个记录就相当于书本式检索刊物中的一个文摘条目或题录，或相当于图书目录中的一个著录款目。

(3) 文档

文档(File)是由众多记录按一定方式组织在一起形成的，按记录组成形式的不同，文档可分为顺排文档和倒排文档。一个数据库至少包含一个顺排文档和一个倒排文档。

1) 顺排文档(Linear File)。顺排文档就是将文献记录按存取号的顺序一个接一个地存放起来形成的文档，是完整的顺序信息记录。它是一种顺序存储结构，存取号越大的记录越新。在顺排文档中存储了数据库中所有的记录，并且存储了每篇文献的最完整的信息，因此又称为主文档。顺排文档的这种存储结构特性决定了对其进行检索时，只能顺序逐条读取其中的记录，要查找其中某一条记录，只有扫描完整个文档才能算结束，因此比较费时。

2) 倒排文档(Inverted File)。顺排文档是将主文档中的可检属性抽出重排而派生出的数据记录，在查找时必须读取每一条记录，比较费时。因此，有必要寻找另外的文献排列方式来解决这个问题，以方便检索，节省时间。于是，人们想到像手工检索工具一样编制一种索引，对顺排文档(相当于检索工具的正文)再一次进行浓缩。倒排文档就是这样一种相当于索引的文档，它是抽取文献记录中一切可检字段按某种顺序排列而成的文档。不同的字段可以组成不同的倒排文档。例如，可以按文献出版年构成出版年倒排文档，还可有著者倒排文档、题名倒排文档等。另外，还可以将几个字段混合排序组成混合倒排文档，这也相当于索引中的复合索引。

下面举例说明顺排文档与倒排文档的联系。

【例4】一个包含5篇文献的文献集合。

001 向“电子图书馆”挑战：西方发达国家国立图书馆的现状与发展趋向(标引词：电子图书馆/图书馆/计算机)

002 电子图书馆的终端读者管理(标引词：电子图书馆/读者管理/图书馆)

003 台湾的图书馆自动化和数字图书馆建设(标引词：数字图书馆/电子图书馆/图书馆)

004 数字化图书馆的研究及其关键技术(标引词：数字化图书馆/电子图书馆/检索)

005 电子图书馆的信息资源管理模式(标引词：电子图书馆/信息资源管理/检索)

以上5个简化文献记录的顺排文档的形式为：

001 向“电子图书馆”挑战：西方发达国家国立图书馆的现状与发展趋向

002 电子图书馆的终端读者管理

003 台湾的图书馆自动化和数字图书馆建设

004 数字化图书馆的研究及其关键技术
005 电子图书馆的信息资源管理模式
相对应的主题词倒排文档的形式为：
数字图书馆 003，004
电子图书馆 001，002，003，004，005
计算机 001
读者管理 002
图书馆 002，003
检索 004，005
信息资源管理 005

第 3 节　检索式构造

一、检索词选择

1. 确定检索词的原则

检索词的确定，一般应考虑以下原则。

1）检索词必须反映题目内容和信息需求。

2）所选数据库如有词表的，要利用词表优先选用规范词作为检索词。

3）要从词表规定的专业范围出发，选用各学科内具有检索价值的基本名词或术语。

4）如数据库未提供词表，或词表中没有规定时，检索词为自由词。这时还应选取该词的同义同、近义词、上位词、下位词等，使用多个词进行试检，以免漏检。

2. 确定检索词的一般步骤

在文献检索的最初阶段，检索词要么是在熟悉题目背景知识的过程中综合建议，进行题目分析后获得；要么是通过查检专业词典、词表或百科全书获得。

对于既定的检索题目，最常见的方法是通过汉语词语切分获得主要概念和辅助概念，并找出能代表这些概念的若干个词或词组作为检索词。再围绕已经确定的检索词或词组向它的同义词、上位词、下位词、相关词等方向扩展。

在检索过程中，没有对汉语题目进行词语切分就全部将其输入检索文本框，检索效果将会很差。因为汉语不同于西方语言，句子的词语之间没有分隔符（空格），一次输入的检索内容通常被看作词组。实际上，建立数据库前的标引文献阶段，就进行了词语切分，所以，我们在检索时，也必须对用汉语表示的题目语句进行词语切分，才能查出所需的文献。

词语切分的一般方法是把表述题目的短语，去掉其中的虚词和泛指的词语，如“发展趋势”“展望”“现状”“近况”“应用”“研究”“方法”“建立”“实施”“影响”“结构”等，然后按照概念单元分成不能再拆分的词语。例如，题目“数码图像的算法处理”可以切分成“数码”“图像”和“算法”。

题目经过词语切分形成具有检索意义的概念，再围绕概念进行扩展。

（1）概念

利用题目（陈述或提问）作为一个起点，摘录其中的主要概念（主题或观点）作为检索的关键词。将概念的数量限定在四个以内，以免使检索变得复杂。概念太多说明研究领域过于宽泛或者不够明确。例如，“聚乙烯的合成”的主要概念是“聚乙烯”，辅助概念是“合成”，这两个词都可以作为检索词。

（2）同义词

在确定同义词时，除了意义相近、相同，还要考虑缩写与全称、学名与俗名、连字符的使用、名称的更迭、数字与日期的不同表达方式，尤其是英文关键词，还需要考虑到词形变化（人称、单复数、时态、语态），英美的不同拼写，等等。

例如：组织与公司、社团、联盟、合伙、机构（同义词）；《飘》与《乱世佳人》（不同译名）；武汉船舶工业学校与武汉船舶职业技术学院（名称更迭）；乙酰水杨酸与阿司匹林（学名与俗名）等。

（3）上位词与下位词

上位词指概念上外延更广的主题词。例如，“花”是“鲜花”的上位词；“植物”是“花”的上位词；“电灯”是“白炽灯”的上位词；“黑色金属”是“钢铁”的上位词等。一个主题词所表达概念的任何一种属性、任何一种归类方式，都可以是它的上位词。

下位词指概念上内涵更窄的主题词。例如，“爵士乐”是“流行音乐”的下位词；“男人”是“人类”的下位词等。又如，“水路运输”的上位词是“交通运输”，“水路运输”的下位词是“航道工程”“港口工程”“船舶工程”等。

上位词与下位词的选定通常需要利用各种主题词表，如“汉语主题词表”等。

（4）隐含概念

隐含概念是文献或题目中未用显而易见的方式表达，因而需要认真进行由表及里、由浅入深、由此及彼的分析才能确定的主题概念。

例如，“由于铂的存在而使反应加剧”的显见概念是参与反应的化学物质名称“铂”和“催化活性”，隐含概念是“催化剂”。再如，“武汉船舶职业技术学院图书馆的书目数据库系统”，显见概念是“武汉船舶职业技术学院图书馆”和“书目数据库系统”，隐含概念是“高校图书馆”和“图书馆自动化集成系统”。

（5）相关词

相关词是指在主题方面与检索词有联系，但并非其同义词、上位词或下位词。

例如，与“信息检索课程”相关的词有“信息检索教学”等。与题目相关的知识和经验将有助于选择相关词，如果一个数据库有主题词表，则词表中也会包括相关词，另外，一些数据库也包括相关记录索引。

（6）短语或词组

当一条短语或词组充当检索词时，要求连续并且词序固定。短语若按单个词检索时就会失去其特指的含义。例如，“Pink Ship（解雇通知书）”若拆分成两个单词就失去了原有的含义。

（7）专业词汇

如果在题名、关键词、文摘或索引字段中使用专业词汇进行检索，不但可成功进行缩检，也会大大提高检索结果的相关性。专业词汇通常是唯一的，没有第二选择。

例如，利用“Stroop Test”作为检索词。史楚普实验（Stroop Test）是认知心理学领域里很有名的实验。它是由美国心理学家约翰·里德利·史楚普（John Ridley Stroop，1897—1973）在1935年首次提出的，因此一般称作史楚普实验。正式名称为“颜色与文字的冲突实验”（Colour Word Conflict Test）。在这里“Stroop Test”或“史楚普实验”就是以专业词汇作为检索词。

二、检索式的构造

检索式是指将各检索单元（其中最多的是表达主题内容的检索词）之间的逻辑关系、位置关系等，用检索系统规定的各种组配符（也称算符）连接起来，形成的计算机可识别和可执行的命令形式。检索式是检索策略的具体体现，它控制着检索过程。检索式是否合理关系到能否检索到最相关的信息。

针对不同的搜索引擎、数据库、信息需求，有不同的检索策略，其检索式的构造也各有不同。设计合理的检索式成为控制和提高检索质量的关键。检索式的表达对一个题目不是唯一的，而是有多种选择、组配、限定。当检索过于复杂，检索要求难以用一个检索式来表达时，应该采用分步检索或二次检索等方式以提高查准率。

编制检索式时最重要的是注意检索途径与检索词的正确匹配。例如，当选择的检索途径是关键词，输入的检索词就必须是关键词，如果一个词不能完整地表达检索要求，需要进一步描述时，只能添加关键词，用算符来连接它们，而不能用一个句子来代替。

【例5】

检索“法律的渊源”的中英文信息，虽然用“法律的渊源”“Sources of Law”这样的词组能够在一些数据库实现检索，但是检索量少，严格地说不算是检索式。

特别要区分题目与论文标题的区别，不能做字面的解析，字面是“与”的关系检索要用“或”的关系；反过来，有的题目则应该用逻辑“与”的关系来组配。

【例6】

检索"法律与经济和政治的关系"的题目，需要检索的信息是法律与经济或者法律与政治之间的关系，因此"经济"与"政治"的关系是逻辑"或"，不是逻辑"与"。则检索式"法律＊（经济＋政治）"比"法律＊经济＊政治"检索的范围大得多。

注：＊表示"逻辑与"，＋表示"逻辑或"。

【例7】

检索"防撞气囊在汽车安全中的应用"的题目，在检索平台的检索策略应该是：在"题名"或者"关键词"字段输入"防撞气囊＊汽车"。但是不少学生采用了检索式"防撞气囊＋汽车"，这样会检索到许多含有二者之一的论文，因为"防撞气囊"与"汽车"没有必然联系。

注：＊表示"逻辑与"，＋表示"逻辑或"。

【例8】

在维普中文科技期刊数据库检索"数码图像的算法处理"题目，在检索平台的检索策略应该是：在"题名或关键词"字段分别输入"数码""图像""算法"，用"逻辑与"关系组成检索关系。如图3－2所示。

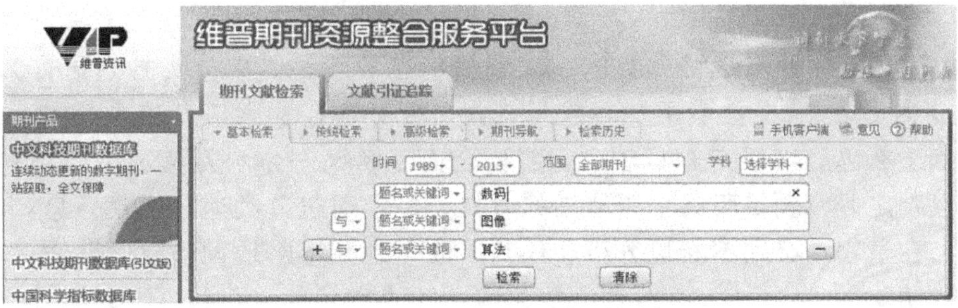

图3－2　维普中文科技期刊数据库检索表达式

【例9】

在CNKI中国学术期刊网络出版总库检索"数字图书馆的元数据互操作的研究"题目，在检索平台的检索策略应该是：在"主题"字段分别输入"数字图书馆""元数据""互操作"，用"逻辑与"关系组成检索关系。如图3－3所示。

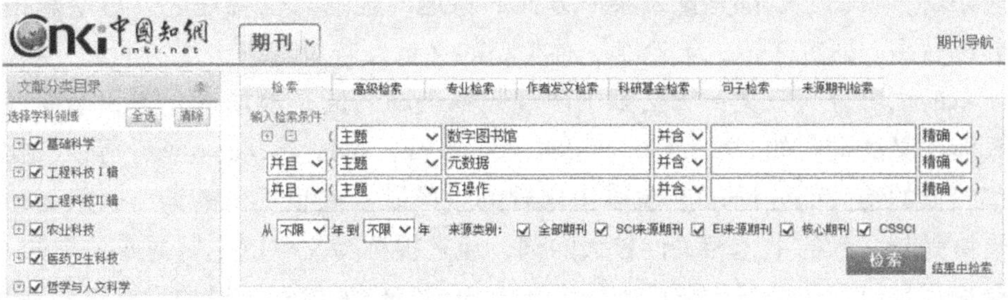

图3－3　CNKI中国学术期刊网络出版总库检索表达式

第 4 节　信息检索途径

检索途径是用户与检索工具建立联结关系的中介，所以又称检索入口。按照检索途径与信息内容相关的程度，检索途径可分为反映信息内容特征的途径与反映信息外部特征的途径。反映信息外部特征的途径一般有著者途径、题名途径、序号途径等。反映信息内容特征的途径有分类途径、主题途径等。因为信息的外表特征对信息来说具有唯一性，即某则信息的一组外表特征只对应这则信息，而信息的内容特征与信息是一种模糊的对应关系，即一篇信息有多个主题词（关键词）或分类号，一个主题词（关键词）或分类号也可对应多则信息。这种对应关系使得信息的内部特征和外部特征的用途大不相同。利用反映信息外表特征的检索途径只能检索出很少的信息，利用反映信息内容特征的检索途径一次则能检索出一批信息。信息检索的途径一般有以下四种。

1. 分类途径

分类途径是一种按学科分类体系来查找信息的途径，以分类检索语言为依托。使用“分类目录”“分类索引’等进行查找。分类途径检索信息的优点在于族性检索，有利于精选。当研究题目较大，需要全面了解某一学科及其相关知识的时候，或者难以判定研究题目所属主题范围的时候，经常通过分类途径查找信息。缺点在于费时，在过程中必须不断地分析、评判、取舍，并不断地调整检索路线，检索才能获得成功。

检索工具从分类途径检索信息的步骤要简单得多，即分析待检题目的主题——根据检索平台上设置的类目主题架构中与主题相关的分类主题——单击分类主题就可以浏览到信息线索或文摘——根据信息线索中的出处获取原文或直接单击信息线索的全文链接获取全文。

2. 主题途径

一般来讲，一篇文献都是论及某一方面的特定问题的。也就是说，与论题相关的词出现的频率较高。研究表明，无论哪一种类型的文献，若对其中出现的词进行频率统计，会发现所有的词可分为三类：①文献中出现频率最高的词是冠词、介词和连词等，即本身没有具体含义的词，如 a、an、the、this、that、or、and、in、on、with 等；②文献中出现的频率较低的绝大部分词；③ 文献中出现的频率既不高也不低的词，一般为3 ~20个，这些词恰恰是与文献的主题相关性较大的词，通常被称为文献的主题词或关键词。

主题途径是以代表信息主题内容的实质性的词汇作为检索标识进行检索的一种途径。主题途径查找信息的关键是确定主题词。

题目的主题词确定方法。分析题目，提取概念。最主要的事物名称应作为首先考虑的检索概念——整理概念，将概念进行整理归纳，分成若干个组面（Facets）。

例如，“计算机辅助设计在光学中的应用”这个题目可分成“光学（Optical)”，“计算机辅助设计（CAD或Computer Aided Design)”两组。每一组用同义词、缩写词、复数形式等予以扩充。如光学用同义词“Optical”和“Optic”扩充，以避免漏检，保证题目的查全——直接利用所确定的词查找检索工具或将所确定的词汇与检索工具的词表对照，确定正式词再查。

选取主题词应当注意几点：当用提取的主题词查找检索工具没有结果时，可试着采用最近一级的上位词进行查找；要查的题目中如包含数个事物概念，就应选择相应个数的主题词，以保证查准；避免选择泛指性词作为检索主题词，比如“研究”“发展”“分析”“高性能”和“快速”等。要选择能代表题目实质意义的词作为主题词，不能仅从字面上选词。比如，要确定“运用计算机程序建立气候模式”这个题目的主题词，“计算机模拟”和“气候模拟”作为主题词更合题意。

3. 著者途径

著者途径是根据已知信息作者姓名或机构名称来查找信息的途径。因为从事科学技术研究的个人或团体都是各有所专的，同一著者在一定时期内所发表的信息，在内容上常常限于某一学科或专业范围之内，因此能在一定程度上集中同类信息。利用著者途径查找信息的优点是可以满足对个人及团体著者的学术水平进行评价时的信息查找；缺点是著者途径不能满足全面检索某一题目文献的需要。

著者途径查找信息的关键是确定著者名称。

4. 其他途径

其他途径包括题名途径、序号途径、分子式途径等。

（1）题名途径

题名途径包括书名、刊名和篇名等途径。使用“书名目录”“刊名目录”“会议资料索引”等进行查找。这虽然是一种反映信息外部特征的检索途径，但现在在检索工作中应用非常广泛，是主题途径的一种非常重要的补充手段。

（2）序号途径

序号包括报告号、标准号、专利号、登记号等，一般使用“报告号索引”“标准号索引”“专利号索引”“登记号索引”等进行查找。

（3）分子式途径

分子式途径是以化学物质的分子式作为检索标识等查找文献的途径。通过“分子式索引”进行查找，是主题途径的一种特殊形式，主要为美国《化学文摘》所用。

检索途径如图3－4、图3－5所示。

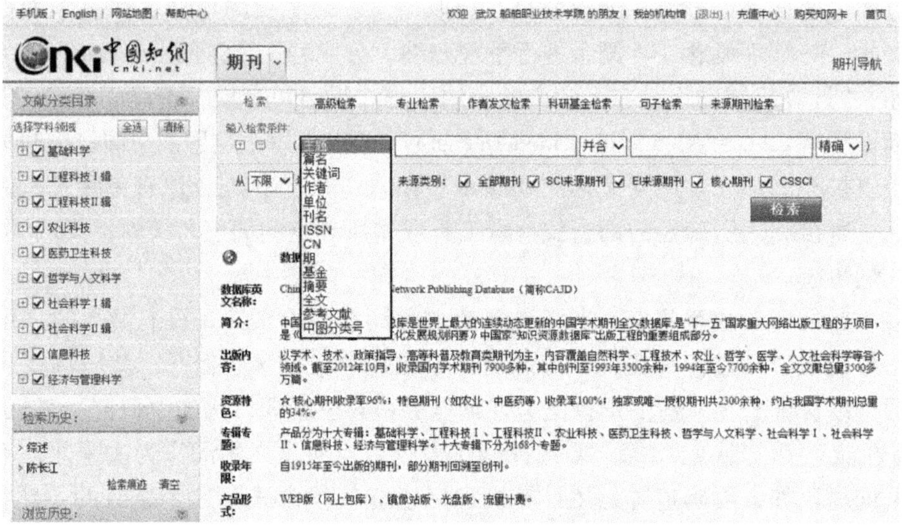

图 3－4　CNKI 中国学术期刊网络出版总库检索途径

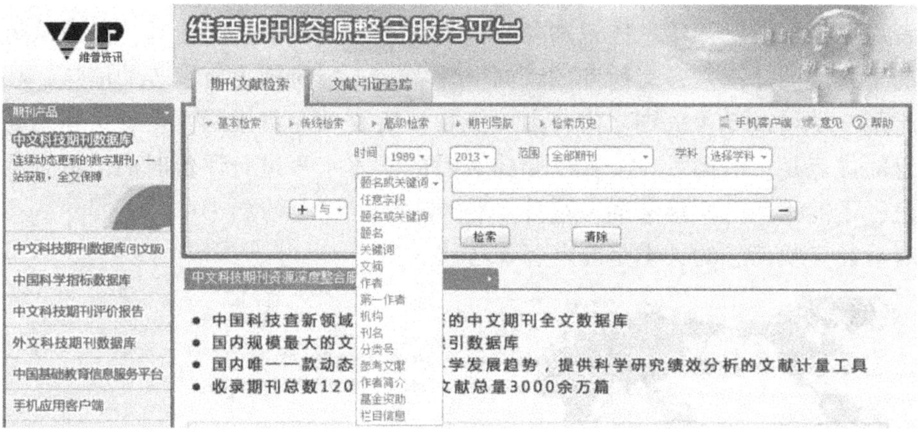

图 3－5　维普中文科技期刊数据库检索途径

检索词与检索途径相对应，是检索途径的具体化。如题名字段对应的检索词就是书名、刊名等，如《三国演义》《船舶工程》等（注：书名作为检索词输入时无需书名号）；分类途径对应的检索词就是分类号，如 G 354.4（《中图法》分类号）；著者途径的检索词是著者姓名，如“巴金”“鲁迅”等，以此类推。

按照表达文献资源特征的形式不同，检索词可以分为四种类型。

1）表示主题的检索词，如关键词。

2）表示分类的检索词，如分类号。

3）表示责任者的检索词，如作者姓名、机构名称。

4）表示特定意义的检索词，如分子式、专利号、ISBN、ISSN。

第 5 节　信息获取

传统的检索过程在获得一批相关检索结果后便算检索任务完成，而现代的检索强调的不只是获得知识信息，更注重对结果的分析、整理、组织与重组，因为获得的检索结果往往是凌乱的、不系统的，存在交叉和重复甚至是互相矛盾的情况，这就要求对它们加以分析，去粗取精、去伪存真，提取有用的信息。

1．对资料进行鉴别、比较

对搜集来的原始资料进行质量上的评价和核实。

1）要判断结果与查找主题的真伪，若资料本身不真实则应舍去，当然有时也可作为反证的证据。

2）判断是否全面，若不全则调整检索策略，进行二次或三次检索。

3）判断相关的程度，对最相关信息加以详细研究，部分相关的取相关部分，不相关的则舍去。

判断的过程也是一种研究学习的过程，可以产生许多新的灵感。

2．对结果的整理

最简单也最常用的资料整理方法是利用分类的方法，我们可就以下几方面对结果加以分类。

1）一是将与主题相关的信息内容集中，不相关信息作为备用记录或舍去。

2）二是将论点与论据信息分别汇总，便于调用。

3）三是将马上要用到的信息与以后可能用到的信息分开，这样形成检索结果资料的汇编与检索资料笔记，并做简要说明。

3．比较分析

比较分析即运用科学的分析方法和研究方法对所占有的信息资料进行分析，研究特定题目的现象、过程及内外各种联系，找出规律性的东西，构成理论框架，把所占有的信息转化成为自己的东西。

检索的过程是对信息综合查找与分析利用的过程，在不具备很高的检索技巧的情况下通常需经过多次反复实践以上五个步骤才能获得比较满意的检索结果，因此检索中我们要实践、实践、再实践。

获取原文的途径有四种：①利用本单位图书情报机构获取原文；②利用联合目录通过馆际协作获取原文；③利用全文数据库直接下载全文；④利用检索结果中提供的著者或出版机构的 E-mail 地址，与之联系获取原文。前两种方式在手工检索或计算机检索中均可使用，后两种方式只能在计算机检索状态中实现。

第6节 信息检索效果评价

信息检索效果就是利用检索系统进行检索服务时所获得的有效结果，常以检索期望与实际的比率来作为评价指标。在信息检索时，检索者总希望将检索系统中与所需信息相关的全部记录都检索出来，总是希望能够明确地知道自己检索的效果。因此，对检索效果进行评价，不但可以提高检索系统的应用水平，还可以借此分析影响检索效果的因素，调节检索策略，提高检索效果，从而满足信息检索的需求。

1. 信息检索效果评价指标

常用的信息检索效果评价指标有查全率、查准率、漏检率、误检率和响应时间等，其中最主要的指标是前四种。检索系统各参量如表3－1所示。

表3－1 检索系统参量表

	系统中相关信息总量（$a+c$）	系统中非相关信息总量（$b+d$）
检出的信息总量（$a+b$）	检出的相关信息量（a）	检出的非相关信息量（b）
未检出的信息量（$c+d$）	未检出的相关信息量（c）	未检出的非相关信息量（d）

（1）查全率

它是指检索出的相关文献量与检索系统中相关文献总量的比率，是衡量信息检索系统检出相关文献能力的尺度。

$$查全率=检出相关信息量/系统中相关信息总量\times 100\% = a/(a+c)\times 100\%$$

（2）查准率

它是指检索出的相关文献量与检出文献总量的比率，是衡量信息检索系统精确度的尺度。

$$查准率=检出相关信息量/检出信息总量\times 100\% = a/(a+b)\times 100\%$$

注：查全率反映所需文献被检出的程度；查准率则反映系统拒绝非相关文献的能力。两者结合起来反映检索系统的检索效果。研究表明，查全率与查准率之间存在互逆的关系，即提高系统的查全率，会使查准率下降；反之亦然。

（3）漏检率

它是指漏检相关信息量与在检索系统中相关信息总量的比率，是衡量信息检索系统漏检信息的尺度。

$$漏检率=漏检相关信息量/系统中相关信息总量\times 100\% = c/(a+c)\times 100\%$$

（4）误检率

它是指误检（检索出的非相关）信息量与检出信息总量的比率，是衡量信息检索系统误检信息程度的尺度。

$$误检率=误检信息量/检出信息总量\times 100\% = b/(a+b)\times 100\%$$

2. 影响查全率和查准率的主要因素

影响查全率和查准率的因素很多，但都包含在检索系统编制质量和检索方法这两者之中，这些因素可分为人为因素和客观因素两方面。

（1）人为因素

人为因素主要包括两类：一是在编制检索系统时收录文献不全面、不明确，在文献标引工作中人为造成的各种错误；二是在检索时对题目内容分析的错误和对检索提问错误。人为因素往往会引起查全率和查准率的同时下降。人为因素也称“不合理影响因素”，由此造成的误检和漏检称为“不合理误检”和“不合理漏检”。

（2）客观因素

在检索过程中，无论怎样调整检索策略，无论怎样改进检索系统的质量，都无法使查全率和查准率同时达到100%，这表明了它们的互逆相关性。也就是说，在排除了人为因素的情况下，任何提高查全率的措施都会降低查准率；反之亦然。其根本原因不在检索系统本身，而是在检索对象——文献上，更确切地说是文献所反映的各个学科知识之间的普遍联系。各种知识之间的相互渗透、相互包容是影响查全率和查准率不可能同时达到100%，而成为反比关系的客观因素，这些因素称为“合理影响因素”，由其造成的误检和漏检称为“合理误检”和“合理漏检”。

查全率和查准率之间的互逆相关性，是由英国 C. W. Cleverdon 领导的 Cranfield 试验所发现的。两者互逆相关性曲线如图 3－6 所示。

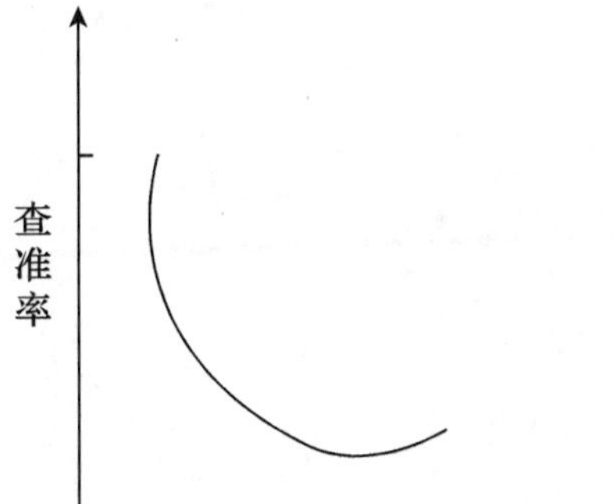

图 3－6　查全率与查准率互逆相关性曲线

3. 影响检索效率的因素

检索者最关心的是检索效率，而影响检索效率的主要因素是标引的网罗性和检索标识的专指性。

（1）标引的网罗性

标引的网罗性是对标引时揭示文献主题的基本概念的广度而言的。例如，查找题为“计算机检索软件设计”的有关文献，经过主题分析后选出“计算机检索”“文献检索”“程序设计”三个检索词。从标引的广度所包含检索词的角度看，还应补加上“检索程序”和“应用程序”两个检索词，否则就会漏掉相关文献，影响查全率。因此，标引的网罗性是影响查全率的重要因素之一。

（2）检索标识的专指性

检索标识的专指性是对检索标识表达主题的基本概念的专指度而言的。例如，查找题为“计算机在信息检索中的应用”的有关文献，经过主题分析后，选出“计算机”“信息检索”和“计算机应用”三个检索词。从主题的专指性来看，计算机的下位概念是“电子计算机”，“信息检索”还包括“文献检索”“数据检索”和“事实检索”，这些词都应考虑，否则就可能影响查准率。因此，检索词的专指性也是影响查准率的一个重要因素。

课后习题

（1）通常检索途径有哪些？举例说明。

（2）切分检索题目“轨道车厢及船舶用半导体照明系统关键技术开发”，并构建检索表达式。

（3）查找一篇专业文献，指出哪些是引文文献，哪些是来源文献。

第 4 章 局域网信息资源及其利用

第 1 节　计算机网络概述

一、计算机网络的含义

计算机网络是计算机技术与通信技术密切结合的产物。计算机网络是一个数据通信系统，是将物理位置相对分散的计算机及其外围设备通过通信媒介互相连接起来，在网络软件的支持下，构成资源共享和数据交互的一个系统。

可以从以下三个方面来理解计算机网络的定义。

第一，一台计算机不能构成网络，只有两台或两台以上的计算机相互连接才能构成计算机网络，才能达到资源共享的目的。这就提出了一个服务的问题，即一方请求服务，另一方提供服务。

第二，两台或两台以上的计算机相互连接，相互通信交换信息，需要存在一条通道。这条通道的连接是物理的，即必须有传输媒体。

第三，计算机之间交换信息需要遵循一定的约定和规则，即通信协议。各厂商生产的网络产品都有许多自己的协议，从网络互连的角度看，要求这些协议遵循相应的标准。

二、计算机网络的基本功能

计算机网络的产生极大地扩大了计算机的应用范围，打破了空间和时间的限制，解决了大量信息的传输、转接、存储和高速处理的问题，大大强化了计算机的功能，提高了可靠性和可用性，使软硬件资源由于可以进行共享而能够充分发挥其作用。

资源共享是计算机网络最基本的功能之一，也是早期建网的初衷。在计算机网络中，资源包括软硬件资源及要传输和处理的数据信息资源。由于网络中某些计算机及其外围设备价格昂贵，如巨型计算机、激光打印机、大容量磁盘等，采用计算机网络进行资源共享可以减少硬件设备的重复购置，从而提高设备的利用率；软件共享避免了软件的重复购置或重复开发，通过实现分布式的计算和存储方法，使某一软件可供全网共享，从而达到降低成本、提高效率的目的；用户数据也是一种非常有价值的资源，由于信息本身具有共享性，所以，通过网络可以达到全网用户的共享，以提高信息的利用率。

三、计算机网络的类型

计算机网络按不同的标准可分为多种类型，下面按网络的覆盖范围对计算机网络进行类别划分。

1. 局域网（Local Area Network，LAN）

局域网的分布范围一般在几千米以内，最大距离不超过10 km。它是一个部门或单位组建的网络。局域网是在小型计算机和微型计算机大量推广使用之后才逐渐发展起来的计算机网络。局域网速率高，延迟时间短，因此，网络站点往往可以对等地参与对整个网络的使用与监控。再加上具有成本低、应用广、组网方便和使用灵活等特点，因此，局域网深受广大用户的欢迎。局域网是目前计算机网络技术中，发展最快也是最活跃的一个分支。后面将要介绍的校园网就属于局域网的一种类型。

2. 城域网（Metroplitan Area Network，MAN）

城域网也称城市网，网络覆盖范围一般是一个城市，分布范围为十到几十公里不等。城域网是介于广域网与局域网之间的一种高速网络。城域网设计的目标是要满足几十公里范围内的大量企业、机关、公司等多个局域网互联的需求，以实现大量用户之间的数据、语音、图像以及视频等多种信息的传输功能。

3. 广域网（Wide Aera Network，WAN）

广域网也称国家网，一般连接一个国家内各个地区的网络。

4. 国际互联网（Internet）

国际互联网是以美国国防部高级计划研究署的ARPA（Advanced Research Projects Agency）网为基础发展起来的，是目前国际上规模最大的计算机网络。在这个网络中联入了多个国家的数以万计的网络。

在上述四种网络类型中，局域网是组成其他几种网络的基本单元，将若干个局域网连接起来，可以形成城域网、广域网等。局域网也是目前这几种网络类型中发展最快、最活跃的一种。在本章内容中，将重点介绍局域网，特别是校园网内的图书馆有关信息资源及其利用。

第 2 节　信息资源阅读器

一、电子文献的常用格式

1. PDF 文件格式

PDF 文件格式是美国 Adobe 公司开发的多媒体电子读物文件格式。这种文件在 Internet 上大量流行，是阅读器文本的主流和发展方向。这种文件格式需要该公司的 PDF 文件阅读器 Adobe Reader 来阅读。PDF 文件的优点在于这种格式的电子读物非常美观，便于浏览，安全性很高。但是这种格式仍然不支持 CSS、Flash、Java、JavaScript 等基于 HTML 的各种动画技术，所以它只适合于浏览静态的电子图书（但支持导入图片）。如果希望看到具有动态效果的电子图书，PDF 格式并不是最好的选择。PDF 格式的电子图书可以使用 Adobe Acrobat 来制作和编辑。

2. PDG 文件格式

PDG 文件格式是一种易用、经济的数字图书格式，是一种扫描的图片格式。PDG 是由长期致力于纸张图文资料数字化技术及相关应用与推广的北京世纪超星信息技术发展有限责任公司开发的，它必须用其专用阅读软件——超星图书阅览器（SSReader）才能阅读。PDG 及 SSReader 的出现为国内外图书馆、档案馆和出版数字化提供了重要的整体解决方案，并已经成功应用于国内外多家单位。目前，互联网上由全国各大图书馆采用超星 PDG 格式制作的数字图书数量很多，PDG 成为通用的数字图书格式之一。

3. CAJ 文件格式

CAJ 是中国期刊网（CNKI）的专用全文格式。可通过放大、缩小、指定比例、适应窗口宽度、适应窗口高度、设置默认字体、设置背景颜色等功能改变文章原版显示的效果；可通过鼠标选取、复制、全选等功能可以实现文本及图像摘录，摘录结果可以粘贴到 WPS、Word 等文本编辑器中进行任意编辑，方便读者摘录和保存（适用于非扫描文章）；通过复制位图等功能可以实现图像摘录，摘录结果可以粘贴到 WPS、Word 等文本编辑器中进行任意编辑，方便读者摘录和保存（适用于非扫描文章）；可将查询到的文章以 *.caj、*.kdh、*.pdf 文件格式保存，并可将其按照原版显示效果打印。

二、阅读器概述

阅读器是一种软件、一个运行程序，只有通过它才能够打开、阅读网络上的各种电子文献资源。也就是说，它是各类电子文献资源的一个信息展示平台，是人们阅读各类电子文献首先需要具备的工具。现在网络上使用的阅读器种类很多，如超星阅读器、维普阅读器、书生阅读器等。不同的信息单位根据各自信息资源的组织形式，提供不同的阅读器以供用户使用。现介绍几种常用的阅读器。

1. Adobe Reader

Adobe Reader 是 Adobe 公司推出的一个专门用来阅读的 PDF 文件的阅读器。同时可作为阅读器的插件，很方便地浏览网上的 PDF 文件或内嵌了 PDF 页面的 HTML 网页。当你在浏览网页时如果看到 PDF 文件，只要用鼠标点一下该文件，Adobe Reader 就会自动打开它，非常实用。Adobe Reader 的浏览方式与 HTML 网页极为相似，只是在页面中增加了一排特有的工具栏。程序提供了多种形式的阅览窗口，可以切换到包括目录书签，全屏浏览及单页浏览三种方式中任意一种阅览窗口，以满足不同阅读方式的要求。页面的多级缩放功能可以使用户选择合适的页面大小比率进行浏览。单击工具栏中的“放大镜”可按 12.5% 到 16 倍的比率来缩放页面。Adobe Reader 是一种免费软件，目前，维普中文科技期刊数据库等一些数据库“电子期刊”即采用了 PDF 文件格式，在该处也能下载最新的版本。下面以 Adobe Reader 6.0 版本为例讲解该阅读器分布说明和使用功能。

（1）Adobe Reader 阅读器的分布说明

Adobe Reader 阅读器的分布图如图 4－1 所示，相关说明如下。

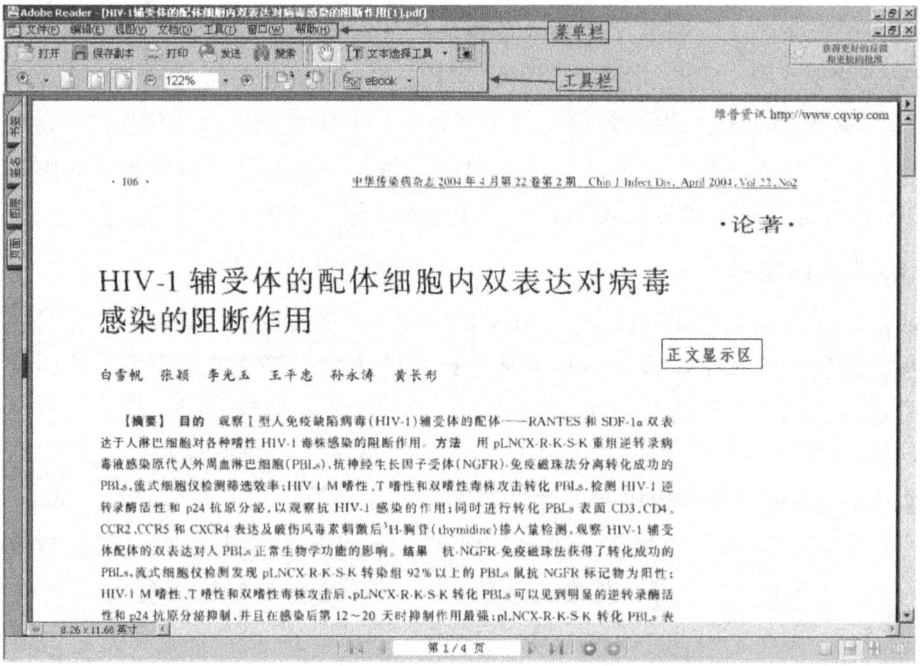

图 4－1　Adobe Acrobat Reader 阅读器分布图

1）菜单栏。菜单栏包括简化版维普阅读器的所有功能命令。

2）工具栏。阅读器的某些功能的快捷方式。

3）正文显示区。打开的 PDF 文件的内容显示区域。

（2）Adobe Reader 阅读器的使用功能

1）打开文件。

在打开的阅读器的界面上选择打开已下载保存在本机上的 . pdf 文件。

选择打开文件的方式：可在工具栏中选择单击“打开文件”的图标；也可在“文件”菜单中选择“打开文件”按钮的功能。

操作方法：单击“打开文件”按钮后，弹出对话框，选定 . pdf 文件，单击“打开”按钮即可，如图 4－2 所示。

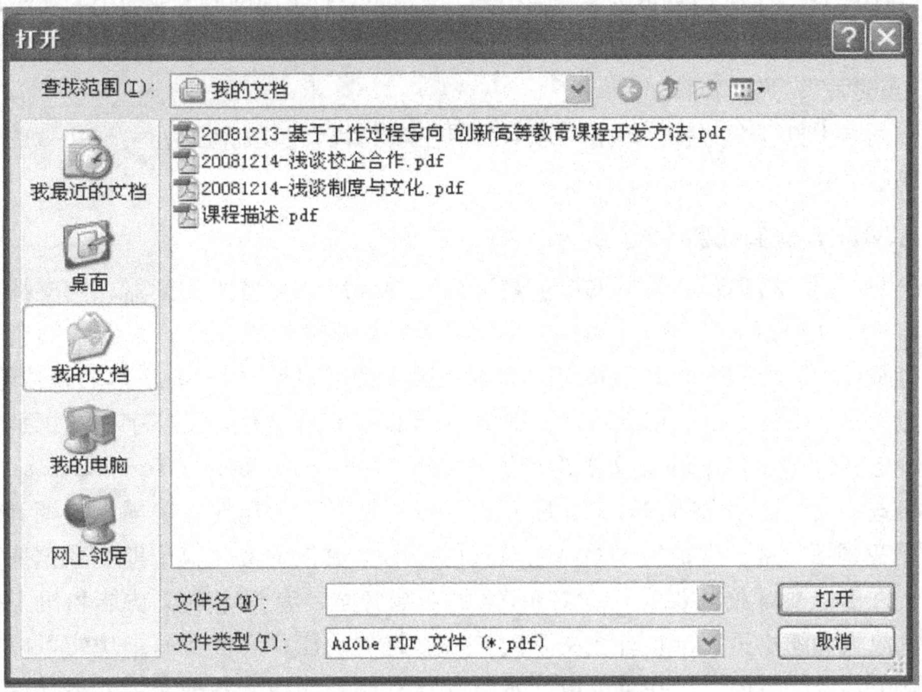

图 4－2　打开本地电脑中的 PDF 文件

2）打印。

打印题录信息或全文。选择打印的方式：可在工具栏中单击图标；也可从“文件”菜单中选择“打印”功能。

3）文字识别。

阅读 PDF 格式的电子文献时，可以使用文字识别功能将 PDF 转换为文本文件保存。

在阅读 PDF 页面单击鼠标选择“文字识别”图标，待鼠标指针变成“I”后按住鼠标左键任意拖动选择其中的文字，文字变成蓝色显示，表示全部被识别，即可保存文本文件到剪贴板。

4）快照工具。

以图片形式保存 PDF 格式的电子文献。选择“快照工具”的方式：可在工具栏中单击图标；可保存 PDF 格式当页电子文献为图片到剪贴板。

5）放大/缩小。

选择后鼠标在页面上变为放大镜、缩小镜，单击可进行页面的放大或缩小。选择放大/缩小的方式：可在工具栏上选择单击图标；也可在页面菜单上选择“放大、缩小”。

6）适合页面、适合宽度。

页面显示自动适应窗口页面/宽度。选择“适合页面/适合宽度”的方式：可在工具栏上选择单击图标；也可在菜单上选择“适合页面、适合宽度”。

7）文章显示比例的放大/缩小。

选择后鼠标在页面上变为放大镜、缩小镜，单击可进行页面的放大或缩小。选择放大/缩小的方式：可在工具栏上选择单击图标 128%；也可在页面菜单上选择“放大、缩小”。

8）顺时针转/逆时针转。

在阅读器中打开全文后，单击“顺时针转/逆时针转”图标，实现文章的文字顺时针转或逆时针转。

2. CNKI 全文阅读器 CAJViewer

CAJViewer 全文阅读器是中国知网（CNKI）的专用全文格式阅读器，它支持中国期刊网（CNKI）中的 CAJ、NH、KDH、CAS、CAA 和 PDF 格式文件，可在线阅读也可下载后脱机阅读中国期刊网全文。其在线浏览功能支持 HTTP、FTP 等基本网络传输协议，也支持全文传送协议。由清华文通公司提供 OCR 汉字识别（但对英文字符的识别较差）。CAJ 文件是《中国学术期刊全文数据库》（China Academic Journal Text Database，CAJ）的专用格式。由中国学术期刊（光盘版）电子杂志社开发制作的《中国学术期刊全文数据库》是我国第一部，也是当今世界上最大的一部集成化全文化电子期刊数据库，其所有全文文件都以 CAJ 格式保存。CAJViewer 的功能齐全，有打印全文功能和机上摘录功能。可以放大和缩小页面，并有在文章内查找字符的功能；其机上摘录功能可以用鼠标直接从屏上抓取文章内容；并可以以文本方式保存到剪切板，各种文字处理软件均可对其进行编辑、存储。CAJ 文件阅读器是免费软件。

3. 超星阅览器 SSReader

SSReader 是北京世纪超星信息技术发展有限责任公司拥有自主知识产权的图书阅览器，是专门针对数字图书的阅览、下载、打印、版权保护和下载计费而研究开发的，可以阅览网上由全国各大图书馆提供的，总量超过 25 万册的 PDG 格式数字图书，并可阅读其他多种格式的数字图书，对于读者来说，无疑是足不出户也可遍读天下书！经过多年不断改进，SSReader 现已发展到 4.0 版本，是国内外用户数量最多的专用阅览器之一。超星阅览器提供图书阅览、URL 地址连接、图书下载等多种功能，还有书签、查询及各种个性化的图书阅览界面。当你单击 SSReader，就进入程序主界面，单击远程的“+”号，便可以看见图书馆的十几大分类，要看哪一类书，依次点“+”号，到最后，双击书名，在图书阅读窗口便可以看到原文了。超星阅览器也是免费软件。

三、阅读器的下载

在使用阅读器浏览电子文献信息前，首先必须对阅读器进行下载和安装。目前各类电子文献数据库都附带有下载阅读器的链接。下面就以下载超星阅览器为例来进行介绍，其他阅读器（如CNKI、维普等）的下载方式与它基本相同，可参照使用。

1. 下载超星阅览器

1）打开超星网站，进入软件下载频道单击 立刻下载，在弹出的文件下载窗口中选择“将该程序保存到磁盘”然后选择下载文件保存的目录并单击“保存”按钮。

2）如果您的系统安装了迅雷或网际快车FlashGet，也可以使用这些工具下载。

2. 安装超星阅览器

超星阅览器安装程序下载完毕后，进入保存超星阅览器的目录并双击安装程序进入自动安装向导，向导会引导您完成超星阅览器的安装。

1）双击安装程序，开始安装。并根据提示先关闭所有Internet Explorer窗口，如图4－3所示。

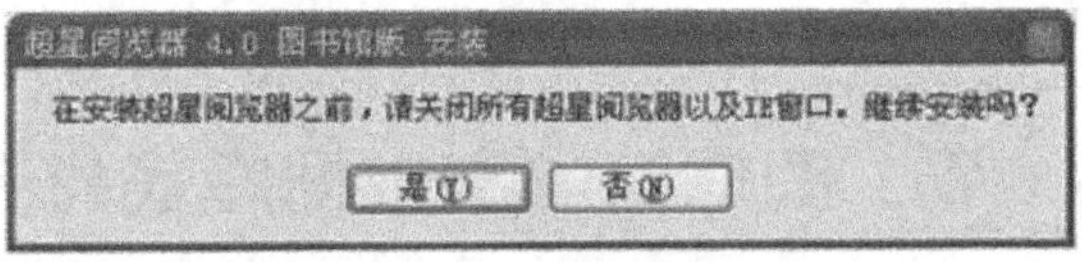

图4－3　关闭IE窗口提示框

2）根据安装向导的提示，进行安装，如图4－4所示。

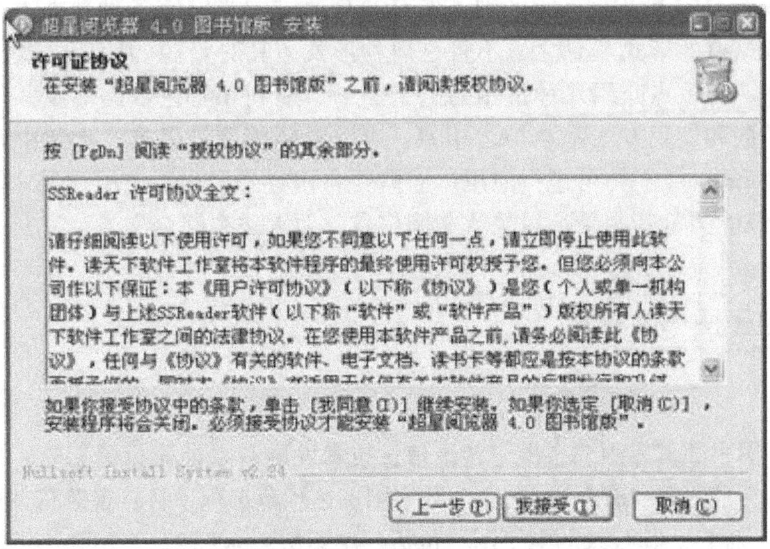

图4－4　安装向导提示框

3）阅览器安装路径的选择。注意：超星阅览器不能安装到中文路径下，如图4-5所示。

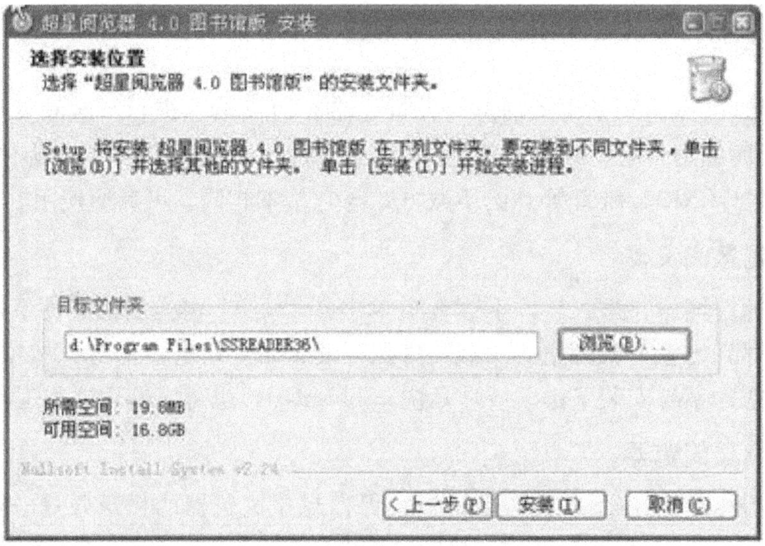

图4-5　阅览器安装路径选择

4）完成安装。

第3节　图书馆中文数据库信息资源

图书馆电子数据库资源以其内容丰富、使用方便等优点，近年来已成为高校信息资源建设的重点，它也是广大师生查找和利用文献信息的主要阵地。各个图书馆在数据库信息资源的发布方式上可能有所区别，如有的是通过购买安装各种数据库数据，有的是通过制作镜像站点的形式。总之，不管是何种形式，其对资源的使用方式基本还是一样的。在本节中，将重点介绍几种常用的电子图书、期刊和特色数据库及其使用方法，其他数据库的功能和使用方法基本与之相似，可以参照使用。另外，本章中介绍的局域网数据库资源在Internet上均可进行应用，但需要向相应公司购买使用权限才能使用，否则在Internet上只能浏览其题录、目录或文摘信息，而无法查阅全文。

一、超星电子图书数据库

1. 简介

超星电子图书数据库由北京世纪超星信息技术发展有限公司投资兴建，2001年1月正式开通试行。它是国家“863”计划中国数字图书馆示范工程项目，曾荣获“中国优秀文化网站（2001）”称号。其收录的电子图书包括《中图法》全部22个大类，设有文学、历史、法律、军事、经济、科学、医药、工程、建筑、交通、计算机和环保等50个分馆。

2. 超星电子图书数据库的使用方法

(1) 进入系统

打开进入本地局域网超星电子图书检索系统，出现如图 4-6 所示的页面。

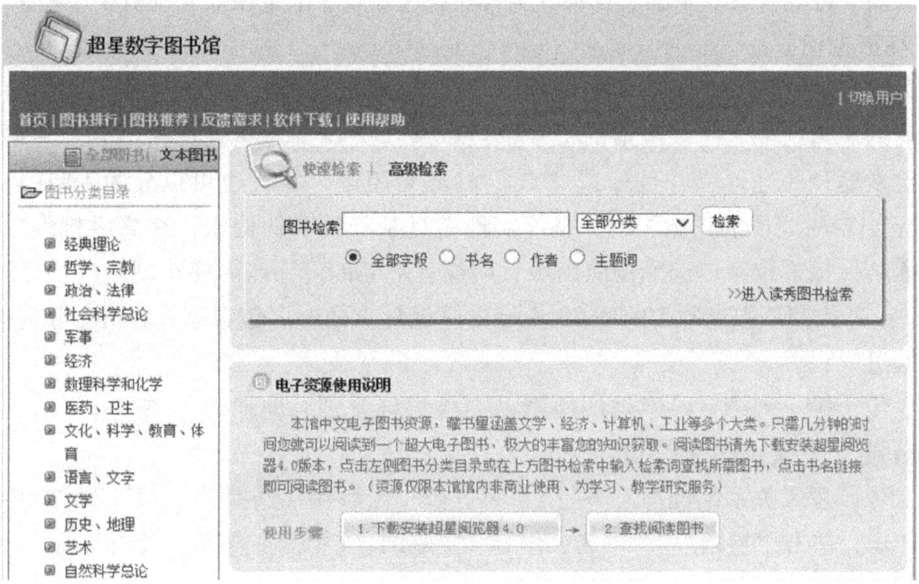

图 4-6　超星电子图书检索系统首页

(2) 图书分类与检索

1) 图书分类目录查找。

如图 4-7 所示，超星数字图书馆主页面左侧按《中图法》将图书分为 22 个大类，逐级单击分类进入下级子分类。同时页面右侧会显示该分类下所有图书的详细信息，双击书名即可对该电子图书进行阅读。

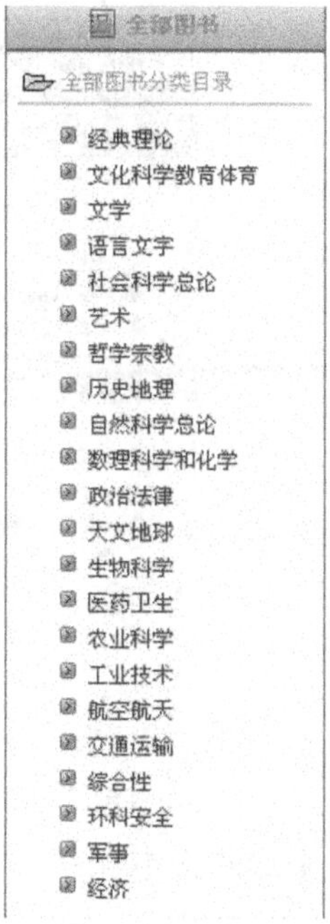

图 4-7　全部图书分类项目

2) 图书检索。

超星数字图书馆提供快速检索和高级检索两种检索方式。

① 快速检索。

超星数字图书馆的快速检索提供全部字段、书名、作者、主题词四种检索途径，检索时只需确定检索途径，在检索框中输入相应

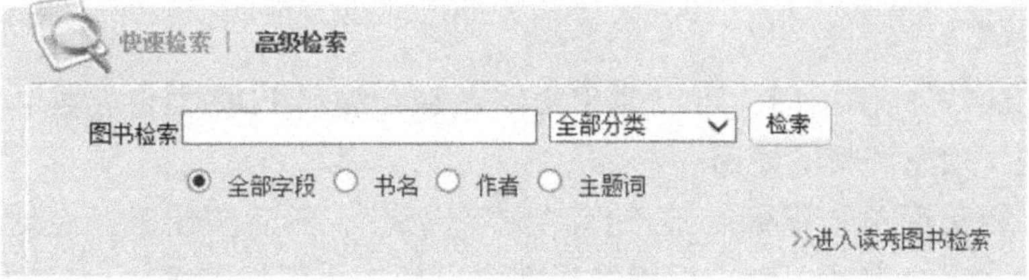

图 4-8　快速检索页面

的检索词，单击“检索”按钮即可得到检索结果，如图4－8所示。

通过超星数字图书馆的快速检索可以对不同类别的图书进行选择和限制，分类的选择可以在下拉菜单中直接选择全部分类或22个蓝本大类中的任一类，或者通过单击主页左侧的“全部图书分类目录”中的子目录分类，在快速检索中限定在“当前分类中检索”。

② 高级搜索。

超星数字图书馆的高级检索中设置了三组检索词组配框，可以选择不同的检索途径进行相应的逻辑组配。高级检索的检索框可以通过下拉菜单单独选择书名、主题词、作者三个检索途径并进行“并且”或“或”的逻辑组配，年代也可以分为1980年以前和1980年至当前时间段的任意组合，从而实现更复杂和精确的检索。在高级检索中可对最后的检索结果按下拉菜单选择按照出版日期或者书名的升序与降序排列。

例1：查找谭浩强老师1980—2014年程序设计方面书名包含有计算机的相应书籍。

检索过程：

第一步，第一到第三检索框的检索项与检索词分别对应输入“书名—计算机”“作者—谭浩强”“主题词—程序设计”；

第二步，逻辑关系都选择“并且”；第三步，出版年代选择“1980”到“2014”；

第四步，单击“检索”。对书名、作者、主题词、年代、检索范围等条件的组合检索。

具体如图4－9所示。

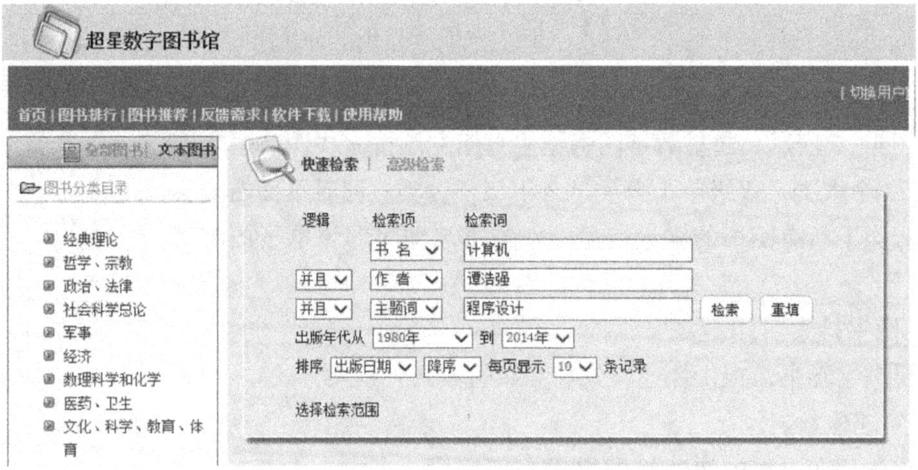

图4－9　高级检索页面

（3）文字识别与摘录

阅读超星PDG图像格式的图书时，可以使用文字识别功能将PDG文件转换为TXT格式的文本保存，方便了信息资料的使用。

方法为：在阅读书籍页面单击鼠标右键选择“文字识别”，然后按住鼠标左键任意拖动一个矩形，其中的文字全部被识别，识别结果在弹出的一个面板中显示，识别结果可以直接进行编辑、导入采集窗口或者保存为TXT文本文件。如图4－10所示。

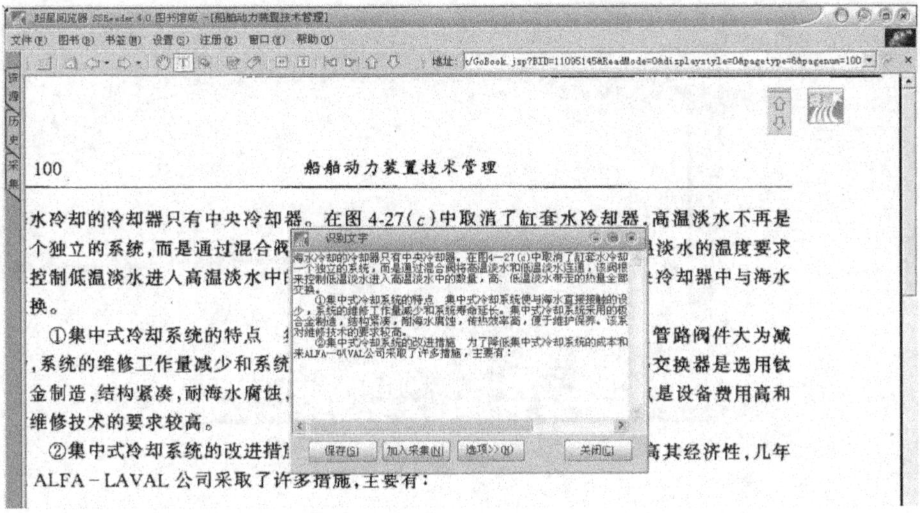

图4-10　文字识别功能

(4) 标注功能

选择使用标注有两种方法。

1) 阅读图书时，单击工具栏中的标注图标，将会弹出标注工具栏。

2) 在阅读书籍页面单击鼠标右键选择“标注”，选择“显示标注工具”，也会弹出标注工具栏。

标注有6种工具：批注、铅笔、直线、圈、高亮、链接，如图4-11所示。

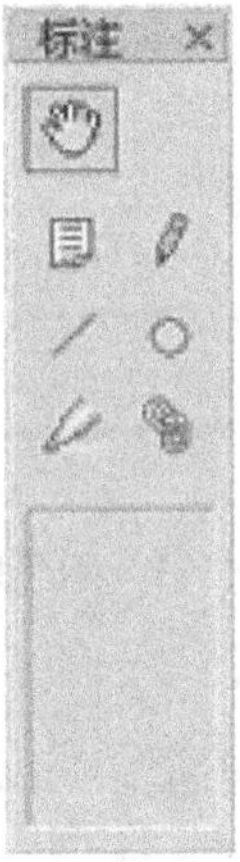

图4-11　标注工具

① 批注。

操作方法：在阅读图书时，单击浮动工具栏中的批注工具，然后在页面中按住鼠标左键任意拖动一个矩形（想要进行注的范围），在弹出的面板中填写批注内容，单击“确定”即可。如图4-12所示。

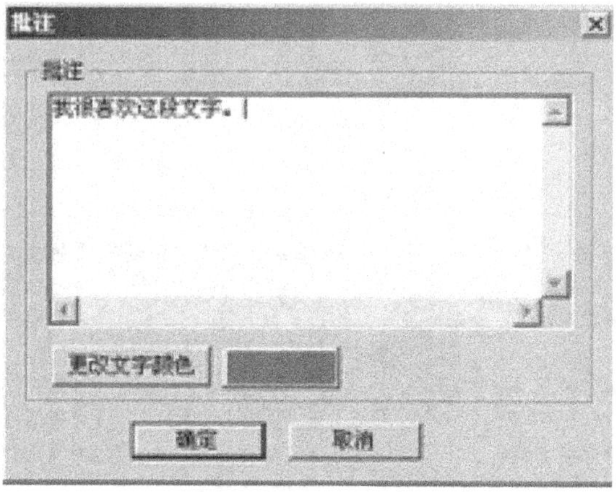

图 4 - 12　批注窗口

② 铅笔、直线、圈和高亮。

操作方法：在阅读书籍时，单击工具栏中相应工具，按住鼠标左键画直线、圈、高亮。

③超链接。

操作方法：在阅读书籍时，单击工具栏中的超链接工具；或使用鼠标左键在书籍阅读页面画框，在弹出的窗口中填写链接地址。

(5) 图书阅读、下载、打印

1) 图书阅读方法。

如图 4 - 13 所示，单击图书名即可自动启动超星阅读器阅读图书。

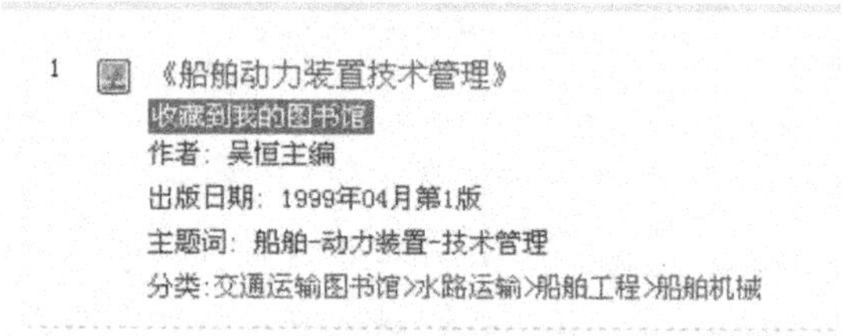

图 4 - 13　图书阅读

2) 图书下载方法。

阅读时在图书阅读页面上单击鼠标右键选择“下载”选项，下载这本书，如图 4 - 14 所示。

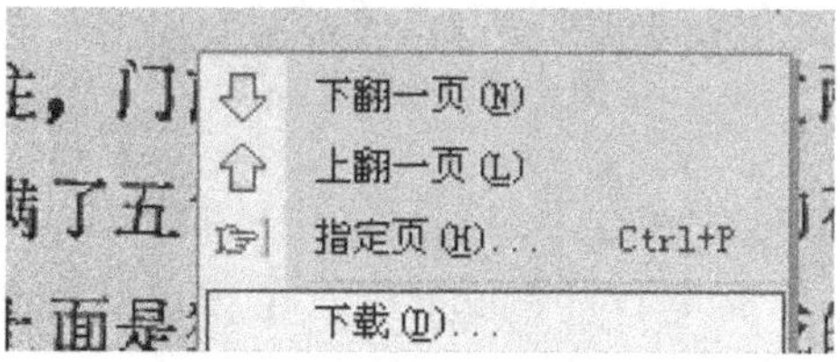

图 4 - 14　图书下载

自定义下载路径有两种：在设置菜单中自定义下载图书的存放路径，如图4－15所示；② 在下载图书时选择图书存放路径，如图 4－16 所示。

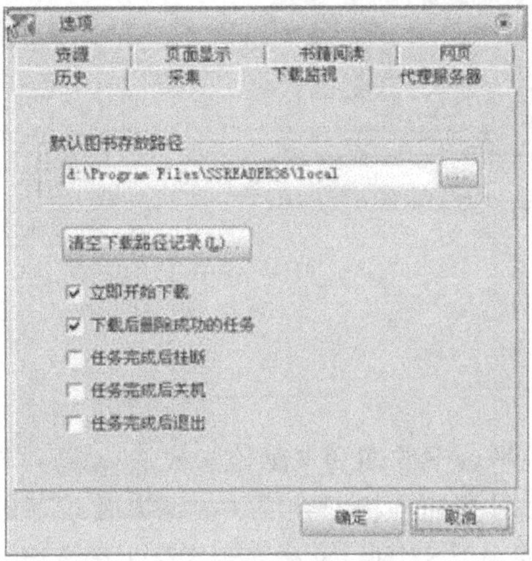

图 4－15　自定义下载路径

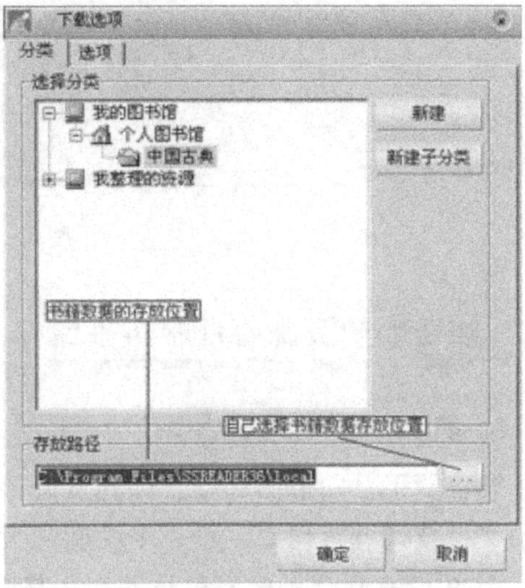

图 4－16　选择下载路径

3）匿名用户下载与注册用户下载。

① 匿名用户下载：超星阅读器—“注册”菜单—“用户信息”中显示用户名为“未注册用户”，如图 4－17 所示。

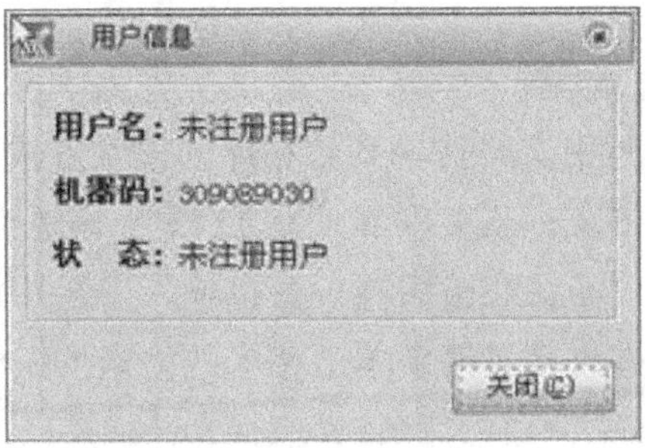

图 4－17　匿名用户下载

“未注册用户”状态下载的图书为匿名用户下载，匿名用户下载的图书可以在本机器上进行阅读，但不能复制到其他机器上阅读。

②注册用户下载：超星阅读器—“注册”菜单—“用户信息”中显示用户名不为“未注册用户”状态下载的图书为注册用户下载，注册用户下载的图书可以在本机器或复制到其他机器上阅读。注册登录个人用户的方法为：超星阅读器—“注册”菜单—选择“用户登录”，进入注册中心进行用户登录及注册操作。

4）打印。

阅读时可在图书阅读页面上单击鼠标右键选择“打印”菜单，打印这本书，如图 4－18所示。

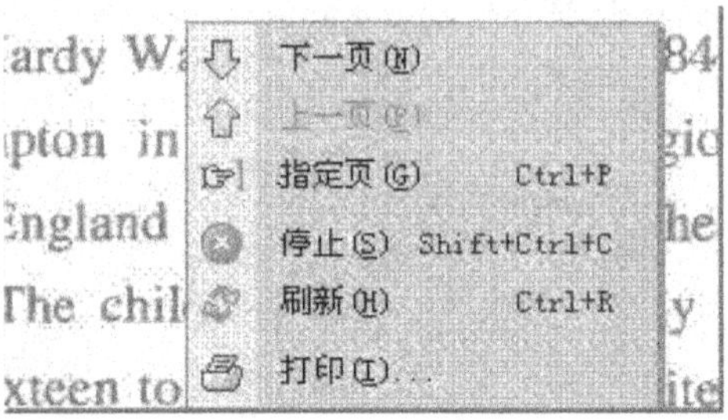

图 4－18　图书打印

二、维普期刊资源整合服务平台

1. 简介

维普资讯公司推出的维普期刊资源整合服务平台中的期刊文献检索模块，通常被称为中文科技期刊数据库，是一个功能强大的中文科技期刊检索系统。数据库收录了 1989 年至今的 12 000 余种中文科技期刊，其中核心期刊 1957 种，文献总量 3 000 余万篇（截至 2013 年底），涵盖社会科学、自然科学、工程技术、农业科学、医药卫生、经济管理、教育科学和图书情报等八大专辑，采用国际通用的高清晰 PDF 全文数据格式，提供有基本检索、传统检索、高级检索、期刊导航和检索历史五种检索方式，目前是 Google 学术搜索频道在国内最大的合作资源平台。

2. 选择检索方式

(1) 首页上的检索方式选择

首页默认的检索区域就是中文科技期刊数据库的检索方式，如图 4－19 所示。中文科技期刊数据库提供五种检索方式：基本检索、传统检索、高级检索、期刊导航和检索历史。

1）要使用快速检索，只需要在检索框中直接输入检索条件并单击 检索 按钮即可。

2）需要选择其他检索方式，只需要单击相应的检索按钮即可，如 ▸传统检索 。

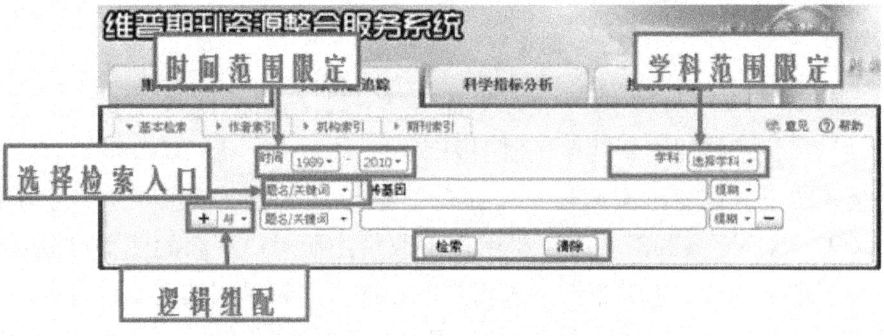

图 4－19　中文科技期刊数据库的检索方式

(2) 检索页面上的工具栏介绍（见图 4－20）

图 4－20 页面工具栏

1）检索方式切换。单击“基本检索”“传统检索”“高级检索”“期刊导航”和“检索历史”可分别进入对应检索方式的检索界面。

2）通用工具。手机客户端：目前提供中文科技期刊 For Android 和中文科技期刊 For Iphone 两种手机客户端下载使用。在手机上阅读 PDF 格式的文章需要先安装 PDF 阅读器。

意见：维普意见收集。

帮助：在线帮助信息查看区，为读者提供可在线浏览视频和相关使用说明。

(3) 各种检索方式概述

1）基本检索：通过首页正中的输入框，输入简单检索条件，在任意字段进行查询，进入结果显示页面，可实现题录文摘的查看、下载及全文下载功能，同时，也可进行检索条件再限制检索或重新检索。

2）传统检索：原网站的中文科技期刊数据库检索模式，经常使用本网站的老用户可以单击此链接进入检索界面进行检索操作，可进行题录文摘的浏览、下载及全文下载。

3）高级检索：提供向导式检索和直接输入检索式检索两种方式。运用逻辑组配关系，查找同时满足几个检索条件的中刊文章。

4）期刊导航：根据期刊名称字顺或学科类别对维普公司收录的所有期刊进行浏览，或通过刊名或 ISSN 查找某一特定刊，并可按期查看该刊的收录文章，同时可实现题录文摘或全文的下载功能。

5）检索历史：支持用户个性化的使用习惯及检索条件的再组配。

3. 检索方法

中文科技期刊数据库提供五种检索方式：基本检索、传统检索、高级检索、期刊导航、检索历史。其中又分别提供：题名、刊名、关键词、作者、第一作者、作者机构、文摘、分类号等检索入口。

(1) 基本检索

在首页的检索框中直接输入检索式（或检索词）进行检索的方式即为基本检索。首页的“快速检索”默认在“题名或关键词”字段进行检索。在检索结果页面上提供更多的条件限制检索功能。

1）检索条件设定。

① 时间范围限定：使用下拉菜单选择，时间范围是 1989—2014。

② 期刊范围限定：可选全部期刊、核心期刊、EI 来源期刊、CA 来源期刊、CSCD 来

源期刊、CSSCI 来源期刊。

a. 核心期刊是指北京大学图书馆每四年出版一次的《中文核心期刊要目总览》中列出的期刊（2011 年后每三年出版一次），《中文核心期刊要目总览》是学术界对某类期刊的定义，一种期刊等级的划分。中文核心期刊是根据期刊影响因子等诸多因素所划分的期刊，由北京大学图书馆联合众多学术界权威专家鉴定。

b. 工程索引（The Engineering Index，EI）期刊通常被称为全球核心，创刊于 1884 年，是美国工程信息公司（Engineering Information Inc.）出版的著名工程技术类综合性检索工具。

c. 美国《化学文摘》（Chemical Abstracts ，CA）于 1907 年创刊，由美国化学会所属化学文摘服务社（CAS）编辑出版，现为世界上收录化学化工及其相关学科文献最全面，应用最广泛的一种文献检索工具。

d. 中国科学引文数据库（Chinese Science Citation Database，简称 CSCD）创建于 1989 年，收录我国数学、物理、化学、天文学、地学、生物学、农林科学、医药卫生、工程技术和环境科学等领域出版的中英文科技核心期刊和优秀期刊。

e. 中文社会科学引文索引（Chinese Social Sciences Citation Index，CSSCI）由南京大学中国社会科学研究评价中心开发研制而成，是国家、教育部重点课题攻关项目。CSSCI 遵循文献计量学规律，采取定量与定性评价相结合的方法从全国 2 700 余种中文人文社会科学学术性期刊中精选出学术性强、编辑规范的期刊作为来源期刊。目前收录包括法学、管理学、经济学、历史学、政治学等在内的 25 大类的 500 多种学术期刊。

③ 学科范围限定：包括管理学、经济学、图书情报学等 45 个学科，勾选复选框可进行多个学科的限定。

④ 选择检索入口：任意字段、题名或关键词、题名、关键词、文摘、作者、第一作者、机构、刊名、分类号、参考文献、作者简介、基金资助、栏目信息 14 个检索入口。

⑤ 逻辑组配：检索框默认为两行，点“+”“-”可增加或减少检索框，进行任意检索入口“与、或、非”的逻辑组配检索。

⑥ 检索：单击“检索”按钮进行检索或单击“清除”按钮清除输入，进入检索页面，如图 4－21所示。

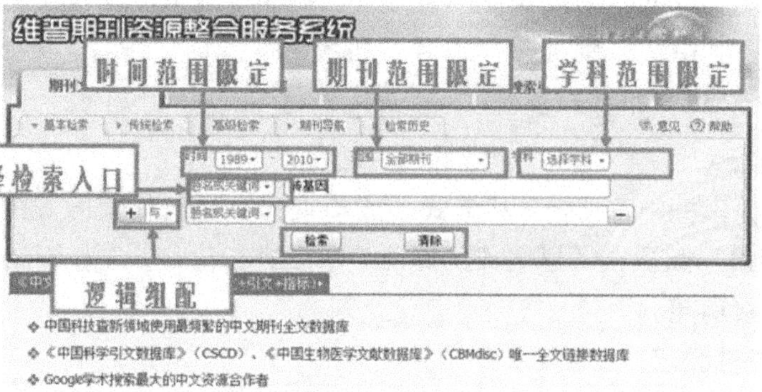

图 4－21　检索页面

2）检索结果。

① 显示信息：检索式，检索结果记录数，检索结果的题名、作者、出处、基金、摘要，其中出处字段增加期刊被国内外知名数据库收录最新情况的提示标识，与基金字段一起帮助用户判断文献的重要性。

② 按时间筛选：限定筛选一个月内、三个月内、半年内、一年内、当年内发表的文献；导出题录：选中检索结果题录列表前的复选框，单击“导出”，可以将选中的文献题录以文本、参考文献、XML、NoteExpress、Refworks、EndNote 的格式导出。

③ 查看细览：单击文献题名进入文献细览页，查看该文献的详细信息和知识节点链接，如图 4－22 所示。

④ 获取全文：单击“下载全文”“文献传递”“在线阅读”按钮，将感兴趣的文献下载保存到本地磁盘或在线进行全文阅读，其中新增原文传递的全文服务支持，对不能直接下载全文的数据，通过委托第三方社会公益服务机构提供快捷的原文传递服务。

图 4－22　检索结果页面

⑤ 检索：可以进行重新检索，也可以在第一次的检索结果基础上进行二次检索（包括在结果中检索、在结果中添加、在结果中去除三种方式），实现按需缩小或扩大检索范围、精练检索结果。

例如，第一次的检索条件为 A，第二次检索条件为 B，则选择几种二次检索方式的检索结果如图 4－23 所示（灰色部分为命中结果）。

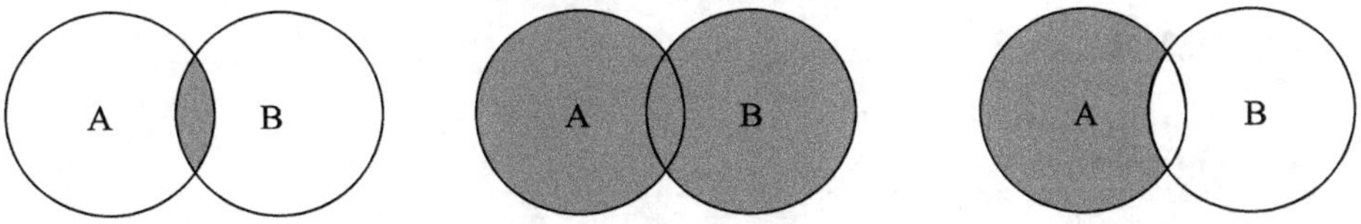

a. 在结果中检索　　**b. 在结果中添加**　　**c. 在结果中去除**

图 4－23　检索方式说明

图 4－23 a 为在结果中检索：检索结果中必须出现所有的检索词。相当于布尔逻辑的“与”“and”“＊”。

图 4－23 b 为在结果中添加：检索结果至少出现任一检索词。相当于布尔逻辑的“或”“or”“＋”。

图 4－23 c 为在结果中去除：检索结果中不应该出现包含某一检索词的文章。相当于布尔逻辑的“非”“not”“－”。

⑥ 页间跳转：检索结果每页显示 20 条，如果用户想在页间进行跳转，可以单击页间跳转一行的相应链接，如首页、数字页、下 10 页等。

⑦ 整合服务：切换标签到“被引期刊论文”等，链向“文献引证追踪”功能，快速检索到最有影响力的相关研究论文。

3）文献细览。

① 显示信息：题名、作者、机构地区、出处、基金、摘要、关键词、分类号、全文快照、参考文献、相似文献。

② 路径导航：显示并定位到该文献的刊期；获取全文：同样在文献细览页也可单击“下载全文”“文献传递”“在线阅读”按钮将感兴趣的文献下载保存到本地磁盘或在线进行全文阅读，其中新增原文传递的全文服务支持，对不能直接下载全文的数据，可委托第三方社会公益服务机构提供快捷的原文传递服务。

③ 节点链接：通过作者、机构地区、出处、关键词、分类号、参考文献、相似文献提供的链接可检索相关知识点的信息。

④ 整合服务：“高影响力作者”“高影响力机构”“高影响力期刊”“高被引论文”按钮链向“科学指标分析”模块的相应页面，如图 4－24 所示。

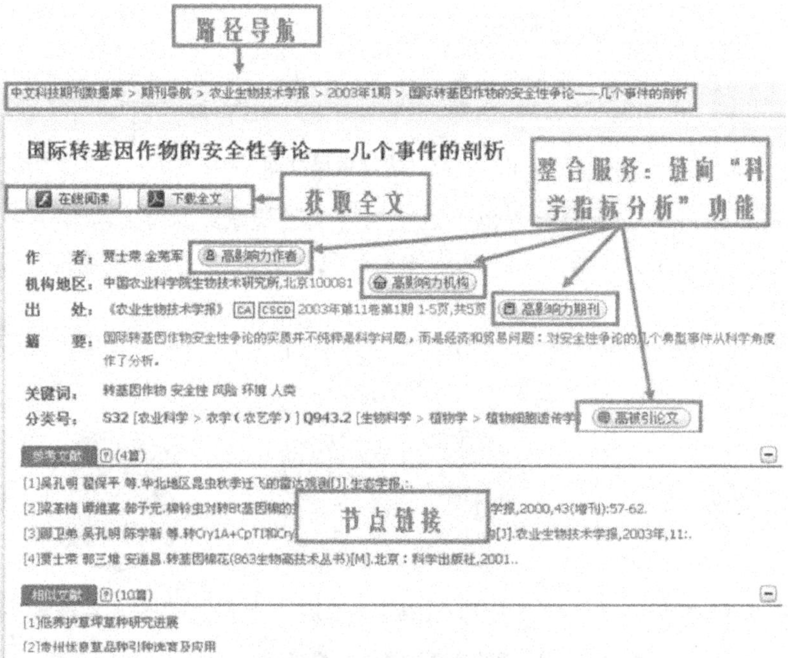

图 4－24　文献细览页面

（2）传统检索

单击按钮即进入传统检索界面。传统检索提供以下检索功能。

1）选择检索入口。

提供题名或关键词（见图 4－25）、题名、关键词、作者、刊名、第一作者、分类号、文摘、机构、任意字段等 10 个检索入口。

图 4－25　检索入口

2）限定检索范围。

数据库提供分类导航、专辑导航、数据年限限制和期刊范围限制来限定检索范围。

① 学科分类导航。

学科分类导航以《中图法》（第四版）为依据，每一个学科分类都可以按树形结构展开，利用导航缩小检索范围，进而提高查准率和查询速度，如图 4－26 所示。

② 专辑导航。

专辑导航以数据库八大专辑为树形结构展开，用户可根据需求将检索范围限定在某一特定专辑，如图 4－27 所示。

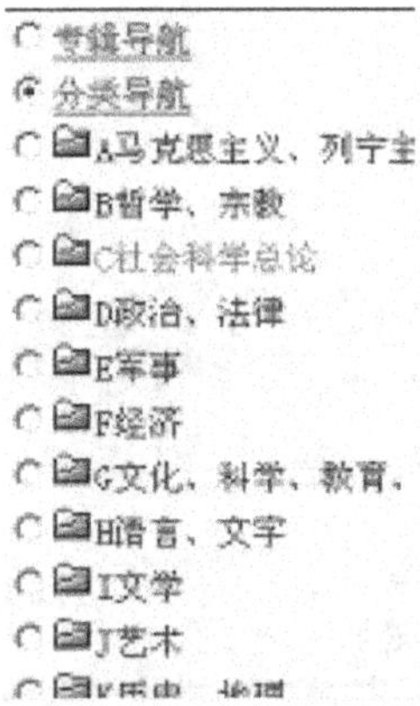

图 4－26　学科分类导航

图 4－27　专辑导航

③ 出版年限限制。

数据收录年限为 1989 年至今，检索时可进行年限选择限制，如选择从 1989 年到 2004 年，如图 4－28 所示。

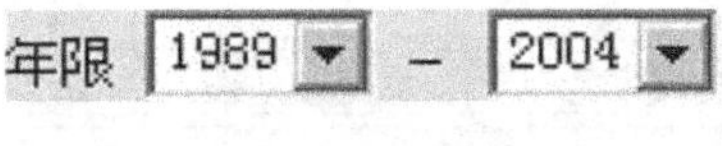

图 4－28　出版年限限制

④ 期刊范围限制。

本数据库的期刊范围包括：全部期刊、重要期刊、核心期刊，用户可以根据检索需要来设定合适的范围以获得更加精准的数据，如图 4－29 所示。

图 4－29　期刊范围限制

3）简单检索及复合检索。

简单检索即直接输入检索词，限定检索范围进行检索。

复合检索分为二次检索和直接输入检索表达式检索两种。

① 二次检索。

用户一次检索的检索结果中可能会遇到检索结果不理想的情况，这时就可以考虑采用二次检索。二次检索是在一次检索的检索结果中运用“与、或、非”进行再限制检索，以得到理想的检索结果。

例如，需要查找关于“晶体生长”的由作者“刘英才”写的文章，就可以采用二次检索的方式来实现，如图 4－30、图 4－31 所示。

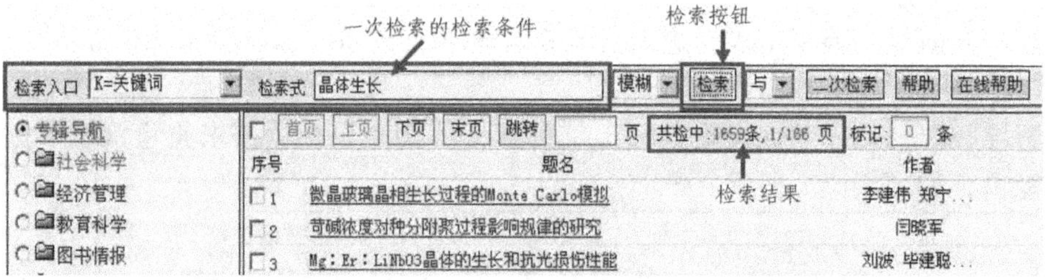

图 4－30　一次检索图示

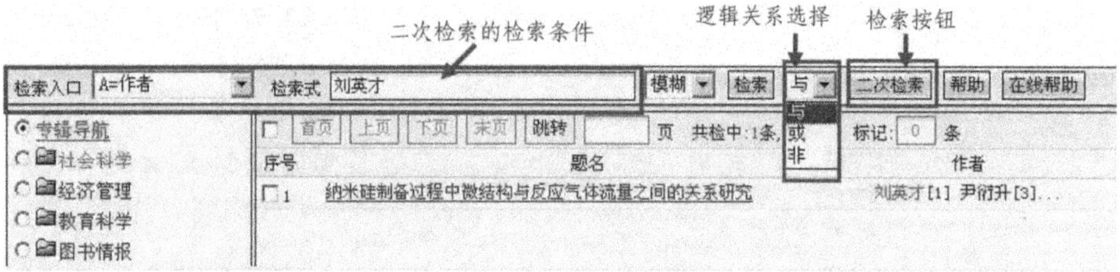

图 4－31　二次检索图示

② 直接输入检索表达式。

在清楚检索条件并能熟练组织检索表达式的基础上，可通过直接输入检索式的方式进行检索。例如：需要查找关于“晶体生长”的由作者“刘英才”写的文章，可直接在任意字段中输入“K＝晶体生长＊A＝刘英才”来得到检索结果，如图 4－32 所示。

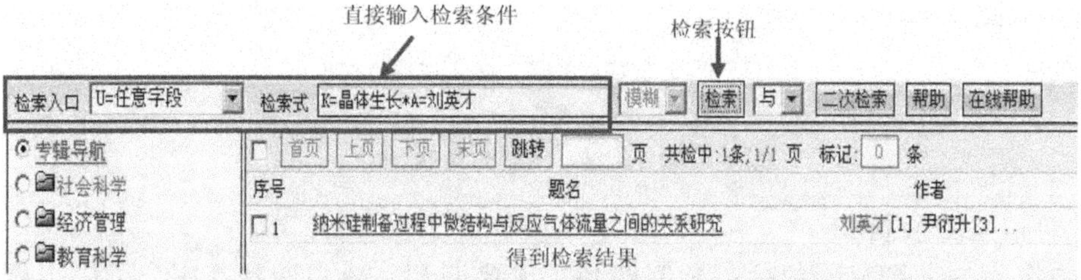

图 4－32　直接输入检索式图示

4）辅助检索功能。

① 同义词。

勾选页面左上角的“同义词”，选择关键词字段进行检索，可查看到该关键词的同义词。检索中使用同义词功能可增加检全率。

例如：勾选同义词功能，在关键词字段输入“CAD”并单击“检索”按钮，可查看到“CAD”的同义词，勾选“CAD 系统”并单击“确定”按钮，即可得到“关键词 = CAD + CAD 系统”的检索结果，如图 4 − 33 所示。

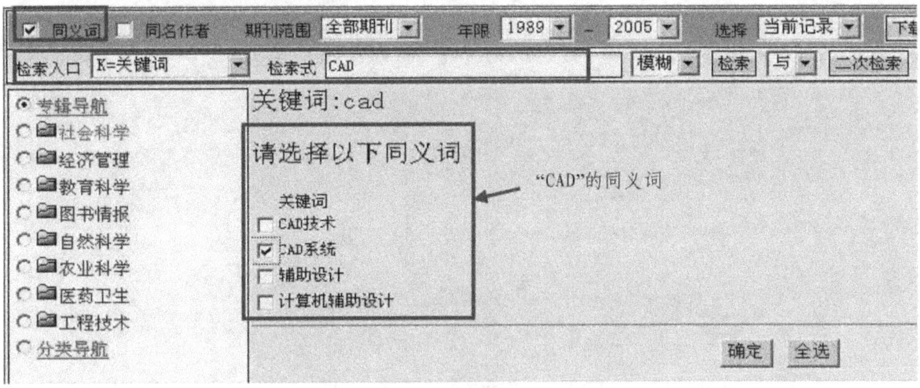

图 4 − 33　同义词功能图示

注意事项：同义词功能只适用于三个检索字段：关键词、题名或关键词、题名。

② 同名作者。

勾选页面左上角的“同名作者”，“检索入口”选择为“作者”（或第一作者），输入检索词“张三”，单击“检索”按钮，即可找到作者名为“张三”的作者单位列表，用户可以查找需要的信息以做进一步选择，如图 4 − 34 所示。

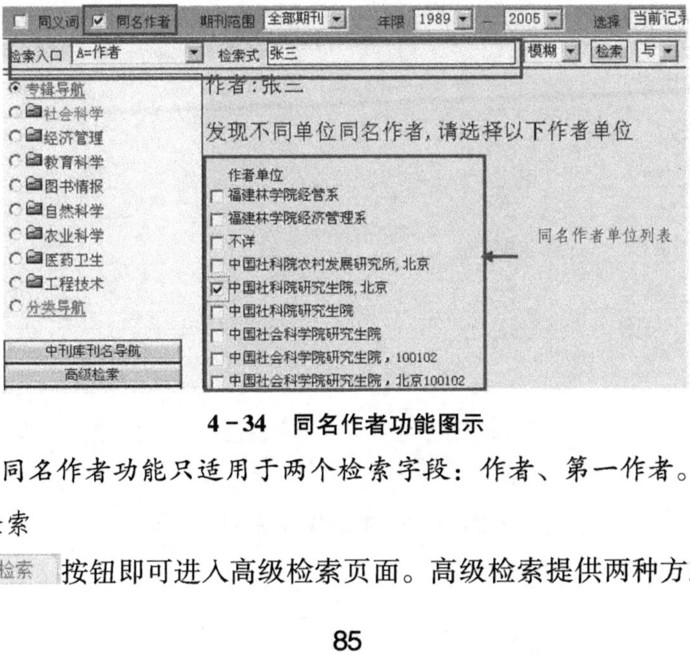

4 − 34　同名作者功能图示

注意事项：同名作者功能只适用于两个检索字段：作者、第一作者。

(3) 高级检索

单击 高级检索 按钮即可进入高级检索页面。高级检索提供两种方式供读者选择使用，即向导式检索、直接输入检索式检索，如图 4－35 所示。

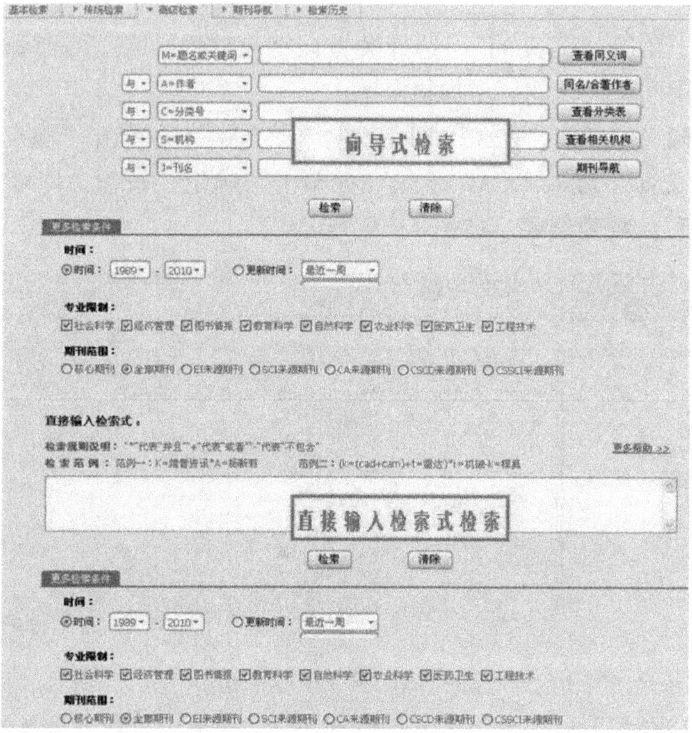

图 4－35　高级检索页面

1）向导式检索。

① 检索界面。

向导式检索为读者提供分栏式检索词输入方法。除可选择逻辑运算、检索项、匹配度外，还可以进行相应字段扩展信息的限定，最大限度地提高了查准率，如图 4－36 所示。

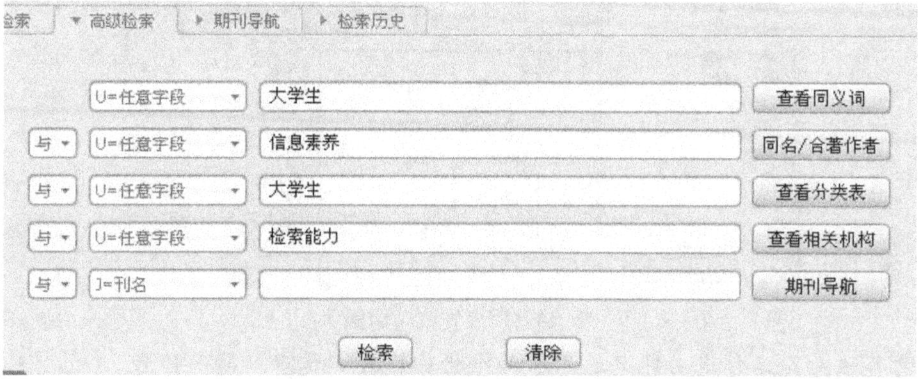

图 4－36　高级检索图（1）

② 检索规则。

a. 检索执行的优先顺序。

向导式检索的检索操作严格按照由上到下的顺序进行，用户在检索可根据检索需求进行检索字段的选择。

以图 4－36 为例进行检索规则的说明。图中显示的检索条件得到的检索结果为：[（U＝大学生＊U＝信息素养）＋U＝大学生]＊U＝检索能力，而不是（U＝大学生＊U＝信息素养）＋（U＝大学生＊U＝检索能力）。

如果要实现（U＝大学生＊U＝信息素养）＋（U＝大学生＊U＝检索能力）的检索，可输入用检索式表达的检索条件：U＝（大学生＊信息素养）＋U＝（大学生＊检索能力），如图 4－37 所示。

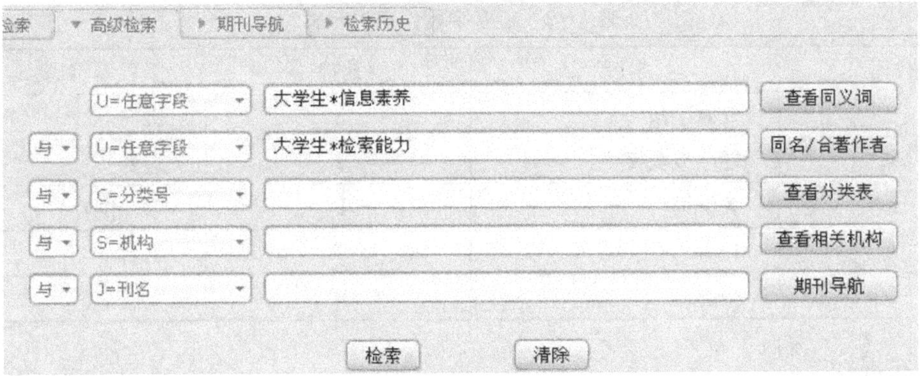

图 4－37　高级检索图（2）

要实现（U＝大学生＊U＝信息素养）＋（U＝大学生＊U＝检索能力）的检索，也可输入用检索式表达的检索条件（U＝信息素养＋U＝检索能力）＊U＝大学生，如图 4－38 所示

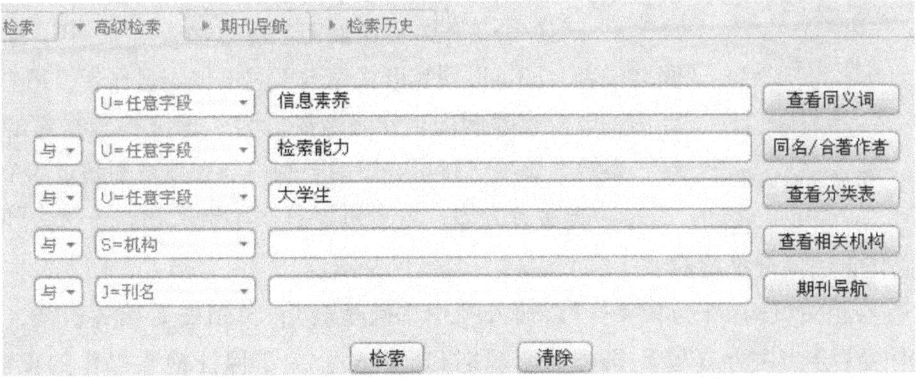

图 4－38　高级检索图（3）

b. 逻辑运算符如表 4－1 所示。

表 4-1　逻辑运算符对照表

逻辑运算符	逻辑运算符	逻辑运算符
*	+	-
并且、与、and	或者、或、or	不包含、非、not

在检索表达式中，以上运算符不能作为检索词进行检索，如果您的检索需求中包含以上逻辑运算符，请调整检索表达式，用多字段或多检索词的限制条件来替换掉逻辑运算符号。例如：如果您要检索 C + +，可组织检索式（M = 程序设计 * K = 面向对象） * K = C 来得到相关结果。

c. 关于检索字段的代码如表 4-2 所示。

表 4-2　检索字段代码对照表

代码	字段	代码	字段
U	任意字段	S	机构
M	题名或关键词	J	刊名
K	关键词	F	第一作者
A	作者	T	题名
C	分类号	R	文摘

③ 扩展功能。

图 4-39 中所有按钮均可以实现相对应的功能。用户只需要在前面的输入框中输入需要查看的信息，再单击相对应的按钮，即可得到系统给出的提示信息。

图 4-39　扩展功能按钮

a. 查看同义词：比如用户输入“土豆”，单击查看同义词，即可检索出土豆的同义词：春马铃薯、马铃薯、洋芋，用户可以全选，以扩大搜索范围。

b. 同名/合著作者：比如用户可以输入“张三”，单击查看同名作者，即可以列表形式显示不同单位同名作者，用户可以选择作者单位来限制同名作者范围。为了保证检索操作的正常进行，系统对该项进行了一定的限制：勾选数目不超过 5 个。

c. 查看分类表：读者可以直接单击按钮，系统会弹出分类表页，操作方法同分类检索。

d. 查看相关机构：比如用户可以输入“中华医学会”，单击查看相关机构，即可显示以中华医学会为主办（管）机构的所属期刊社列表。为了保证检索操作的正常进行，系统对该项进行了一定的限制：勾选数目不超过 5 个。

e. 期刊导航：输入刊名单击“期刊导航”按钮，可链接到期刊检索结果页面，查找相关的期刊并查看期刊详细信息。查看相关机构：比如用户可以输入“中华医学会”，单击查看相关机构，即可显示以中华医学会为主办（管）机构的所属期刊社列表。为了保证检索操作的正常进行，系统对该项进行了一定的限制：勾选数目不超过 5 个。

④ 检索词表。

用户选择某一字段后，可查看对应字段的检索词表来返回检索词，如关键词对应的是主题词表，机构对应的是机构信息表，刊名对应的是期刊名列表。此功能正在完善中。

⑤ 扩展检索条件。

在“扩展检索功能”部分，用户可以根据需要以时间、专业限制、期刊范围为限制条件进一步限制检索范围，如图 4－40 所示。

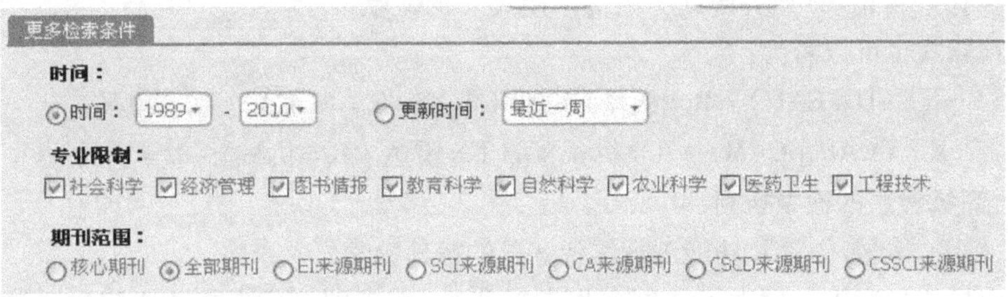

图 4－40　扩展检索条件

用户在选定限制分类并输入关键词检索后，页面将自动跳转到搜索结果页面，后面的检索操作同一般搜索。

2）直接输入检索式检索。

① 检索界面。

用户可在检索框中直接输入逻辑运算符、字段标识等，单击“扩展检索条件”并对相关检索条件进行限制后单击“检索”按钮即可，如图 4－41 所示。

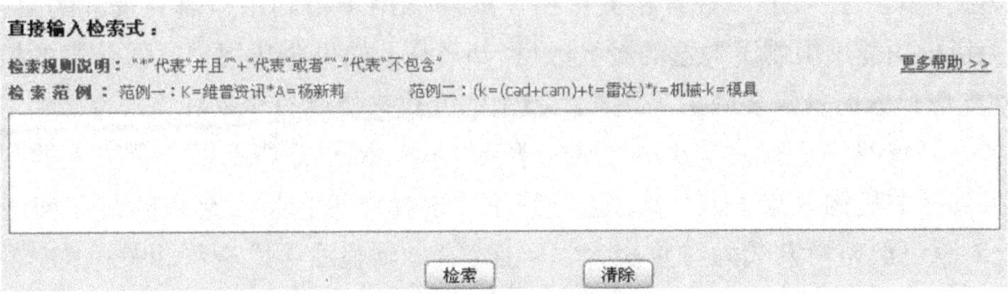

图 4－41　直接输入检索式

检索式输入有错时检索后会弹出“查询表达式语法错误”的提示框，看见此提示后使用阅读器的“后退”按钮返回检索界面重新输入正确的检索表达式。

② 扩展检索条件：与“向导式检索”中的“扩展检索条件”相同。

③ 检索规则。

a. 关于逻辑运算符如表 4－1 所示。

b. 关于检索代码如表 4－2 所示。

c. 关于检索优先级：无括号时逻辑与“＊”优先，有括号时先括号内后括号外。注意：括号不能作为检索词进行检索。

④ 检索范例：

范例一：K＝维普资讯＊A＝杨新莉

此检索式表示查找：关键词中含有“维普资讯”并且作者为杨新莉的文献。

范例二：(K＝（CAD＋CAM)＋T＝雷达)＊R＝机械－K＝模具

此检索式表示查找文献：文摘含有“机械”，并且关键词含有“CAD 或 CAM”，或者题名含有“雷达”，但关键词不包含“模具”的文献。

此检索式也可以写为：

（（K＝(CAD＋CAM)＊R＝机械)＋(T＝雷达＊R＝机械))－K＝模具

或者（K＝(CAD＋CAM)＊R＝机械)＋(T＝雷达＊R＝机械)－K＝模具

3）高级检索的检索技巧。

① 利用“同名作者”功能进行作者字段的精确检索。

在向导式检索中，提供了“同名作者功能”，由于同名作者功能中限制了勾选的最大数目为 5 个，如果碰巧需要选择的单位又超过了 5 个，此时就可以考虑采用模糊检索的方式来提高查全率和查准率。

例如，查询目标为浙江大学高分子科学与工程系作者名为王立的文献，通过同名作者查看到相似的单位有 13 个，这时就可以采用检索式“A＝王立＊S＝浙江大学高分子科学”来限制作者以得到精确的检索结果。检索式的更改方法：可在向导式检索的同名作者添加以后修改，也可采用直接输入检索式的检索方式。

② 利用“查看相关机构”提高查全率和查准率。

向导式检索中提供了“查看相关机构”的功能用于精确用户需要查询的目标机构，由于相关机构功能中限制了勾选的最大数目（5 个），如果碰巧用户需要检索的机构超过 5 个，在实际检索时就需要考虑采用模糊检索的方式来提高查全率和查准率。

例如，要查找“重庆大学建筑与城规学院”这一机构，如果以“重庆大学”作为基准查找得到相关机构共有 2 074 个，通过筛选，选择出符合检索结果的共有词还有“建筑”，此时就可调整检索式为“重庆大学＊建筑”，调整后再次查看相关机构，得到 144 个机构，很明显，筛选出的机构的准确率大大地提高了。这样就可以直接在机构字段输入“重庆大学＊建筑”进行检索了。

（4）期刊导航

单击 ▸期刊导航 按钮可直接进入期刊导航检索界面。

1）检索方式。提供刊名检索、ISSN 检索查找某一特定刊，按期次查看该刊的收录文章，可实现刊内文献检索、题录文摘或全文的下载功能，同时可以查看期刊评价报告，如图 4－42 所示。

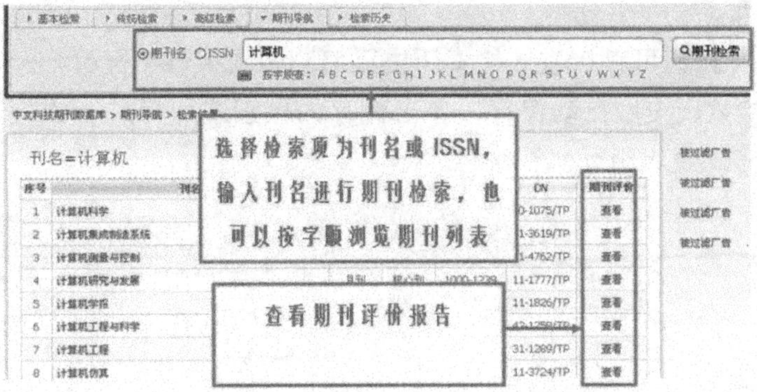

图 4－42　期刊导航页面

2）浏览方式。提供按刊名字顺浏览、期刊学科分类导航、核心期刊导航、国内外数据库收录导航、期刊地区分布导航，如图 4－43 所示。其中新增核心期刊导航，反映最新核心期刊收录情况，同时更新最新国内外知名数据库收录期刊情况。

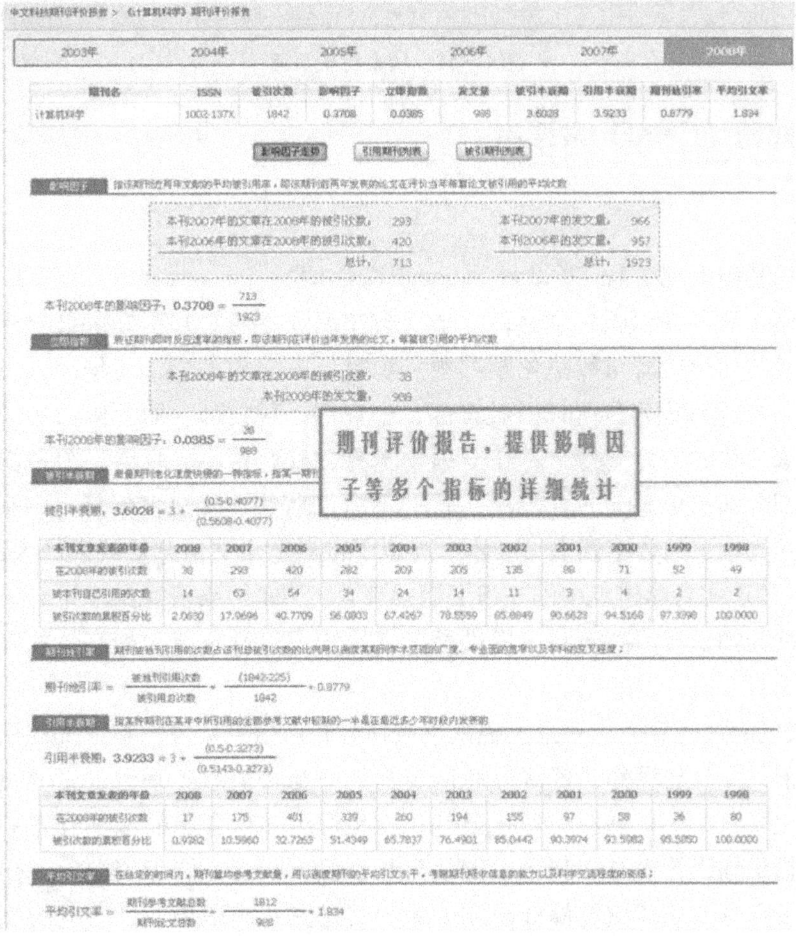

图 4－43　期刊浏览方式

(5) 检索历史

单击 ▸检索历史 按钮可直接进入检索历史页面，如图4－44所示。

系统对用户检索历史做自动保存，单击保存的检索式即可进行该检索式的重新检索或者“与、或、非”逻辑组配。

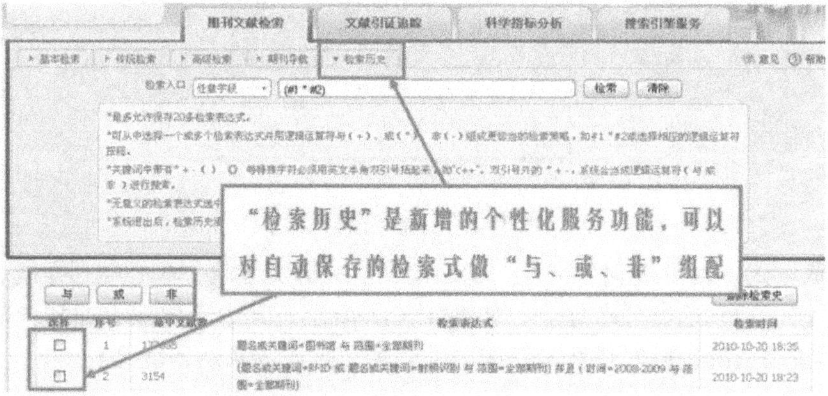

图4－44　检索历史页面

三、中国知网（CNKI）数据库

1. 简介

中国知识基础设施工程（China National Knowledge Infrastructure，CNKI），以“中国知网”为网络出版与知识服务平台，为全社会知识资源高效共享提供最丰富的知识信息资源和最有效的知识传播与数字化学习服务项目，由清华大学、清华同方发起，始建于1999年6月。在党和国家领导以及教育部、中宣部、科技部、原新闻出版总署、国家版权局、原国家计委的大力支持下，在全国学术界、教育界、出版界、图书情报界等社会各界的密切配合和清华大学的直接领导下，CNKI工程集团经过多年努力，采用自主开发并具有国际领先水平的数字图书馆技术，建成了世界上全文信息量规模最大的“CNKI数字图书馆”，并正式启动建设中国知识资源总库及CNKI网络资源共享平台，通过产业化运作，为全社会知识资源高效共享提供最丰富的知识信息资源和最有效的知识传播与数字化学习平台。

CNKI工程的具体目标：一是大规模集成整合知识信息资源，整体提高资源的综合和增值利用价值；二是建设知识资源互联网传播扩散与增值服务平台，为全社会提供资源共享、数字化学习、知识创新信息化条件；三是建设知识资源的深度开发利用平台，为社会各方面提供知识管理与知识服务的信息化手段；四是为知识资源生产出版部门创造互联网出版发行的市场环境与商业机制，大力促进文化出版事业、产业的现代化建设与跨越式发展。

CNKI 工程已建设成为世界上全文信息量规模最大的“CNKI 数字图书馆”，深度集成整合了期刊、博硕士论文、会议论文、报纸、标准、专利、年鉴、科技成果、工具书等各种文献资源，各子库文献量如表 4－3 所示。CNKI 包含有基础科学、工程科技 I、工程科技 II、农业科技、医药卫生科技、哲学与人文科学、社会科学 I、社会科学 II、信息科技、经济与管理科学等十个专辑。表 4－4 所示为十个专辑文献总量。

表 4－3　子库总表（截至 2012 年 10 月）

子库名称	文献量	子库名称	文献量
中国学术期刊网络出版总库	7 900 多种，文献总量 3 500多万篇	中国年鉴网络出版总库	1912 年至今
中国优秀博硕士学位论文全文数据库	全国 404 家博士培养单位的博士学位论文和 621 家硕士培养单位的优秀硕士学位论文，全文文献 170 万多篇	中国专利全文数据库（知网版）	收录专利 820 多万条
国内外重要会议论文全文数据库	国内外学术会议论文集近 16 300 本，累积文献总量 170 多万篇。	中国科技项目创新成果鉴定意见数据库（知网版）	56 万多项
中国重要报纸全文数据库	500 多种重要报纸，全文文献 1 000 多万篇。	标准数据总库	约 31 万条
中国工具书网络出版总库	本库收录 6 464 部工具书、1 500 万词条		

表 4－4　所示十个专辑文献总量（截至 2013 年 11 月）

专辑	文献数量/篇
基础科学	2 155 248
工程科技 I	4 655 561
工程科技 II	4 186 357
农业科技	2 882 447
医药卫生科技	7 754 420
哲学与人文科学	3 610 760
社会科学 I	2 482 179
社会科学 II	2 792 512
信息科技	3 699 746
经济与管理科学	7 805 656

2. CNKI 数据库检索应用方法

由于 CNKI 是一个综合数据库，本节以中国学术期刊网络出版总库为主介绍期刊的检索。从图书馆主页进入 CNKI 平台（http：//www. cnki. net），如图 4－45 所示。

图 4－45　CNKI 数据库首页

单击“单库检索”内的“期刊”，即可进入中国学术期刊网络出版总库（CAJD）的检索界面，该界面提供了期刊检索和期刊导航两种检索方法，默认为文献检索的检索方法。

（1）期刊检索

期刊检索部分提供了检索、高级检索、专业检索、作者发文检索、科研基金检索、句子检索、来源期刊检索七种面向不同需要的检索方式，如图 4－46 所示。

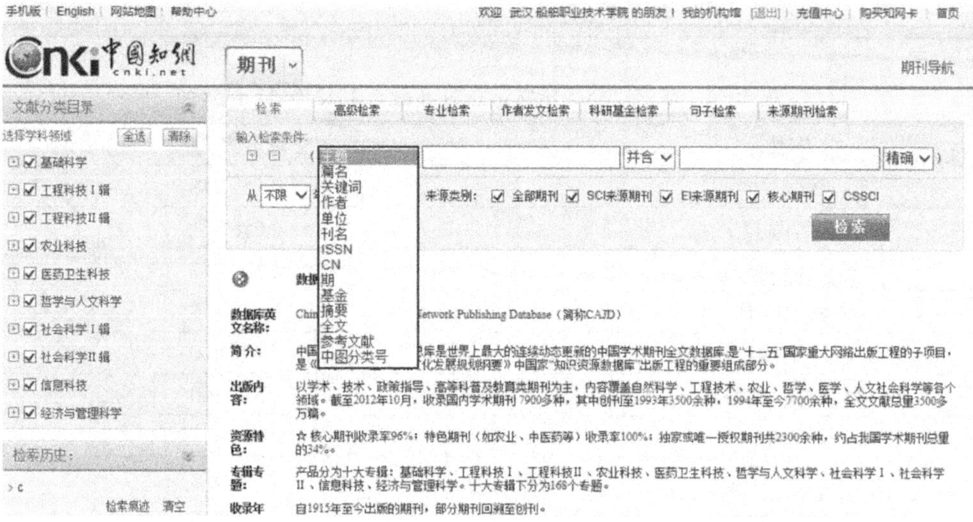

图 4－46　文献检索的七种检索方式

1）检索。

这是中国学术期刊网络出版总库（CAJD）使用最多、也是最方便的检索方式。

① 检索项：即需要在文献的哪些部分进行查找，如主题、篇名、关键词、作者、单位、ISSN、CN 和中图分类号等。

② 逻辑关系：输入检索词，若一个检索题目需要两个关键词做控制，可选择“并含”“或含”或“不含”的关系，在第二个检索框中输入另一个关键词；若一个检索课题需要两个以上的关键词做控制，单击检索项前的 ⊞ 图标，可以增加逻辑检索行，单击 ⊟ 减少逻辑检索行。

③ 出版时间：在检索中可以限定检索文献的出版时间，默认为不限定出版时间。

④ 来源类别：提供全部期刊、SCI 来源期刊、EI 来源期刊、核心期刊、CSSCI 等选项。

⑤ 精确和模糊检索：CNKI 还提供了精确和模糊检索，可控制该检索项的关键词的匹配方式。精确指检索结果完全等同或包含与检索字/词完全相同的词语；模糊指检索结果包含检索字/词或检索词中的词素。

经过以上选择控制条件和输入检索词后，最后单击“检索”图标，即完成检索。

2）高级检索（见图 4－47）。

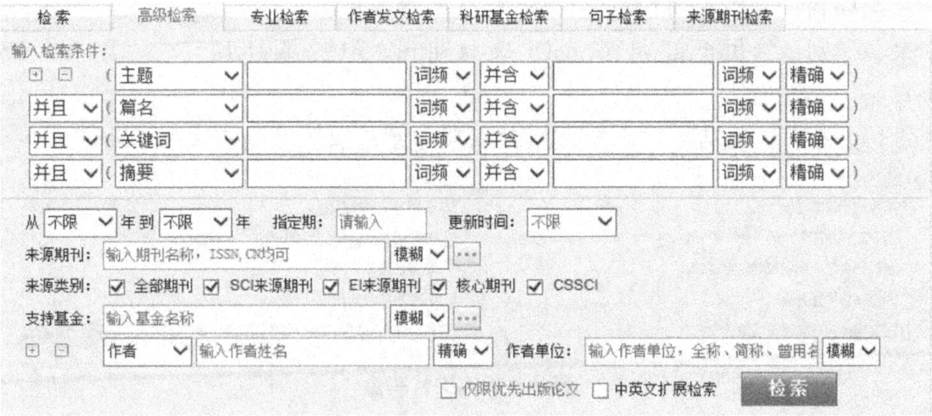

图 4－47　高级检索

① 检索项：即需要在文献的哪些部分进行查找，如主题、篇名、关键词、作者、单位、ISSN、CN 和中图分类号等检索。

② 逻辑关系：输入检索词，若一个检索题目需要两个关键词做控制，可选择“并含”“或含”或“不含”的关系，在第二个检索框中输入另一个关键词；若一个检索课题需要两个以上的关键词做控制，单击检索项前的 ⊞ 图标，可以增加逻辑检索行，单击 ⊟ 减少逻辑检索行。如图 4－48 所示。

③ 词频：指输入检索词出现在文献的频次。

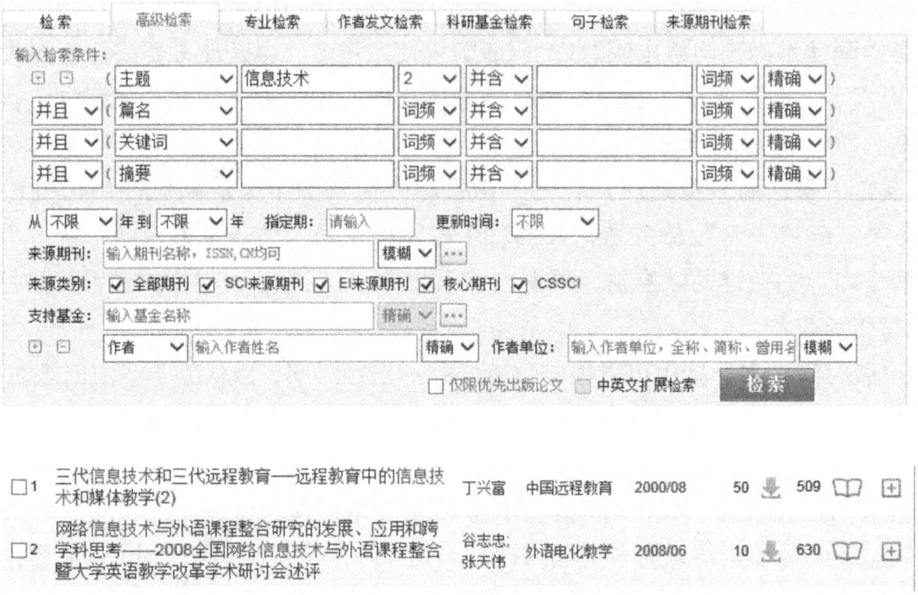

图 4－48　高级检索结果页面

④ 出版时间：在检索中可以限定检索文献的出版时间，默认为不限定出版时间。

⑤ 来源期刊：可输入期刊名称、ISSN、CN 等条件。

⑥ 来源类别：提供全部期刊、SCI 来源期刊、EI 来源期刊、核心期刊、CSSCI 等选项。

⑦ 支持基金：国家或省级各种课题基金科研基金名称，如图 4－49 所示。

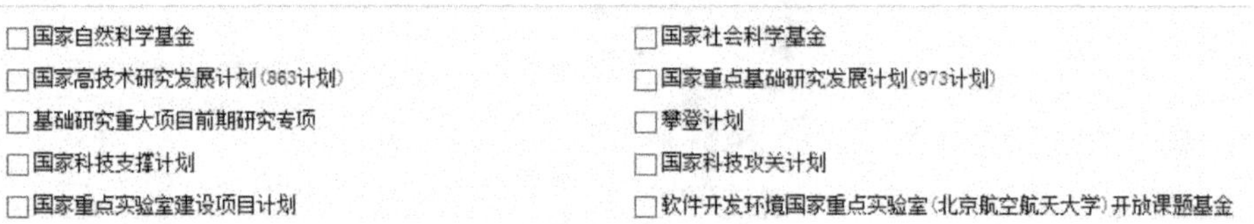

图 4－49　支持基金

⑧ 精确和模糊检索：CNKI 还提供了精确和模糊检索，可控制该检索项的关键词的匹配方式。精确指检索结果完全等同或包含与检索字/词完全相同的词语；模糊指检索结果包含检索字/词或检索词中的词素。

⑨ 作者及作者单位：在下拉框中选择限定“作者”或“第一作者”，在后面的检索框中输入作者姓名或作者单位；

经过以上选择控制条件和输入检索词后，最后单击“检索”按钮，即完成检索。

3）专业检索。

专业检索更精确，完全采用输入检索式的方法。检索式由检索字段、检索词和布尔逻辑运算符共同组成，专业检索界面如图 4－50 所示。

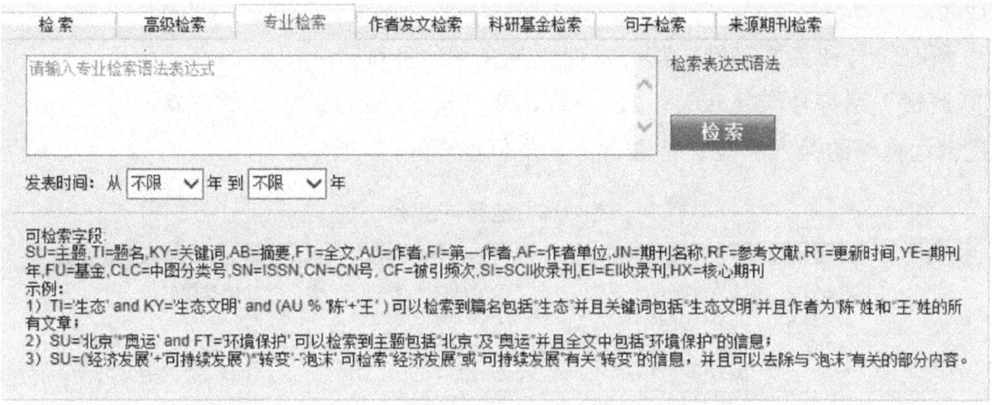

图 4-50　专业检索界面

专业检索可用下列 18 个检索字段构造检索表达式：TI = 题名，SU = 主题，KY = 关键词，AB = 摘要，FT = 全文，AU = 作者，FI = 第一作者，AF = 机构，JN = 中文刊名 & 英文刊名，RF = 引文，YE = 年，FU = 基金，CLC = 中图分类号，SN = ISSN，CN = 统一刊号，IB = ISBN ，CF = 被引频次。CNKI 常用的检索项及检索功能如表 4-5 所示。

表 4-5　CNKI 常用的检索项及检索功能

检索项	检索功能
题名	检索在文献题名（篇名）中出现检索词的文献。采用此途径检索论文，查准率最高
主题	检索在文献主题词中出现检索词的文献。它不是要输入“主题词”，而是输入“关键词”。结果表示检索词可出现在题名、关键词、摘要、机构等字段中
关键词	检索从文献给出的“关键词”中出现检索词的文献
摘要	检索从文献给出的“摘要”中出现检索词的文献
作者	检索某作者发表的文献
第一作者	检索只含署名第一作者的文献
机构	也称作者单位，检索某单位发表的文献情况
来源	也称刊名，检索某一期刊收录的文献
全文	检索文献全文（包括文献全部内容）中出现检索词的文献
参考文献	检索某篇文献被引用的情况，它反映了文献引用与被引用的关系
基金	检索在论文基金项目中出现检索词的文献

多个检索项的检索表达式可使用“and”“or”“not”逻辑运算符进行组合，使用逻辑运算符时要注意以下几点。

① 三种逻辑运算符的优先级相同；如要改变组合的顺序，应使用英文半角圆括号将

条件括起。

② 所有符号和英文字母，都必须使用英文半角字符。

③ 逻辑关系符号与（and）、或（or）、非（not）前后要空一个字节。

逻辑运算符的检索功能、检索含义及举例如表 4－6 所示。

表 4－6　运算符说明

运算符	检索功能	检索含义	举例	适用检索项
='str1'*'str2'	并且包含	包含str1和str2	TI='转基因'*'水稻'	所有检索项
='str1'+'str2'	或者包含	包含str1或者str2	TI='转基因'+'水稻'	
='str1'-'str2'	不包含	包含str1不包含str2	TI='转基因'-'水稻'	
='str'	精确	精确匹配词串str	AU='袁隆平'	作者、第一责任人、机构、中文刊名&英文刊名
='str /SUB N'	序位包含	第n位包含检索词str	AU='刘强 /SUB 1 '	
%'str'	包含	包含词str或str切分的词	TI%'转基因水稻'	全文、主题、题名、关键词、摘要、中图分类号
='str'	包含	包含检索词str	TI='转基因水稻'	
=' str1 /SEN N str2 '	同段，按次序出现，间隔小于N句		FT='转基因 /SEN 0水稻'	
=' str1 /NEAR N str2 '	同句，间隔小于N个词		AB='转基因 /NEAR 5 水稻'	主题、题名、关键词、摘要、中图分类号
=' str1 /PREV N str2 '	同句，按词序出现，间隔小于N个词		AB='转基因 /PREV 5 水稻'	
=' str1 /AFT N str2 '	同句，按词序出现，间隔大于N个词		AB='转基因 /AFT 5 水稻'	
=' str1 /PEG N str2 '	全文，词间隔小于N段		AB='转基因 /PEG 5 水稻'	
=' str $ N '	检索词出现N次		TI='转基因 $ 2'	
BETWEEN	年度阶段查询		YE BETWEEN ('2000','2013')	年、发表时间、学位年度、更新日期

4）作者发文检索。

作者发文检索是通过作者姓名、单位等信息，查找作者发表的全部文献及被引情况。通过作者发文检索不仅能找到某一作者发表的文献，还可以通过对结果的分组筛选情况全方位地了解作者主要研究领域、研究成果等情况。

5）科研基金检索。

科研基金检索是通过科研基金名称，查找科研基金资助的文献。通过对检索结果的分组筛选，还可全面了解科研基金资助学科范围、科研主题领域等信息。

6）句子检索。

句子检索是通过用户输入的两个关键词，查找同时包含这两个词的句子。由于句子中包含了大量的事实信息，通过检索句子可以为用户提供有关事实的问题的答案。

7）来源期刊检索。

来源期刊检索是通过输入来源期刊的名称、类别和年份等信息，来查找包含相关信息的期刊。

（2）期刊导航

1）期刊导航首页。

期刊导航首页分为通用菜单、导航分类、期刊分类三个部分，如图 4－51 所示。

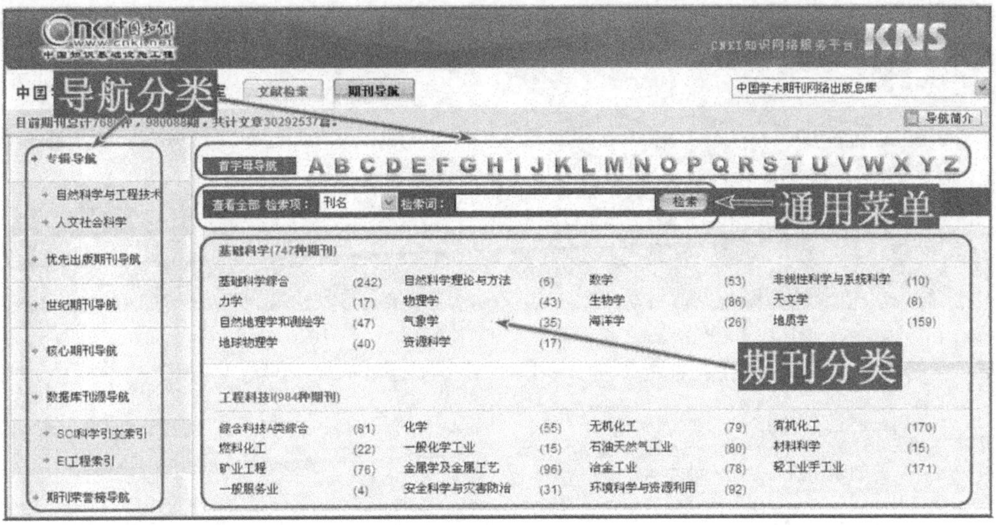

图 4－51　期刊导航检索界面

① 通用菜单：提供了刊名、CN 和 ISSN 三项检索字段，用户可根据已知条件来查找期刊。

② 导航分类：包括首字母导航、专辑导航、世纪期刊导航、核心期刊导航、数据库刊源导航、期刊荣誉榜导航、中国高校精品科技期刊导航、刊期导航、出版地导航、主办单位导航、发行系统导航。

③ 期刊分类：将收录的期刊分成 10 大类，74 个专栏，用户可根据期刊所属类别进行浏览期刊。

2）检索结果分组排序。

检索结果页面将检索得到的检索结果以列表的形式展示出来，并提供对检索结果进行分组分析、排序分析的方法，从而实现准确查找文献。检索结果分组类型包括以下两种。

① 文献分组浏览：按学科类别、期刊名称、研究资助基金、研究层次、文献作者、作者单位、中文关键词等方式排序。

② 文献排序浏览：按发表时间、相关度、被引频次、下载频次、浏览频次等方式排序。

在图 4－52 中，单击“被引频次”按钮，查找到的文献将按被引频次由多到少进行排列，图中被引频次最多的文献被引 58 次。被引频次从一个侧面反映了该文献的价值，一篇文献被引频次越多，一般认为其利用价值越高。

（3）检索实例

例如，检索武汉船舶职业技术学院的老师在 2000 到 2013 年发表在期刊《船海工程》上的论文情况。

检索步骤如下。

1）单击图 4－45 中“单库检索”内的“中国学术期刊网络出版总库”，进入文献检

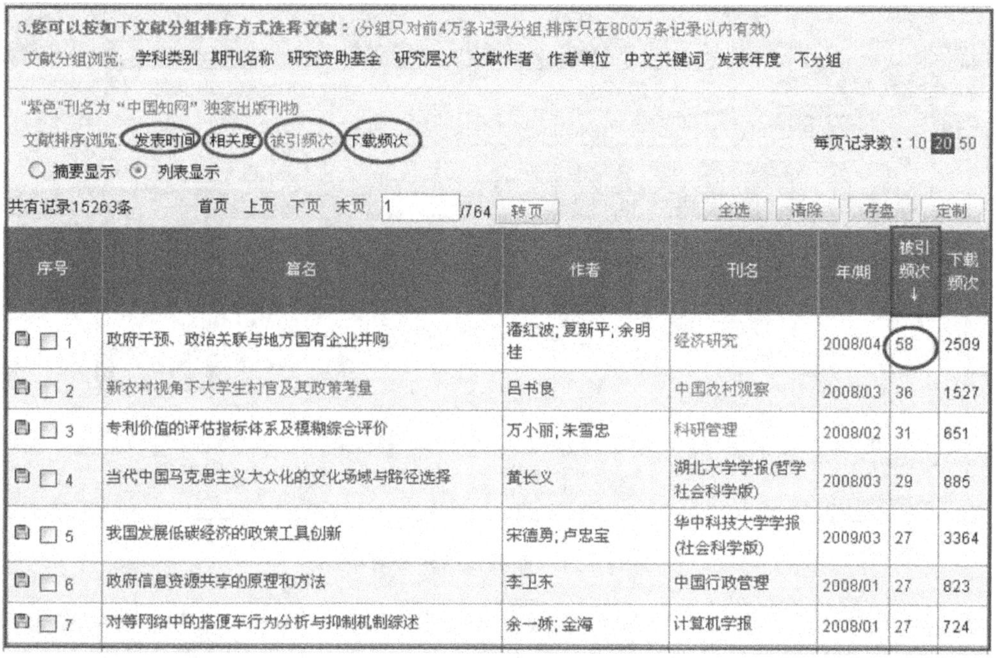

图 4-52　检索结果分组排序

索的高级检索界面，按检索要求进行选择和输入。期刊年限：2000 到 2013 年；来源期刊：船海工程；作者单位：武汉船舶职业技术学院，如图 4-53 所示。

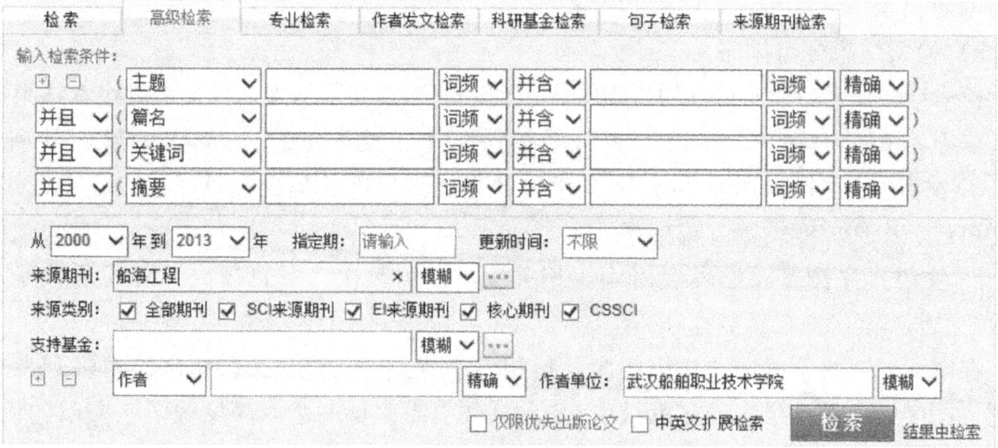

图 4-53　标准检索界面输入方法

2）单击"检索"按钮，就可以检索到相关的文献了，如图 4-54 所示。

3）单击图 4-54 中的文献篇名，就可以得到文献信息和知网节信息，如图 4-55 所示。"参考文献""相似文献""同行关注文献""相关作者文献"等这些知网节信息，有助于用户追溯研究源、追寻研究方向、发现新内容等。

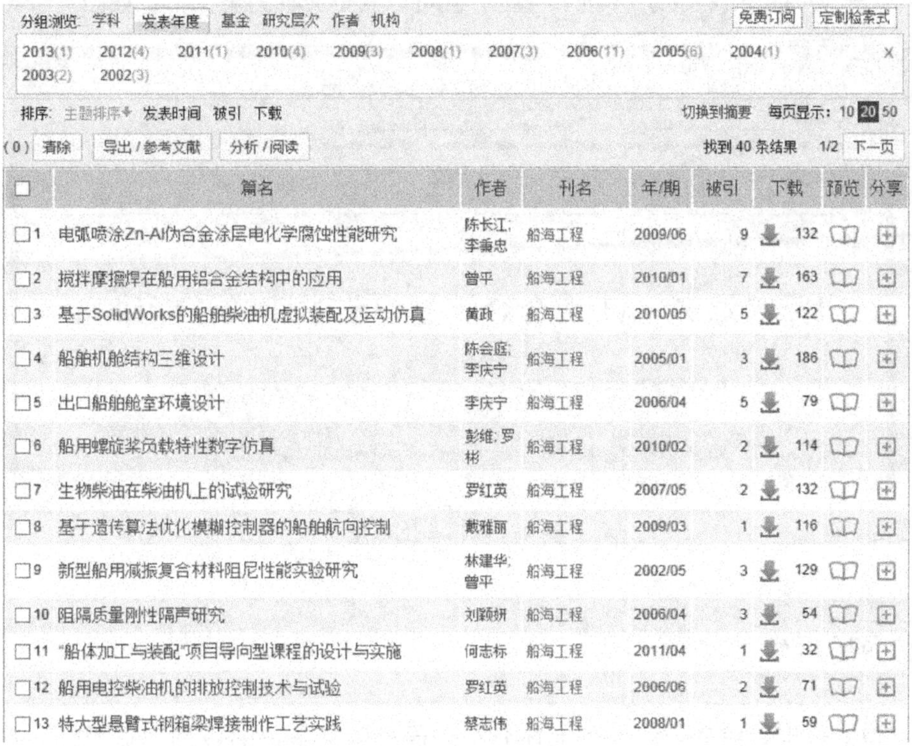
分组浏览：学科　发表年度　基金　研究层次　作者　机构　　免费订阅　定制检索式

2013(1)　2012(4)　2011(1)　2010(4)　2009(3)　2008(1)　2007(3)　2006(11)　2005(6)　2004(1)　2003(2)　2002(3)

排序：主题排序　发表时间　被引　下载　　切换到摘要　每页显示：10 20 50

(0)　清除　导出/参考文献　分析/阅读　　找到 40 条结果　1/2　下一页

	篇名	作者	刊名	年/期	被引	下载	预览	分享
1	电弧喷涂Zn-Al伪合金涂层电化学腐蚀性能研究	陈长江；李垂忠	船海工程	2009/06	9	132		
2	搅拌摩擦焊在船用铝合金结构中的应用	曾平	船海工程	2010/01	7	163		
3	基于SolidWorks的船舶柴油机虚拟装配及运动仿真	黄政	船海工程	2010/05	5	122		
4	船舶机舱结构三维设计	陈会庭；李庆宁	船海工程	2005/01	3	186		
5	出口船舶舱室环境设计	李庆宁	船海工程	2006/04	5	79		
6	船用螺旋桨负载特性数字仿真	彭维；罗彬	船海工程	2010/02	2	114		
7	生物柴油在柴油机上的试验研究	罗红英	船海工程	2007/05	2	132		
8	基于遗传算法优化模糊控制器的船舶航向控制	戴雅丽	船海工程	2009/03	1	116		
9	新型船用减振复合材料阻尼性能实验研究	林建华；曾平	船海工程	2002/05	3	129		
10	阻隔质量刚性隔声研究	刘颖妍	船海工程	2006/04	3	54		
11	“船体加工与装配”项目导向型课程的设计与实施	何志标	船海工程	2011/04	1	32		
12	船用电控柴油机的排放控制技术与试验	罗红英	船海工程	2006/06	2	71		
13	特大型悬臂式钢箱梁焊接制作工艺实践	蔡志伟	船海工程	2008/01	1	59		

图 4－54　检索结果

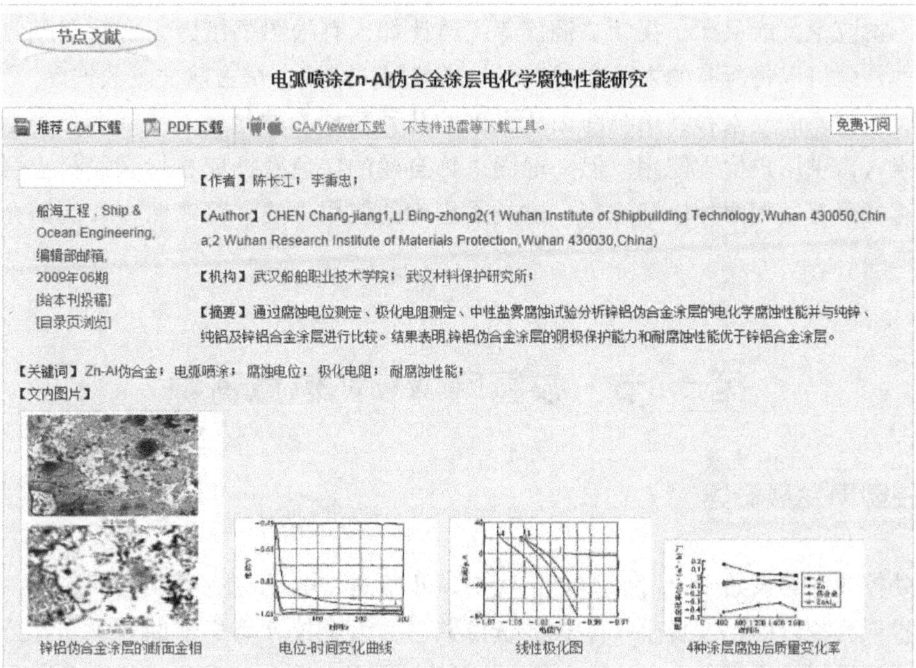

图 4－55　文摘信息和知网节信息

4）单击“CAJ下载”或“PDF下载”，就可以获得文献的全文了，如图4－56所示。

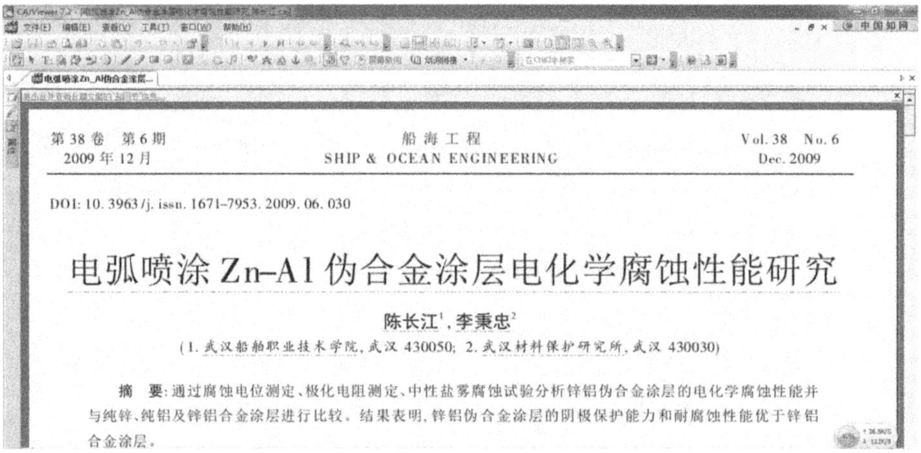
第38卷　第6期　2009年12月

船海工程
SHIP & OCEAN ENGINEERING

Vol.38 No.6 Dec. 2009

DOI: 10.3963/j. issn. 1671-7953. 2009. 06. 030

电弧喷涂Zn-Al伪合金涂层电化学腐蚀性能研究

陈长江[1]，李秉忠[2]

（1. 武汉船舶职业技术学院，武汉 430050；2. 武汉材料保护研究所，武汉 430030）

摘　要：通过腐蚀电位测定、极化电阻测定、中性盐雾腐蚀试验分析锌铝伪合金涂层的电化学腐蚀性能并与纯锌、纯铝及锌铝合金涂层进行比较。结果表明，锌铝伪合金涂层的阴极保护能力和耐腐蚀性能优于锌铝合金涂层。

图4－56　全文信息

四、特色数据库

图书馆的数据库信息资源除了上述介绍的通过购买获得的数据库资源外，很多图书馆还结合自身资源或学校学科设置的特点，利用相关的软件和技术，对已有的信息资源进行收集整理、重新整合，形成本馆的特色数据库。如现在许多图书馆所建立的试题库、图片库、本院论文成果库、视频资源库等。再比如，有的图书馆因为古籍文献收藏比较系统全面，就可以将所有的古籍文献进行收集整理，形成一个古籍文献数据库。

这类数据库的检索和利用与前面所讲到的几种数据库的使用方法基本相类似，它也提供检索入口供用户检索使用，但一般图书馆自建的特色数据库在检索途径上可能会少一些，有的只有一到两种检索途径。这类数据库的使用方法，可参照本章前面介绍到的几种数据库。

第4节　校园网WWW信息资源

一、校园网发展概述

国外校园网建设始于20世纪60年代初，开始是在电子专业类领域间应用，在此基础上再扩展为校园网，实现整个学校的资源共享，为全校计算机辅助教学和办公自动化服务。最后发展为通过Internet实现校园网与校园网的互联，实现学校教学和科研资源共享，反过来，这又促进了校园网的建设与发展。因此校园网的建设与发展是与Internet的发展密不可分的。

我国的校园网建设始于1987年，由清华大学率先建设校园网。1989年，原国家教委立项建设中关村地区计算机网络。1993年1月，清华大学校园网通过国家验收。1993年6月，北京大学校园网通过国家验收。1994年1月，中关村三个子网（清华大学、北京大学、中国科学院）实现互联。后来，原国家计委正式立项，由原国家教委承担建设“中国教育和科研计算机网络示范工程”（CERNET）。CERNET工程的总体建设目标是：利用计算机和网络通信技术，把全国的教育和科研机构连接起来，推动这些单位的信息资源建设，与国内外其他计算机网络互联，使其成为我国教育和科研事业最重要的信息基础设施，为我国信息化建设储备技术、积累经验和培养人才。目前这个网络已连接了100多所大学和部分中学，是第一个覆盖整个中国大陆范围的全国性学术计算机网络，其组织管理严密，规章制度健全，信息资源丰富，应用服务周全。它完全由我国技术人员独立自主设计、建设和管理，达到了当今国际先进水平。

CERNET采用全国网络中心、地区网络中心和校园网三级结构进行管理，全国网络中心位于清华大学，地区网络中心和主结点分布在全国八大城市（北京、西安、成都、广州、武汉、南京、上海、沈阳）的10所高校。它们彼此之间的连接构成了CERNET主干网的三环拓扑结构。自CERNET开通运行以来，各高等院校都相继开始规划建设自己的校园网。

二、校园网信息资源

万维网（World Wide Web，WWW）是网络上的超文本系统。超文本文件通过一个称为“网页阅读器”的程序从服务器（或称“网站”）获取信息（或称“文档”“档案”“网页”），并在用户的电脑屏幕上显现出来。用户可以通过网页中的超级链接在各个网页中间跳跃，甚至可以像服务器回传信息那样互动交流。

WWW是建立在客户机/服务器系统之上（这与FTP是相同的），以HTML（HyperText Markup Language，超文本标记语言，用于创建WWW文档的编辑语言）语言和HTTP（HyperText Transfer Protocol，超文本传输协议，WWW用户机与服务器之间应用层的通信协议）协议为基础，以统一的图形用户界面提供各种服务的网络资源与查询工具。网络上的用户必须通过客户机与服务器进行通信连接和信息传输，当客户机接收到服务器的信息时，用户可以在客户机的一个统一界面浏览服务器上的信息，而且可以通过超文本链接，自由地在一个服务器或多个服务器中的链接点之间漫游及“跳跃式”浏览。在WWW服务器上存储的是机构或个人需要在网络上发布的各种类型的信息，包括文本、图像、声音、影像等，这些信息通过HTML编程语言整合在一起。

校园网WWW信息资源主要是学院及其下属各部门用以对外发布各种类型的信息，如学院概况、机构设置、招生就业、教学科研、学院新闻等信息。通过对校园网

WWW 信息资源的浏览，可以了解学校发展、建设等各方面的有关信息。现在绝大多数的学校都建立了自己的校园网 WWW 信息发布系统，图 4－57 所示为武汉船舶职业技术学院校园网主页。

图 4－57　武汉船舶职业技术学院校园网主页

在许多院校中，除了学院的网页之外，图书馆作为学院的一个重要信息中心，一般也建有自己的网页，即对外的 WWW 信息发布系统（图 4－58 为武汉船舶职业技术学院图书信息中心主页）。它主要是图书馆用来对外公布各类信息的，如图书馆规章制度、机构设置、对外服务功能以及各种数据库资源，但其中有部分资源，特别是数据库资源，用户只能在校内才能完全享用，在校外无法获取全文信息。

图 4－58　武汉船舶职业技术学院图书信息中心主页

课后习题

(1) 利用超星数字图书馆检索有关“微电子”方面的图书，并写出检索步骤和检索结果。

(2) 利用维普中国科技期刊数据库检索有关“计算机网络安全”方面的文献信息，并写出检索步骤和检索结果。

(3) 利用 CNKI 数据库检索有关“船舶辅机”方面的文献信息，并选择一篇写出英文篇名、作者、刊名、年、卷、期及参考文献。

(4) 从本校图书馆网站的电子资源中下载一种电子数据库的阅读器，卸载掉本地计算机中已有的阅读器后进行安装。

第 5 章
互联网信息资源及其利用

第 1 节　Internet 基础知识

一、Internet 概述

信息高速公路和多媒体技术是 21 世纪信息社会的基础设施，Internet 在今天的发展实现了人们对未来信息高速公路的设想，可以这么说，Internet 就是信息高速公路的原型。

不同的 Internet 用户对 Internet 有不同的认识，还没有一个总结性的定义。一般认为 Internet 的定义应包含三方面的内容。

1）物理概念：Internet 是一个基于 TCP/IP 通信协议的计算机网络的网络。

2）人文环境：Internet 是一个网络用户的团体，用户使用和开发网络资源。

3）流通内容：Internet 是所有被访问和利用的信息资源的集合。

这些年来，Internet 在世界上得到极大发展，成为仅次于全球电话网的第二大通信手段。综观其历史，各种应用工具的开发和 Internet 本身极其丰富的资源无疑是 Internet 成功的重要因素。

Internet 在管理上很像教堂里的“长老会”，每个成员可以自由地加入或退出，没有专门的权威机构的管辖，只有一个由志愿人员组成的委员会，其目的是通过且 Internet 技术推动全球信息交换。Internet 没有专人制定标准，基标准（RFC）由草案演变而来，因此有很强的适应性。Internet 把创造应用工具的工具交给用户，以创造出更精彩的应用工具。

二、Internet 的发展

Internet 来源于美国国防部高级计划研究署（Advanced Research Projects Agency）于

1969 年开始的 ARPAnet 计划，该计划的目的是建立分布式的存活力强的全国性信息网络。在开发中逐步形成 TCP/IP 标准协议，该协议即成为 UNIX 操作系统的标准通信模块。1982 年 ARPAnet 等几个计算机网合并成为 Internet 的早期主干网。

与此同时，局域网和其他广域网的产生对 Internet 的进一步发展起了重要作用。其中最引人注目的是美国国家科学基金会（National Science Foundation，NSF）建立的 NSFnet。1984 年 NSF 在科学家和工程师的呼吁下决定赞助建立国家超级计算中心，至 1986 年建立了六大计算中心，并在全国建立了按地区划分的计算机广域网，实现了地区网络与超级计算中心各超级计算中心的互联。这样，当一个用户的计算机与某一地区的网络相联后，可以使用任一超级计算中心的设施，还可以同网上任一用户通信，并获得网络提供的大量信息和数据。这一成功使 NSFnet 于 1990 年 6 月彻底取代了 ARPAnet 而成为 Internet 的主干网。NSFnet 对 Internet 的最大贡献是使 Internet 对全社会开放。

Internet 最初的宗旨是用来支持教育和科研活动。但是随着 Internet 规模的扩大、应用服务的发展以及市场全球化需求的增长，到 1991 年，Internet 正式允许商业入网，开始了商业化服务。在 Internet 引入商业机制后，准许以商业为目的的网络联入 Internet，使 Internet 得到迅速发展。世界各地无数企业和个人纷纷涌入 Internet，带来了 Internet 发展史上一个新的飞跃。

Internet 的发展难以全面预测，但在有些方面是清楚的：Internet 主干网的通信速度将大幅度提高；有线、无线等多种通信方式将更加广泛地融合；商业化应用将大量增加，Internet 的覆盖范围将更快扩大；用户入网数会迅速增加；管理技术将进一步规范；技术设施将不断发展；界面将更加友好；资源将急剧膨胀。总之，Internet 将从根本上改变人们的工作、生活方式。

三、Internet 在中国

1987 年 9 月 20 日，钱天白教授发出我国第一封电子邮件“越过长城，通向世界”，从此拉开了中国人使用 Internet 的帷幕。中国于 1988 年实现了与欧洲和北美地区的 E-mail 通信。1994 年 3 月中国互联网作为第 71 个国家级网正式加入 Internet，并建立了中国顶级域名服务器，实现了网上全部功能。

根据中国互联网络信息中心（China Internet Network Information Center，CINIC）的最新统计报告，截至 2005 年 6 月 30 日，我国上网计算机数约 4 560 万台，上网用户总人数为 10 300 万人，网站总数约为 677 500 个，国际线路的带宽总容量为 82 617 Mbit/s。这些数字每年都会发生很大的变化。

目前国内有十大运营商（十大互联网络单位）具有国际出口权限，约 200 家因特网服务提供商（Internet Service Provider，ISP）具有跨省经营资格。它们在中国 Internet 的不同时期、不同领域中扮演着主要角色，为我国经济、文化、教育和科学的发展起着决定性的作用，同时代表中国通过 Internet 上的信息服务向全世界展示——中国在互联网时代正在大踏步地前进。

1996 年 2 月 1 日，国务院令第 195 号《中华人民共和国计算机信息联网国际管理暂行规定》中确定了我国的四大主干网络，它们是中国公用计算机互联网（CHINAnet）、中国科学技术计算机网（CSTnet）、中国教育和科研计算机网（CERnet）和国家公用经济信息通信网（GBnet）。

1. 中国公用计算机互联网（CHINAnet）

中国公用计算机互联网 CHINAnet 是 1995 年由中国前邮电部投资建设的国家级网络，于 1996 年 6 月在全国正式开通。CHINAnet 是中国规模最大的互联网主干，它是面向社会公开开放的、服务于社会公众的网络基础设施和信息资源的集合，主要提供商业服务，其用户包括个人用户和企业用户。随着国内各行业的各种信息资源开始在因特网上提供服务，CHINAnet 的前景非常光明。

2. 中国科学技术计算机网（CSTnet）

中国科学技术计算机网 CSTnet 始建于 1989 年，于 1994 年 4 月首次实现了与国际互联网络的直接连接，它是在中关村地区教育与科研示范网 NCFC 和中国科学院计算机网络（CASnet）的基础上，建设和发展起来的、覆盖全国范围的大型计算机网络，是我国最早建设并获国家承认具有国际出口权限的互联网之一。CSTnet 是非营利、公益性的网络，也是国家知识创新工程的基础设施，它主要为科技界、科技管理部门、政府部门和高新技术企业服务。

3. 中国教育和科研计算机网（CERnet）

中国教育和科研计算机网 CERnet 从 1993 年开始规划，它是由原国家计委投资建设，教育部负责管理，清华大学等高等院校承担建设和管理运行的全国性学术计算机互联网络。CERnet 目前互连的大学、中小学等教育和科研单位达 1 000 多家。CERnet 主要面向教育和科研单位，提供接入和信息服务。CERnet 建有总容量达 800 Gbit/s 的全世界主要大学和著名学术组织的信息资源镜像系统，以及一批国内知名的学术网站，可向用户提供服务。另外，CERnet 还是我国开展现代远程教育的重要平台，以及开展下一代互联网研究的试验网络。

4. 国家公用经济信息通信网（GBnet）

国家公用经济信息通信网（GBnet）也称为金桥网，是金桥工程的重要组成部分，它由原电子工业部所属的吉通公司主持建设，为国家宏观经济调控和决策服务。GBnet 在 1995 年投入运行，以光纤、卫星、微波等多种传播形式，形成了覆盖全国的公用网，有力地促进了我国信息化事业的发展。

四、Internet 的几个基本概念

1. TCP/IP

Internet 是一个由不同类型、不同规模的计算机网络所组成的巨大计算机网络，它是“网络之网络”，而维系 Internet 的基础就是 TCP/IP。

为了确保不同类型的计算机能协调工作，程序设计人员要使用标准的协议编写程序。所谓协议就是一组规则，用技术术语描述如何完成某件事情。TCP/IP 是指一个完整的数据通信协议集，它是一族协议的代名词。TCP/IP 包括两个重要协议：传输控制协议 TCP 和网络协议 IP。

在网上的信息流通，不是将一组完整的信息流连续不断地从一台主机传送到另一台主机，而是要将信息分割成数据包。TCP 的功能就是将数据分割成若干小包，每个包标有序列号和接收方地址，同时还插入了一些特殊的控制信息，然后将这些包通过网络进行传送。IP 的功能就是将这些小包送到远程主机，在另一端，TCP 接收这些包并检查有无错误发生。如果发生错误，TCP 就请求重发特定的包，一旦所有的包都被正确接收，TCP 就根据序列号重新构造原来的信息。简而言之，TCP/IP 是一系列的协议，用于组织网络中计算机和通信设备上的信息传输与交换。

2. IP 地址与域名地址

为了在网络环境下实现计算机之间的通信，网络中的任何一台计算机必须有一个不允许重复的地址，这个唯一的地址将保证数据传输准确无误。Internet 定义了两种方法来标识网络上的计算机，它们分别是 Internet 地址（IP 地址）和域名地址。

（1）IP 地址

IP 地址是一个 32 位的二进制数，包括两个部分：网络 ID 号和主机 ID 号，前者标识网络，后者标识该网络上的一台主机。IP 地址由网络信息中心（Network Information Center，NIC）分配，用户可以从 NIC 申请一个 IP 地址。32 位的 IP 地址常表示成 4 个 10 进制数字，其间用“.”号分隔，如 166. 111. 192. 20。

（2）域名地址

为了使基于 IP 地址的计算机在通信时便于被用户识别和记忆，Internet 又使用一种称为域名地址（Dmain Names，DN）的层次命名方式。其域名一般有如下结构：

计算机主机名. 机构名. 网络名. 最高层域名

如 lib. wspc. edu. cn 就是一个域名地址。每个层称为域，各个层之间用“.”号分隔，从左向右域层逐级上升。以上 edu 和 cn 都属顶层域名，cn 代表中国。

在 Internet 域名系统中，最高层系统的域称为顶层域（Toplevel Domain Name，简称 TLD），TLD 放在该系统的最后。按机构划分的称 Generic TLD，按地理划分的称 Country TLD。表 5 - 1 是主要顶层域名列表，缺省值为美国。

表5-1　顶层域名列表

域　名	机构或国家	域　名	机构或国家	域　名	机构或国家
com	商业组织	at	奥地利	fi	芬兰
edu	教育机构	au	澳大利亚	if	以色列
net	主要网络支持中心	ca	加拿大	il	意大利
org	其他机构	ch	瑞士	jp	日本
int	国际组织和国际数据库	cn	中国	kr	韩国
gov	政府机关（适用美国）	de	德国	se	瑞士
mil	军方机构（适用美国）	es	西班牙	uk	英国

3. 统一资源定位器（URL）

URL称为统一资源定位器，用来指示Internet上各种信息资源的位置及存取方法。通常以协议名开头，后面是负责管理该站点的组织名称，后缀则标识该组织的类型。URL的标准格式为：存取方式：//主机名称/路径文件名。例如：http://www.sina.com。网址提供如下信息：http表示Web服务器使用http超文本传输协议，www表示站点在World Wide Web上，sina表示Web服务器位于新浪，com表示商业机构。

4. 超文本（HyperText）

超文本其实也是一种文本，只不过是一种非线性文本。通常人们使用的文本是线性文本，即从上到下、从左到右排列的文本，而超文本的内容是按照超级链接来组织的。在超文本中，如果读者需要更多有关某一个主题的信息，那么读者就可以通过鼠标单击超级链接快速跳转到其他网页或同一页的不同位置。

第2节　Internet信息资源

与传统信息资源相比，网络信息资源作为一种新的资源类型，既继承了一些传统的信息组织方式，又在网络技术的支撑下出现了许多与传统信息资源显著不同的独特之处，因此，了解网络信息资源的特点、类型、组织形式等方面的信息，是有效利用相关检索工具的基础。

一、Internet信息资源

Internet上的信息资源包罗万象，涉及自然科学、技术科学、农业、医学、社会学、科普、政治、经济、历史、体育、音乐、旅游、娱乐、艺术、新闻等。信息类型有论文、图书、科技报告、统计资料、指南、目录、索引、专利、标准等。关于 Internet 信息资源的定义，目前尚未有一个统一的说法。一般理解为“通过计算机网络可以利用的各种信息资源的总和，即以数字化形式记录的，以多媒体形式表达的，分布式存储在网络计算机的磁介质、光介质以及各类通信介质上，并通过计算机网络通信方式进行传递的信息内容的集合”。该定义主要揭示了网络信息资源的载体、表达形式、组织的结构以及传播手段等要素。

网络信息资源由于依托于 Internet 这个平台，与印刷、联机和光盘数据库等信息资源相比，出现了一系列新的特点。Internet 信息资源具有以下特点。

1. 信息量大、传播广泛

网络信息资源的首要特点是其广泛的可获取性。Internet 作为继电视、广播、报纸和期刊之后的第五大媒体，既是信息存储和传播的主要媒介，也是集各种信息为一体的信息资源网。由于 Internet 结构的开放性和信息发布的自由性，网络信息呈爆炸式增长，数量急剧上升，从而使得 Internet 已经成为世界上最大的信息集散地。网络用户通过 Internet 可以利用分布于世界各地的信息资源，远远突破了联机和光盘检索系统所能提供的信息源的范围。

2. 信息类型多样、内容丰富

Internet 信息资源可谓包罗万象，几乎覆盖了各个学科专业领域、地域和语言的信息资源，是多媒体、多类型、集成式的信息混合体。从信息的内容看有学术科研信息、娱乐信息、新闻、应用程序等，从信息的类型看有文本、图表、图像以及多媒体信息，从存在的形式看有文件、数据库、超文本/超媒体等，从而可以满足网络用户的各种信息需求。正是网络信息资源的多样性，以及网络检索工具收录的内容各有侧重，要求我们必须选择恰当的检索工具才能获取最有效的检索结果。

3. 信息时效性强、变化频繁

Internet 上的信息更新相当及时，不少站点的信息每日更新，而且由于网络传播的速度较快，所以网络信息资源的时效性很强。但是与此相应的是，由于信息的变化、更迭、新生和消亡都很快，而且具有不可预测性，因此导致网络信息不稳定，动态性和不确定性高，难以有效控制，增大了信息资源管理和检索的难度，许多网络检索工具返回的检索结果出现“死链接”或者“空链接”的情况时常发生。

4. 信息分散无序、但关联程度高

Internet 本身是一个开放的分布式结构，网络信息被分散存放于多个联网的计算机上，因此导致了信息资源的分布相对无序和分散；但借助于 Internet 特有的超文本/超媒体链接技术，使得内容之间又有很强的关联程度，通过“顺链而行”可以获取更多的相关信息。

5. 信息缺乏管理、良莠不齐

由于 Internet 缺乏统一的管理机构，加上 Internet 的分布式结构，网络信息的发布具有很大的随意性和自由度，缺乏必要的过滤监督和质量控制，难以规范管理，使得大量的垃圾信息混于高质量的信息当中，增加了有效信息获取的不便，影响检索效率。

二、Internet 信息资源类型

Internet 信息资源包罗万象，广泛分布在整个网络之中，从不同的角度可将其划分为多种类型。由于网络检索工具都有各自的收录范围，因此了解网络信息资源的类型有助于进行检索工具的定位。Internet 上的服务资源主要可根据以下三种方式进行分类。

1. 按照所采用的网络传输协议划分

（1）万维网（WWW）

WWW 是 World Wide Web 三个单词的缩写，也有人把它叫作 WWW 全球网、万维网。它用于建立多媒体文档的全球超文本链接的 Internet 系统，使文档之间的公用信息更易于访问，而且与其物理位置完全独立。万维网在 Internet 的发展中起到了非常重要的推动作用，它起源于 1989 年 3 月，是欧洲核物理实验室（CREN）的一位工程师提出的，用于 Internet 相互之间的通信。

万维网的兴起在 Internet 上造成了不小的风潮，许多公司、学校、政府部门、企业、个人大大小小的 Web 节点纷纷成立，而且正以极为惊人的速度蔓延着。万维网由许许多多网页组成，万维网页面是完全超媒体方式的，它可以包含文字、图片、活动图像、声音文件，以及其他类型的电子化信息。当前万维网几乎已经成为 Internet 的代名词了。

（2）远程登录（Telnet）

远程登录是 Internet 提供的最基本的信息服务之一。Internet 用户的远程登录是在网络通信协议 Telnet 的支持下使自己的计算机暂时成为远程计算机仿真终端的过程。要在远程计算机上登录，首先应给出远程计算机的域名或 IP 地址，另外，还必须有相应的账号和口令。一旦登录成功，用户便可以实时使用远程计算机对外开放的功能和资源。例如，共享远程计算机上的软硬件资源和数据库，或使用该远程计算机提供的 Internet 的其他信息服务，如电子邮件、FTP、Archie、Gopher、WWW、WAIS 等。由此可见，Telnet 是一个强有力的资源共享工具。许多大学图书馆都通过 Telnet 对外提供联机检索服务，一些政府部门、研究机构也将其数据库对外开放，便于用户通过 Telnet 进行查询。远程登录服务常用的客户软件是 Windows 系统中内含的 Telnet 程序。

（3）FTP

一般情况下，用户不希望在远程联机的情况下浏览放在 Internet 上某一台计算机中的文件，而可能更乐意先将这些文件取回到自己的计算机中，这样不但能为用户节省时间

和费用，还可以让用户从容地阅读和处理这些文件。Internet 提供的文件传输服务 FTP 能很好地满足用户的这一需求。

FTP 与 Telnet 类似，也是一种实时的联机服务。在进行工作时，用户首先要登录到对方的计算机上。与远程登录不同的是，登录后，用户只能进行与文件搜索和文件传送等有关的操作。使用 FTP 几乎可以传送任何类型的文件，如文本文件、二进制文件、图像文件、声音文件、数据压缩文件等。

普通的 FTP 服务要求用户在登录到远程计算机时提供相应的用户名和口令，也就是说，如果没有在某个主机上注册，就不能与该主机进行文件传送。而匿名 FTP 服务允许用户在登录 FTP 服务器时无需用户名和口令，而是以"anonymous"作为用户名，一般用自己的电子邮箱地址作为口令。

(4) 用户服务组信息资源

网上各种各样的用户服务组是 Internet 上最受欢迎的信息交流形式，包括新闻组（Usenet Newsgroup）、电子邮件群（Listserv）、邮件列表（Mailing List）、专题讨论组（Discussion Group）等。它们都是由一组对某一特定主题有共同兴趣的网络用户组成的电子论坛，用户以邮件形式进行网上交流和讨论。用户服务组信息资源是一种最丰富、自由、最具开放性的资源，其信息交流的广泛性、直接性是其他任何类型的信息资源都无法比拟的。

2. 按照 Internet 信息资源的组织形式划分

信息组织是将无序状态的特定信息，根据一定的原则和方法，使其成为有序状态的过程，其目的在于将无序信息变为有序信息，方便人们有效利用和传递信息。面对纷繁、无序的网络信息，人们采取了多种方式对其进行组织。目前使用较为普遍的网络资源组织方式主要有以下四种，各种组织方式有各自不同的特点。

(1) 文件方式

文件（File）是一种较为古老的信息组织方式，适用于网络信息资源。以文件方式组织网络信息资源比较简单方便。除文本信息外，还适合存储程序、图形、图像、图表、音频、视频等非结构化信息。在 Web 中，网页就属于超文本文件，FTP 类检索工具就是用来帮助用户利用那些以文件形式组织和保存的信息资源。但是文件方式对结构化信息的管理则显得力不从心，文件系统只能涉及信息的简单逻辑结构，当信息结构较为复杂时，就难以实现有效的控制和管理。而且，随着网络信息量的不断增长和用户对网络信息资源利用的普及，以文件为单位进行信息资源共享和传输会使网络负载加大。因此，文件本身只能是海量信息资源管理的辅助形式，或者作为信息单位成为其他信息组织方式的管理对象。

(2) 超文本/超媒体方式

超文本/超媒体方式是一种新型的信息管理组织方式，不仅注重所要管理的信息本身，而且更加注重信息之间关系的建立与表示，是将网络信息按照相互关系非线性存储在许多的节点（Node）上，节点间以链路（Link）相连，形成一个可任意连接的、有层次的、复杂的网状结构。超文本方式以线性和静态的文本信息为处理对象，超媒体方式是超文本与多媒体技术的结合，将文字、图表、声音、图像、视频等多媒体信息以超文本方式组织起来。超文本/超媒体方式不仅体现了信息的层次关系，而且也符合人们思维的联想和跳跃性习惯，用户既可以根据链路的指向进行检索，也可以根据自己的需要和思维，任意选择链路进行信息的检索，从而在高度链接的各种信息库中自由航行，无须专业检索技巧就可找到所需的任何媒体的信息。正是由于上述优点，超文本/超媒体方式已成为Internet上占主流地位的信息组织与检索方式。但对于一些大型的超文本/超媒体检索系统，由于涉及的节点和链路太多，用户很容易出现信息迷航和知识认知过载的问题，很难迅速而准确地定位到真正需要的信息节点上。为了避免这些检索瓶颈，需要设立导航工具，并辅以搜索、查询机制，以便用户在任何位置都能到达想要去的节点。

（3）数据库方式

数据库是对大量的规范化数据进行管理的技术，它将要处理的数据经合理分类和规范化处理后，以记录形式存储于计算机中，用户通过关键词及其组配查询，就可以找到所需信息或其线索。利用数据库技术进行网络信息资源的组织可很大程度地提高信息的有序性、完整性、可理解性和安全性，提高对大量的结构化数据的处理效率。此外，数据库以字段作为存取单位，用户可根据需要灵活地改变查询结果集的大小，从而大大降低网络数据传输的负载。传统数据库方式对非结构化信息的处理难度较大，不能提供数据信息之间的知识关联，无法处理结构日益复杂的信息单元，检索界面缺乏直观性和人一机交互性。但目前随着信息处理技术的发展，数据库技术在克服上述缺点方面取得了很大进步，集Web技术和数据库技术于一体的Web数据库已经成为Web信息资源的重要组成部分，所存储的都是经过人工严格收集、整理、加工和组织的具有较高学术价值、科研价值的信息。由于各个数据库后台的异构性和复杂性，以及对其使用的限制，利用一般性的网络信息检索工具，如搜索引擎等无法检索出其中的信息资源，因此必须利用各个数据库的专用检索系统，如超星数字图书馆、维普中文科技期刊数据库等

（4）网站

网站（Web Site）是网络信息资源的重要组成部分，既是信息资源开发活动中的要素，又是网络中的实体。从网络的组织结构可以看出，信息资源主要分布在网站上，网站作为网络信息与网络用户之间的中介，集网络信息提供、网络信息组织和网络信息服务多种功能于一体，其最终目的是将网络信息有序化、整合，向用户提供优质的信息服务。网站由一个主页（Homepage）和若干个从属网页组成，它将有关的信息集中组织在一起。网站一般综合采用了文件方式、超文本/超媒体方式和数据库方式来组织信息和提供信息的检索。

3. 按照 Internet 信息资源的内容划分

(1) 网络数据库

网络数据库就是借助于 Internet，以 Web 为检索平台提供信息检索服务的数据库，它是数据库技术和 Web 技术结合的产物。除了传统纸本工具书、联机数据库与光盘数据库纷纷利用网络技术改造其检索系统，加盟网络数据库行列外，还出现了大量直接依托 Web 产生的真正网络数据库。这些网络数据库内容涉及各种不同的专业领域和文献出版类型，如万方系统的数据库系列、OCLC 的数据库系列等。

(2) 网络出版物

网络出版物就是以数字代码形式将文字、图像、声音、视频等信息存储在磁、光电介质上，通过 Internet 高速传播，并通过计算机或者类似设备阅读使用的出版物，包括电子图书、电子期刊和电子报纸等。现有的电子信息技术和网络技术为出版物的出版、发行和传播创造了良好的条件，一些是传统纸本文献的电子版本，一些是借助于计算机网络，完全以电子化、数字化形式编辑、制作、出版和发布，并以网络化形式发行，而没有相应纸质印刷版或者其他类型电子版的出版物，即纯网络出版物。

(3) 社会信息

社会信息主要是各种机构和个人发布的分散性的数据、资料、新闻、服务等多方面的涉及各个领域的信息，范围很广，内容庞杂，而且免费对所有的网络用户开放，如政府机构部门的政策、服务信息、社会新闻、生活娱乐信息、机构名录、产品目录、广告信息、商机信息、股市信息、专题评论等。

(4) 软件资源

软件资源主要是指通过网络免费提供给用户使用的各种应用程序，它们以文件的形式存在，帮助用户实现某些应用功能，如杀毒、解压、聊天、系统维护、多媒体播放、文件传输、程序编辑等。

(5) 其他类型的信息

这种类型的信息包括网络论坛交流信息、电子公告、网络日志等其他存在于 Internet 上的信息。

三、Internet 信息资源检索工具

正如手工信息检索离不开目录、索引、文摘等各种工具，Internet 检索也需要专门的信息检索工具，实现对分散、无序的网络信息资源的有效控制。从 20 世纪 80 年代起人们就开发了诸如 Archie、WAIS、Veronica 等检索工具，用于检索 FTP、WAIS、Gopher 等网络信息资源，90 年代中期又出现了检索 Web 信息资源的搜索引擎技术。目前已经形成

了检索各类网络信息资源的检索工具体系。

网络信息检索工具是 Internet 上提供信息检索服务的计算机系统（应用程序软件或者网站），其检索对象是存在于 Internet 信息空间中的各种类型的网络信息资源，利用人工或计算机软件来进行信息的收集、记录、标引、整序，形成索引数据库，供用户检索、获取所需信息或指引用户至相关信息资源。一般来说，网络信息检索工具都是用户界面友好、简单易用的，而且在众多网络信息检索技术的支持下，检索功能日益强大，从而增强了用户自我信息检索服务的能力。

由于 Internet 信息资源的多样性，导致了网络信息检索工具的多样性。要有效地利用这些网络检索工具，就必须了解它们的检索机制、收录资源类型的适用范围。总的来说，Internet 信息资源可以分为 WWW 信息资源和非 WWW 信息资源，我们将根据网络信息检索工具收录的信息资源的类型及其对应的检索方式分别对 WWW 检索工具和非 WWW 检索工具包含的类型进行介绍。

1. WWW 信息资源检索工具

WWW 信息资源检索工具是以万维网（WWW）上的资源为主要检索对象，又以 WWW 形式提供检索结果的检索工具。目前主流的 WWW 检索工具为搜索引擎，搜索引擎几乎是 WWW 检索工具的代名词。搜索引擎目前可分为目录型搜索引擎和关键词型搜索引擎，目录型搜索引擎也称为网络资源指南。下面详细介绍目前 Internet 上的 WWW 信息资源检索工具的几种类型。

（1）网络资源指南

网络资源指南（Web Directory），也称为主题指南，是基于人工建立的网站分类目录，将所收集的网站信息按特定的主题分类目录体系进行组织，并辅以年代、地区等分类，形成一个树状结构目录，用户逐层浏览主题分类目录，逐步细化检索范围来查找合适的类目，直至具体资源。其后台数据库并不保存网页，而是保存各网站的站名、网址以及内容摘要。这种检索工具层次和结构清晰、易于查找；分类目录下的网站简介可以使用户一目了然，从而确定取舍；专题性强，能较好地满足族性检索的需求；人工的介入确保了信息的准确性，导航质量高。但是也存在许多的问题，如分类目录体系不够完善与合理；检索功能相对较弱；人工介入引起维护量大，导致信息量少、更新不及时、查全率不高，难以检索到较专深的信息等。这类检索工具按事先设置的检索途径进行检索，故多适用于泛性课题的检索。其典型代表有 Yahoo、搜狐网站目录等。

（2）搜索引擎

搜索引擎（指关键词型搜索引擎）借助于网上自动搜索软件（Robot、Spider 等）定期遍历万维网，收集 Web 网页，对其进行标引，建立索引数据库；当用户在检索文本框中输入检索词或检索表达式后，以自己特定的检索算法从后台数据库中找出相关记录，并按相关性或者时间对其进行排序，反馈给用户。每个搜索引擎都有自己独有的搜索系统和索引数据库。它具有检索面广、信息量大、更新及时、界面直观简洁、使用方便直接等优点，而且绝大多数都支持布尔运算符、截词运算符、模糊检索和自然语言检索等，可准确表示检索需求，检索功能较强。此外，借助于全文检索技术，可实现网页内容全文检索。其缺点是返回的检索结果数量大，无关和冗余信息较多，用户必须从中进行筛选。目前出现了许多可以同时调用多个搜索引擎的集合型搜索引擎，极大地提高了检索效率。

(3) 信息门户

信息门户（Information Portal），也称为信息网关（Information Gateway），是将特定领域或者众多领域的信息资源、工具和服务都集成到一个网页上，为用户提供一个方便的信息检索和服务入口，"一站式"获取所需信息资源，是一种以清晰的用户界面构建大量信息资源平台的有效方式，提高了网络资源的序化程度。从涉及的内容范围看，信息门户分为水平和垂直两种。水平信息门户是面向大众、包罗万象的信息门户，如Sohu、Sina、Yahoo等网站。垂直信息门户收录特定的内容，面向特定的用户服务，如政府信息门户、商业信息门户、公司信息门户、学科信息门户等。

对于获取学术科研信息，学科信息门户是首选。学科信息门户是图书馆界利用传统的文献信息处理技术和经验，结合现代信息技术，在网络信息资源组织和检索方面做出的积极贡献。学科信息门户是针对特定学科或主题领域，按照一定的资源选择和评价标准、规范的资源描述和组织体系，对具有一定学术价值的网络信息资源进行收集、选择、描述和组织，并提供浏览、检索、导航等增值服务的垂直性信息门户。学科信息门户的用户一般具有明显的针对性，所收信息资源都经专业信息工作者严格选择和深入揭示，并提供注解和评价信息，准确性、可靠性较高。其组织的对象包括电子出版物（图书、期刊、报纸、工具书）、数据库、会议论坛、科技报告以及相关网站链接等，检索性能高于网络资源指南、搜索引擎、资源导航等。

目前国外很多学术机构都建立了自己的学科信息门户，如英国的社会科学信息门户、爱丁堡大学工程虚拟图书馆、美国的图书馆员因特网索引等。我国中科院的"国家科学数字图书馆"就建设有生命科学、化学、数学物理、资源环境和图书情报五个学科信息门户。

(4) 搜索软件

搜索软件，也称为桌面搜索引擎或软件式搜索引擎，是通过下载并安装在用户的计算机上后，就可启动相应的搜索引擎进行搜索的软件。搜索软件可分为单一型和集合型两种。使用单一型搜索软件的用户无须进入某一搜索引擎的主页，就可随时使用该搜索引擎，如Google的工具栏、百度的超级搜霸等。集合型搜索软件的工作原理类似于集合型搜索引擎，可以同时调用多个搜索引擎进行搜索，从而能得到更多、更详细的信息，如中华搜索宝（http：//www.chinassb.com）。搜索软件的安装和使用都很容易，无须进行复杂的设置。除了提供搜索功能外，还可对搜索进行智能化处理，限定搜索范围，过滤重复的内容、域名和名称等。但是目前该类软件质量参差不齐，选择的时候要进行准确定位。

从目前的网络信息检索实践来看，WWW 检索工具不仅可以搜索 WWW 上的信息，也可以搜索 Internet 上的其他非 WWW 类信息资源，如 FTP、Gopher、新闻组等信息。随着 WWW 的迅速发展，WWW 检索工具将逐渐发展成 Internet 上的标准检索工具，成为人们获取 Internet 信息资源的主要检索工具和手段。

2. 非 WWW 信息资源的检索工具

非 WWW 信息资源检索工具主要是指以非 WWW 信息资源，如 FTP、Telnet 和用户服务组等信息资源为检索对象的检索工具，这里就不再叙述。

第 3 节　搜索引擎

一、搜索引擎概述

互联网的迅猛发展使其所含的信息数量急剧增长，在这样一个浩瀚无边的信息空间里，快速查找并获取所需信息已成为人们最迫切的需求。“我们被信息淹没，但却渴求着知识。”《大趋势》的作者约翰·奈斯比特当年的预言已应验在网络时代人们的身上。为了帮助人们从网络信息的汪洋大海之中将对自己有价值的部分搜寻、挑选出来，网络搜索引擎便应运而生了。搜索引擎正是为解决用户的查询问题而出现的，如果说 Internet 上的信息浩如烟海，那么搜索引擎就是海洋中的导航灯。只有通过搜索引擎的查询结果，用户才会知道信息所处的地点，再去该网站获得详细资料。

搜索引擎（Search Engines）是 WWW 环境中的信息检索系统，它利用某种软件对互联网上的信息进行遍历，把收集到的所有网页进行分类存储，并向用户提供查询入口。用户通过这个查询入口即可在浩如烟海的信息空间中找到自己所需的信息。

二、搜索引擎工作原理

搜索引擎实际上是一个专用的 WWW 检索服务器，它收集 Internet 上成千上万甚至上亿个 WWW 网页信息，组成庞大的索引数据库。搜索引擎一般由信息采集器（Spider 或 Crawler）、索引数据库（Index 或 Catalog Database）和用于检索索引数据库的检索软件（Search Engine Software）三部分组成。

信息采集器是一种网络自动搜索软件，通常称为“蜘蛛（Spider）、爬虫（Crawler）

或机器人（Robot）等。它们是运行在WWW信息空间，能够沿着网站的链接从一个页面跨越到另一个页面，自动追寻和发掘网上的各种信息资源，采集新出现的信息，确认网页之间的链接是否有效，剔除死链的一种软件。

索引器的主要工作是建立一个包含关键信息的索引库以备查询，不同的索引器标引网页的内容是不同的，有的对网页进行全文标引，有的只标引网页的地址、题名以及特定的词或段落等，所以索引器的策略很大程度上影响了搜索引擎的效率与准确性。

检索软件通常是一个Web应用程序，其主要工作是接收、解释用户的搜索请求，查询索引库、计算网页与搜索请求的关联度，提供排序后的搜索结果返回。

三、搜索引擎的类型

目前，Internet中的搜索引擎主要有三种基本类型：以分类目录为主的搜索引擎、以全文搜索为主的搜索引擎和建立在独立搜索引擎之上的多元搜索引擎。其中，前两种搜索引擎的功能是相互借鉴和互为补充的，两者的界限也逐渐模糊。

1. 以分类目录为主的搜索引擎

这类搜索引擎又称为目录服务，著名的Yahoo网站就是其中的代表。检索系统将搜索到的Internet中的所有资源按其主题分成若干大类。每一大类下面又分设若干二级类目、三级类目等。有的搜索引擎甚至细分至十几级类目，每个类目下面列出属于这一类目的网站名称和网址链接（有的搜索引擎为了防止本系统的资源白白流失，只提供网站镜像而没有直接链接）。有的搜索引擎还对各个网站进行简单介绍和说明。

以分类目录为主的搜索引擎通常还设有网站查询功能，通过在查询框内输入词组，即通常所说的关键词，即可获得与之相关的网站目录和信息。

以分类目录为主的搜索引擎的特点是，由系统先将搜索到的网络信息分别归类。这一工作有的系统由人工操作，有的则由机器自动完成，只要遵循该系统的分类体系，按图索骥、层层深入即可。这与图书馆中传统的分类索引的功能十分相似。

以分类目录为主的搜索引擎的不足之处是，搜索范围通常比以全文检索为主的搜索引擎的范围小很多，加之各个系统没有统一的分类体系，操作系统对类目的判断和选择直接影响到检索的效果；而类目之间的交叉，又导致许多内容的重复。此外，有的搜索引擎分类太细，也使人无所适从。

2. 以全文检索为主的搜索引擎

这类搜索引擎通常被称为索引服务，它们与以分类目录为主的搜索引擎中的网站查询功能相似，但有着本质的区别。著名的AltaVista就是这类搜索引擎的代表。

以全文检索为主的搜索引擎，它们的搜索对象是 Internet 所有网站中每个网页的全部内容。检索得到的结果，通常是一个个网页的地址和一段文字，里面也许并没有在查询框中输入的词组，但在反馈信息所指明的那一个个网页所包含的内容中，一定有输入的词组或与之相关的内容。

有些以全文检索为主的搜索引擎也提供分类目录，但这是网页的分类目录而不是网站的分类目录。由于网页数目巨大，即使类目分得再细，也很难从浏览中得到明确的启发和提示。它们的作用更多地体现在为进入某一个类目提供指示，然后限定在此类目中对给定的词组进行全文检索，这样可以有效地压缩搜索范围。

以全文检索为主的搜索引擎的特点是信息量特别大，在理论上可以对 Internet 所有网站的每一页内容（可以对每篇文章中的每个单词）进行检索。当想对某一特定的主题进行深入细致的研究时，不妨借助于这类搜索引擎。

以全文检索为主的搜索引擎的不足之处则是，每次常规意义下的普通检索反馈的信息往往太多、太滥，以致很难直接从中筛选出自己真正感兴趣的内容。要想达到理想的检索效果，往往要借助于高级检索中必要的语法规则和限制符号。

3. 元搜索引擎

Internet 庞大的信息，使得任何孤立的搜索引擎都无法单独覆盖。而建立在搜索引擎之上的搜索引擎，通常称为元搜索引擎，由于它可以调用其他搜索引擎，从而在一定程度上能够满足更多、更快地获得网络信息的要求。

当向一个元搜索引擎发出检索要求之后，该引擎会将检索要求迅速发送给其他独立的搜索引擎，并将它们反馈的结果集中显示。元搜索引擎具有同时查询多个数据库的优势，至于其本身是否拥有数据库则无关紧要。

元搜索引擎根据其工作方式，又可具体分为串行处理和并行处理两种。串行处理是将检索要求先发送给某一个搜索引擎，然后将其检索结果经处理后，传递给下一个搜索引擎，依次进行下去，直至最终将结果反馈给系统。串行处理的搜索引擎准确率高，但速度慢。并行处理则是将检索要求同时发送给所有要调用的搜索引擎。并行处理的搜索引擎速度快，但重复的内容较多。目前，较有影响的元搜索引擎有 Meta Crawler、Savvy Search、Search Spaniel 等。

4. 其他搜索引擎

搜索引擎按检索的内容，可以分为综合型搜索引擎和专题型搜索引擎。综合型搜索引擎不受主题范围和数据类型限制，可根据需要搜索几乎任何学科的信息。专题型搜索引擎的主题范围局限在某一领域，搜索精度会更高，如美国化学工业专业搜索引擎、中国电力搜索引擎等。搜索引擎按搜索的信息类型有图像搜索引擎、MP3 搜索引擎、软件搜索引擎、影视搜索引擎、动画搜索引擎、Flash 搜索引擎等。

四、常用搜索引擎简介

据中国互联网络信息中心（CNNIC）数据报道，在中国数以亿计的上网用户中，经常使用搜索引擎的人数高达 65%。目前网上搜索引擎种类繁多，其收录的范围及功能各有不同，人们出于不同的搜索目的使用不同的搜索引擎。这里主要介绍百度和 Google 搜索引擎的使用方法与技巧。

1．百度搜索引擎（http://www.baidu.com）

百度创立于 2000 年 1 月，是全球最大的中文搜索引擎。2000 年 1 月 1 日，公司创始人李彦宏携 120 万美元风险投资，从美国硅谷回国，在北京中关村创建了百度公司。创立之初，百度就将自己的目标定位于打造中国人自己的中文搜索引擎。2000 年 5 月，百度首次为门户网站——硅谷动力提供搜索技术服务，之后迅速占领中国搜索引擎市场，成为最主要的搜索技术提供商。2001 年 8 月，发布 Baidu.corn 搜索引擎 Beta 版，从后台服务转向独立提供搜索服务，并且在中国首创了竞价排名商业模式，2001 年 10 月 22 日正式发布 Baidu 搜索引擎。2005 年 8 月 5 日，百度在美国纳斯达克上市，成为 2005 年全球资本市场上最为引人注目的上市公司，百度由此进入一个崭新的发展阶段。

中国所有提供搜索引擎的门户网站中，超过 80% 以上都由百度提供搜索引擎技术支持，如新浪、搜狐、Chinaren、腾讯、263、21cn、上海热线、新华网、北方时空等。百度搜索引擎拥有目前世界上最大的中文搜索引擎，总量超过 3．5 亿页以上，并且还在快速增长。百度搜索引擎具有高准确性、高查全率、更新快以及服务稳定的特点，能够帮助用户快速地在浩如烟海的互联网信息中找到需要的信息。百度主页面如图 5－1 所示。

图 5－1　百度主页面

（1）主要搜索功能

百度主要提供网页搜索、新闻搜索、MP3 搜索、地图搜索、图片搜索、地区搜索等搜索功能，百度可提供硬盘搜索功能，此外百度还推出了针对手机用户的 Pad 搜索功能和 Wap 搜索功能，后者可进行中文网页搜索，为世界首创。

（2）基本搜索方法

百度目前主要提供中文［简/繁体，支持主流的中文编码标准，包括 GBK（汉字内码扩展规范）、GB 2312（简体）、BIG 5（繁体），并且能够在不同的编码之间转换］网页搜索服务，搜索方法非常简单，只需要在搜索框内输入需要查询的内容，按“回车”键，或者单击搜索框右侧的“百度搜索”图标，就可以得到最符合查询需求的网页内容。如无限定，默认以关键词精确匹配方式搜索。输入多个词语搜索（不同字词之间用一个空格隔开），可以获得更精确的搜索结果。

（3）检索结果

检索结果标示丰富的网页属性（如标题、网址、时间、大小、编码、摘要等），并突出用户的查询串，便于用户判断是否阅读原文。百度搜索支持二次检索（又称渐进检索）。可在上次检索结果中继续检索，逐步缩小查找范围，直至达到最小、最准确的结果集。利于用户更加方便地在海量信息中找到自己真正感兴趣的内容。另外百度搜索英文不区分大小写。

（4）检索技术

1）布尔逻辑检索。

百度支持常用的基本检索技术，可以采用逻辑运算符来扩大和缩小搜索范围。

①“逻辑与”运算符为空格或“ + ”。百度查询时不需要使用“AND”，只要空格或“ + ”就可。因为百度会把关键词之间的空格或“ + ”自动识别为“AND”，提供符合全部查询条件的网页。如果想逐步缩小搜索范围，只需输入“逻辑与”运算符空格或“ + ”。

例如，想了解庐山度假信息，只需在搜索框中输入：“庐山　度假”，或“庐山 + 度假”。

提示：虽然搜索引擎可以自动将不同的词语拆分后搜索，但是我们最好在不同词语之间输入空格，尤其是在查询词比较复杂时，这样得到的结果会更加全面。

②“逻辑非”运算符为“ - ”，减号前必须留一空格，语法是“A　- B”，表示如果用户想除去包含特定关键词的网页。例如，想搜索有关武侠小说《神雕侠侣》方面的内容而不希望出现关于其电视剧方面的网页，可将检索式定为：神雕侠侣　- 电视剧。注意前一个关键词和减号之间必须有空格，减号和后一个关键词之间无空格，否则减号会被当成连字符处理，而失去减号语法功能。

③“逻辑或”运算符为“ | ”。用于扩大检索范围。

2）高级搜索语法。

① intitle——关键词在网页标题中。网页标题通常是对网页内容提纲挈领式的归纳。把查询内容范围限定在网页标题中，有时能获得良好的效果。使用的方式是把查询内容中特别关键的部分，用“intitle:”引起来。例如，找圆明园的历史，检索式为：历史 intitle：圆明园。注意“intitle”：和后面的关键词之间不要有空格。

② filetype——对搜索对象做格式限制。使用方法是在“filetype:”后跟文件格式。“filetyPe:”可以跟以下文件格式：DOC、XLS、PPT、PDF、TXT、RTF、ALL，其中，ALL 表示搜索所有这些文件类型。例如，想搜索含有关键词“霍金”“黑洞”的 PDF 文档，检索式为：霍金黑洞 filetype：PDF。

③ site——限定搜索目标范围。如果用户已经知道某个站点中有自己需要找的东西，可以把搜索范围限定在这个站点中，提高查询效率。使用的方式是在查询内容的后面，加上“site：站点域名”。例如，输入检索式：MP3 播放器 site：samsung. com. cn，搜索结果为在 www. samsung. com. cn 这个网站上含有关键字“MP3 播放器”的网页。注意“site:”后面跟的站点域名，不要带“http：// www”；另外，“site:”和站点名之间不要带空格。

3）其他检索技术。

① 书名号——精确匹配。书名号是百度独有的一个特殊查询语法。在其他搜索引擎中，书名号会被忽略，而在百度，中文书名号是可被查询的。加上书名号的查询词，有两层特殊功能，一是书名号会出现在搜索结果中；二是被书名号扩起来的内容，不会被拆分。很多文艺作品的名字出现在网页里的时候都会加上书名号，比如 MP3、Flash、歌剧、戏曲、电影、相声等都是这样。这类作品的名字一般都很普通，像话剧《雷雨》《日出》，电影《英雄》《绿茶》，如果不用书名号，直接用作品名字当作关键词的话，那么搜索到的无效结果将会是大部分。例如，搜索“英雄”就会搜索出来英雄钢笔，搜索“绿茶”就会有绿茶的种植方法，等等，这个时候用书名号搜索就会有让人惊喜的效果了。

② 双引号——精确匹配。例如，想搜索含有“河北省清苑县冉庄地道战”字样的网页，就要将上述 11 字加以双引号，这样搜索出来的结果就是精确含有“河北省清苑县冉庄地道战”这 11 个连续字串的网页。

（5）特色功能

百度提供了多种检索的特色功能，用户不仅可以通过关键词搜索所需的内容，还可享受百度快照、相关搜索、拼音提示、错别字提示等特色功能。另外百度还提供了英汉互译词典、计算器和度量衡转换、专业文档搜索、股票、列车时刻表和飞机航班查询、天气查询、地区搜索和个性设置等特色搜索，单击百度页面上的“更多”按钮，即可进入百度的各种专题搜索，如图 5 -2 所示。

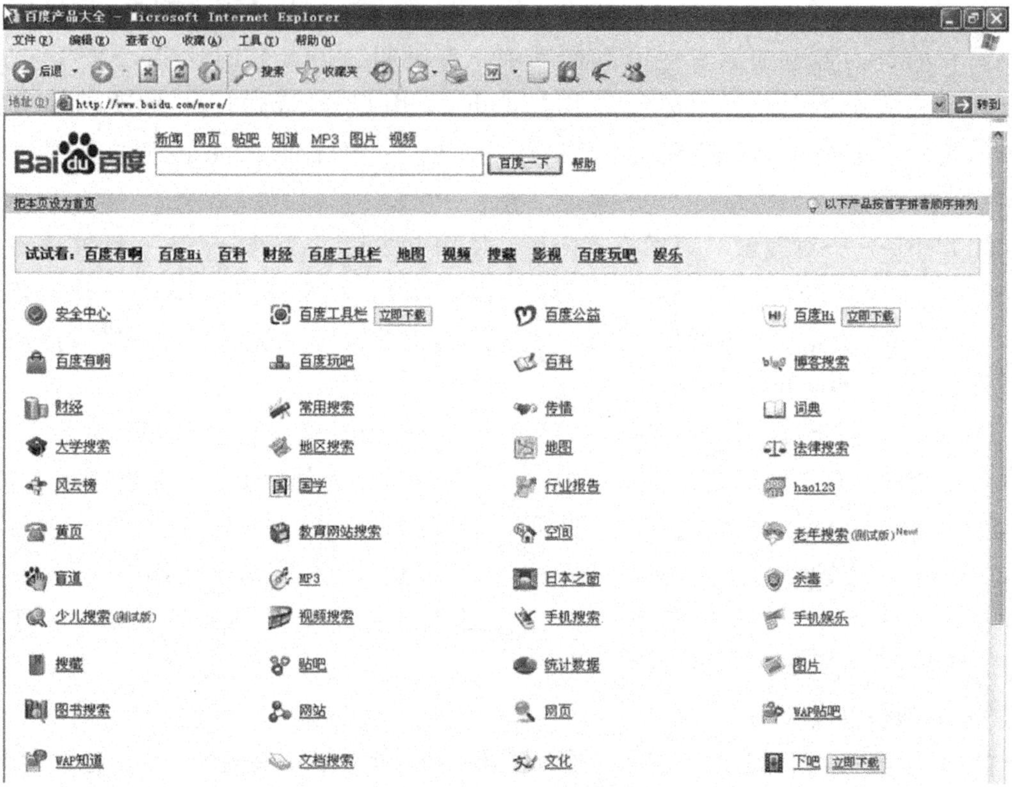

图 5 -2　百度的专题搜索页面

“百度快照”是百度网页搜索最具特色的功能之一。“百度快照”解决了上网访问经常遇到死链接的问题，当浏览网站时出现“该页无法显示”时，可以通过“快照”快速浏览页面内容。因为百度已事先预览各个网站，拍下了网页的快照并保存在百度的服务器上，通过“百度快照”查找资料要比常规链接的速度快，而且所用的关键词均已用不同颜色在网页中标明，使人一目了然。不过，百度只保留文本内容，那些图片、音乐等非文本信息，快照页面还须从原网页调用。

“百度国学”是百度 2006 年推出的频道（http://guoxue.baidu.com），“百度国学”搜索是百度与国学公司合作推出的针对中国传统文化方面的专业搜索，提供了丰富的古典名著、历史资料、人名书名等，目前，“百度国学”资源囊括 10 多万网页，140 000 000多文字，收录大部分上起先秦、下至清末 2000 多年的以汉字为载体的历代典籍，内容涉及经、史、子、集各部（见图 5 -3）。它极有利于人们查找有关古籍资料，人们不仅能够查到古籍图书，也能查找到古代著名文人相关作品，同时，也能以“关键词”查找到所有与此相关的资料。

图 5-3　百度国学页面

“地图搜索”。通过地图搜索，可以找到指定的城市、城区、街道、建筑物等所在的地理位置，也可以找到附近的所有餐馆、学校、银行、公园，等等。还提供了路线查询功能，如果想去某个地点，地图搜索会提示您如何换乘公交车，如果想自己驾车去，地图搜索同样会推荐最佳路线。

“百度知道”（http://zhidao.baidu.com）是百度 2005 年推出的一个互动式知识问答分享平台，人们完全可以根据自己的具体需求有针对性地提出问题，通过“百度知道”这个平台，总会有热心的网友回答你的问题，“百度知道”可以看作是对搜索引擎功能的一种补充。

2. Google 搜索引擎（http://www.google.com）

Google 是目前最优秀的搜索引擎之一，中文名称“谷歌”。它能够提供网站、图像等多种资源的查询，其收录了 80 多亿个网址，这在同类搜索引擎中是首屈一指的。

Google 是由两位斯坦福大学的博士生拉里·佩奇（Larry Page）和谢尔盖·布林（Sergey Brin）于 1998 年创立的，目前被公认为世界上最大的搜索引擎。Google 的核心是 PageRank（网页级别）技术，它的出现打破了传统的网络分类概念，并引发了搜索引擎技术上的革命。网页级别可以对网页的重要性进行客观的分析，它利用了互联网的活跃性及其链接结构，其用于计算网页级别的公式包含有 5 亿个变量和 20 多亿个项。当网页 A 链接到网页 B 的时候，Google 就认为“网页 A 投了网页 B 一票”。Google 根据网页的得票数评定其重要性。除了考虑网页的得票数，Google 还要分析网页的质量。Google 就是根据网页的重要性和质量，来评定网页的级别。Google 在排列其搜索结果时，都会考虑到网页的级别。因此，Google 将网页级别与完善的文本匹配技术结合在一起，就可以找到最重要、最有用的网页。

Google 收录范围广、内容多、功能强大、查询方便、快捷，受到众多用户的青睐。人们可以用一百多种不同的语言来搜索信息、查看新闻标题，可搜索超过十亿幅的图片，同时，Google 还提供了包括购物搜索、在线答疑、书目搜索等多种搜索服务，以及各种特殊的功能如计算器、中英文字典、错别字改正等，是为数不多的功能齐全的搜索引擎。

Google 首页如图 5－4 所示。

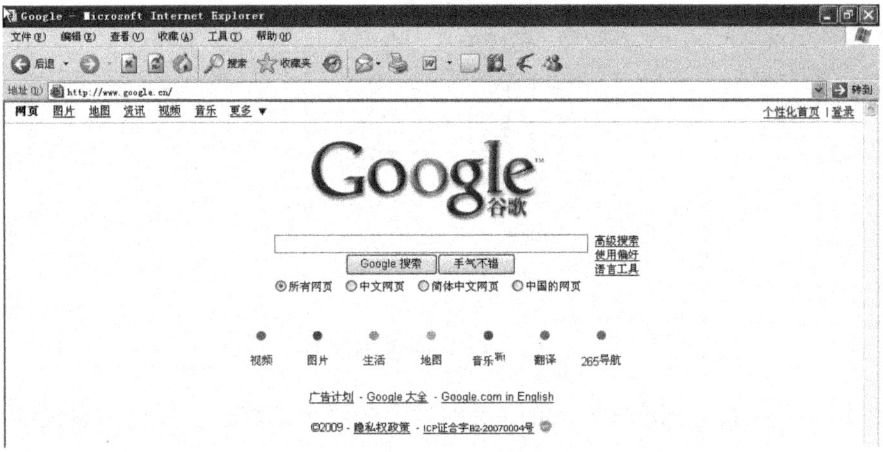

图 5－4　Google 主页

（1）一般检索方法

Google 搜索引擎界面简洁、简单易用，一般懂得利用搜索引擎来查找资料的人都会用，但效率却因每个人掌握 Google 搜索技巧的不同而不同。

1）关键词检索。

Google 的关键词检索分基本检索和高级检索，高级检索界面如图 5－5 所示。

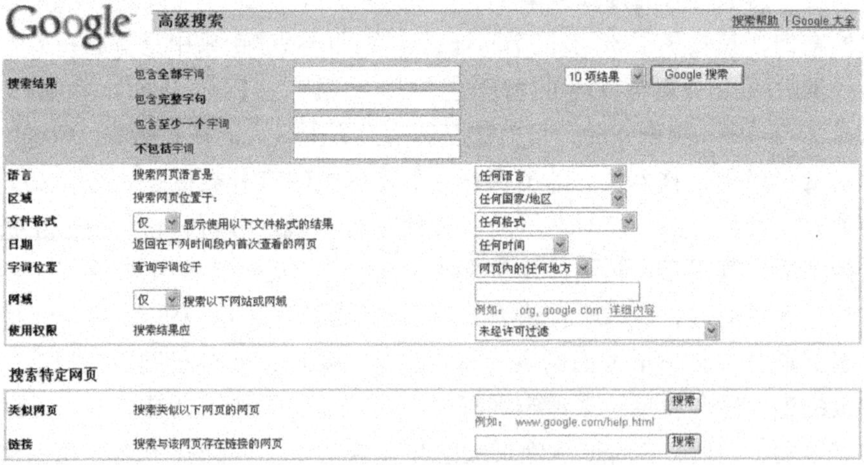

图 5－5　Google 高级检索界面

不论是基本检索还是高级检索，Google 搜索时采用的均是关键词检索，因此关键词的选取在信息搜索中的作用尤为重要。成功的搜索由两部分组成：正确的搜索关键词、有用的搜索结果。一般来说，一次成功的搜索需要经过多次的搜索才行，尤其是在对搜索内容不熟悉的情况下，即使是搜索专家也不能保证第一次搜索就能找到想要的内容。要想获得符合自己的要求，达到事半功倍的效果，必须正确选取关键词并进行相关的组合检索。

Google 的关键词可以是字、单词，也可以是短语、词组或句子。对于中文句子，Google 做了智能化处理，会自动把句子分割成词语作为关键词查询。对于采用关键词检索，要注意以下几点。

① 分析检索需求，正确选择关键词。

Google 的不同关键词的选择和使用，不但决定着检索结果排列不同，而且如果选词不准，也无法发挥 Google 强大的检索功能，影响检索效率。

由于关键词是没有经过严格规范化处理的自然语言，所以选用关键词时，要选择专指度较高的词作为关键词，尽可能考虑如学科名、人物名、事物名、机构名等词，同时需要尽可能扩大与检索要求相关的同义词、近义词等。

② 使用多个关键词组合搜索。

通过多个关键词搜索可以提高准确度，正确使用 Google 的逻辑组配符。"逻辑与"可用空格来实现，如搜索有关"上海磁悬浮列车"的网页，输入：上海磁悬浮，如果想要输入多个关键词，只要在关键词中间留空格就行了，Google 会自动使用"and"进行查询。"逻辑或"用大写的"OR"表示，且必须用大写；逻辑非则用减号"-"表示，用法同百度。

③ 用整个短语或句子做关键词。

Google 的关键词可以是单词（中间没有空格），也可以是短语（中间有空格）或句子，但用短语或句子做关键词时，最好加上英文引号，否则空格会被当作"与"操作符。比如搜索"超临界流体"，输入：超临界流体，则搜索的结果就会是含有其中任何一个词的网页，因为系统对中文采用了智能化自动分词技术，如果想搜索词组，最好在词组上加引号，即输入："超临界流体"。

④ 用汉语拼音直接输入。

为了方便使用中文的用户在网上搜索，Google 允许用户直接在键盘上输入汉语拼音来检索相关事物，例如，输入：shanghaishikebiao，检索结果会提示："您是不是要找：上海时刻表"，Google 的这项功能使人们省去了中英文输入法的互相转换，在英文状态下需要输入中文字时，只要直接输入拼音即可，注意不要留空格，否则 Google 会误认为是英文。

2）分类检索。

Google 不仅可以用关键词检索，还可以用分类检索。Google 的分类目录依据"Open

Directory”，经由全球各地的义务编辑人员精心挑选，再由 Google 著名的“网页级别”技术分析，按网页的重要性先后排列。

在 Google 首页中选择“网页目录”（Directory），即可进入 Google 分类目录检索界面。

当搜索结果太多需要缩小检索范围时，可使用网页目录的方法将搜索范围缩小至指定的范围之内。Google 网页目录是依网页主题归类，分为科学（Science）、计算机（Computer）、新闻（News）、游戏（Games）、购物（Shopping）、体育（Sports）等大类，每个大类又细分为若干小类。该目录里目前收录了来自 150 万个以上网站的网页。用户可按相关类目进行检索。例如，在 Google 目录的新闻—报纸类目中，可查看《人民日报》《光明日报》《法制报》等。

（2）Google 的功能

如果想更迅速、更贴切地找到需要的信息，还需要了解 Google 更多的功能：对搜索的网站进行限制、查询某一类文件、搜索的关键字包含在 URL 链接中、搜索的关键字包含在网页标题中、搜索所有链接到某个 URL 地址的网页、查找与某个页面结构内容相似的页面，等等。除此之外，还有一些特殊的专业搜索，如图片搜索、地图搜索、股票查询等。

1）网站限制查询。

限制网站类型查询可以使搜索更准确，通常学术类资料在 edu、org 中会更精练，而与政府相关的信息在 gov 中也许更容易找到。因此，可用“site”将搜索结果局限于某个具体网站，其语法格式为：site：网址　关键词，或关键词　Site：网址。

也就是说，关键词既可以在“site:”前，也可以在“site:”后，搜索结果是相同的，但关键词和“site:”之间必须有空格，而且网站域名不能有“http”以及“www”等前缀。例如，搜索教育网中关于杨振宁的信息，可输入：“杨振宁　site：edu. cn”，结果显示，在 edu. cn 搜索到的有关杨振宁的中文（简体）网页约有 41 000 余项；而未加限制，仅输入：杨振宁，则可查到 78 500 余项。

2）搜索特定文件。

如果想在网上搜索有关的论文时，可采用文件类型限定搜索，通用的格式为：filetype：文件类型。因为国内外比较通用的格式是 PDF 格式，因此，搜索文章时用一个限定的语句，使搜索结果限制在 PDF 文件中。其语法为：filetype：PDF，如查询有关“文献检索”的论文，输入：filetype：PDF 信息检索，搜索出的结果全部是与“信息检索”有关的 PDF 文献。如果只想查找一般网页，而不要 PDF 文件，只需在搜索关键词后加上 -filetype：PDF。

3）仅在网页标题中搜索。

把网页标题内容中的某个字符作为搜索条件，可采用语句 intitle。网页标题通常是对网页内容提纲挈领式的归纳。把查询内容范围限定在网页标题中，有时能获得良好的效果。因此，只在网页标题内查询，通常可以找到高相关率的专题网页。例如，查找抗

“非典”的科技前沿信息，可输入：“intitle：SARS”或“intitle：非典”。注意，“intitle：”和后面的关键词之间，不要有空格。

4）“网页快照”。

“网页快照”是指Google保存应急网页内容的功能。它的作用是：当所要检索的网页在实际上可能已经过时或者不存在了，而由于搜索引擎数据库的更新需要一定的时间，无法跟上那些更新速度快的网站，或是有时碰到网页服务器暂时中断而找不到服务器，这时快照内容便可暂解燃眉之急。此外，其速度也比常规链接快，但信息可能不是最新的。Google在访问网站时，会将访问过的网页复制一份网页快照，以备在找不到原来的网页时使用。单击“网页快照”的时候，用户可以看到Google将该网页编入搜索时的页面。在显示网页快照的时候，其顶部有一个标题，用来提醒用户这不是实际的网页。尚未编入索引的网站没有“网页快照”。另外，如果网站的所有者要求Google删除其快照，这些网页也没有“网页快照”。

5）“手气不错”。

使用“手气不错”进行检索表示用于搜索网页的时间较少而用于检查网页的时间较多。Google可以为常见的检索找出最准确的搜索结果，用“手气不错”按钮就能直接进入最符合搜索统计的网站。

6）“类似网页”。

如果用户对某一网站的内容感兴趣，但又觉得资料不够全面，单击“类似网页”，Google会帮你找到其他有类似资料的网站，这是Google特有的功能。单击“类似网页”的时候，Google侦察兵就会开始寻找与这一网页相关的网页。例如，如果用户在寻找某产品信息，Google侦察兵就会提供相关信息供用户比较。但是，网页越有个性，其类似网页就越少。

7）特殊专题搜索功能。

Google除了常用的网页、图片、新闻组检索以外，还推出了不少的特色专题搜索服务，包括大学搜索、学术搜索、在线答疑、卫星地图搜索，等等。

①“学术搜索”（http://scholar.google.com）。Google的学术搜索是一项免费服务，可以帮助用户快速查找学术资料，如专家评审文献、论文、书籍、预印本、摘要以及技术报告，信息来源包括万方数据资源系统、维普资讯、大学发表的学术期刊、公开的学术期刊、中国大学的论文以及网上可以搜索到的各类文章。

②“卫星地图搜索”（http://maps.google.com）。Google在2004年推出了卫星地图查询，用户通过它能够随意浏览人造卫星、飞机等拍摄的全球地形照片。如果输入住址等，可立即显示住址附近的卫星照片，还可以重叠显示屏幕上的道路数据，比普通地图直观得多。在搜索栏里输入一个地址如“武汉”，并单击“人造卫星（Satellite）”链接就可查看该地区，并可通过移动指针拉近所寻位置或浏览邻近的地域，再按“+”号或“-”号将该处地点放大或缩小，就可清楚地看见卫星从太空拍到的街道楼房瞰视图。

3. 常用中、外文搜索引擎

（1）中文搜索引擎

搜狐 http://www.sohu.com

网易 http://www.163.com

新浪 http://www.sina.com.cn

天网 http://www.tianwang.com

（2）西文搜索引擎

http://www.yahoo.com

http://www.infoseek.com

http://www.excite.com

http://www.lycos.com

http://www.altavista.com

五、搜索引擎检索技巧

一、分析检索的主题，明确检索目的和要求

即要确切了解查询的目的和要求，确定需要的信息类型（全文、摘要、名录等，文本、图像、声音）、查询方式（浏览、分类检索、关键词检索）、查询范围（所有网页、标题、新闻组文章、FTP、软件、中文、外文）、查询时间（所有年份、最近几年、最近几周、最近几天、当天）等。不同目的的检索应使用不同的查询策略，不同的查询策略会产生不同的检索结果。尽可能多地了解检索目标，不仅能帮助用户确定所需要的信息类型、查询方式、查询范围、查询时间及采用何种限制条件，而且能更好地理解查询结果，并准确地捕捉到它。

二、选择合适的网络检索工具

各种搜索引擎在查询范围、检索功能等方面各有千秋，不同目的的检索应选择不同的搜索引擎。选择合适的检索工具主要从工具的类型、收录范围、检索问题的类型、检索具体要求等方面综合考虑。下面提供一些有关检索的技巧。

1）一般来讲，如果用户希望获得关于某个问题的广泛性信息，那么最好使用像 Yahoo 这样的目录式搜索引擎；而要获得关于该问题的细节性信息，则要利用像 AltaVista 这样的关键词检索工具。

2）概念检索最好用 Excite，它使用户可在不知道如何使用确切的检索关键词时，获得有关信息。

3）用自然语言检索时，可用 Infoseek 和 Askjeeves。

4）检索图像、声音、视频文件，最好用 Lscos。

5）网络新闻组查询可用 DejaNews，用户可尽量快、尽量全面地获取新闻组及文章全文有关的中文信息查询。

6）中文信息查询，最好选用中文站点，如新浪、搜狐和网易等。

7）对于查找较为稀缺的或线索不明的信息，又可考虑使用多元搜索引擎。还应注意学术性信息检索工具与商业性信息检索工具的区别。

在进入新的检索前，最好先了解如何使用这些网络检索工具，尤其要了解该系统所特有的检索方式，它具有的检索功能（布尔逻辑检索、字段限制检索、截词检索、短语检索等），同时，还应掌握检索结果有几种表达方式，所使用的搜索引擎的缺省语法。不同的搜索引擎缺省的运算符不同，如 Excite 为“OR”；有的引擎不支持某些运算符，如 Yahoo 不支持 NOT。

三、抽取适当的关键词

应尽量选取专指词、特定概念或专业术语作关键词，避免普遍词和太泛指的词。像计算机、互联网、中国、世界等词，太多太泛，用作关键词，会反馈数以万计的检索结果，失去检索意义，这样的词被称为“禁用词”。对关键词的选择应满足以下几个方面。

1）使用名词或物体做关键词。

2）检索式中使用 2 个或 3 个关键词。

3）使用截词检索（可检索出词根相同的词或同一词的单复数形式），如：film * 。

4）通过 OR 连接同义词、近义词、相关词或同一术语的不同表达方式，如：Internet OR Web OR WWW。

5）对专有名词，如人名、地名、机构名，使用大写字母指定检索，如：United States。

6）对固定短语，用“”括起进行短语检索，如：“World Wide Web”，以提高检索的精度。

7）用括号将各个概念分开，如：（Internet OR Web）AND（search * OR retrieval * ）。

四、正确构造检索式

构造检索式时，要充分利用搜索工具支持的检索运算（网上一流的搜索引擎几乎都支持布尔逻辑检索）、允许使用的检索标识、各种限定，这是进行有效检索的基础。

许多搜索引擎都提供简单查询和高级查询，一般使用后者。如组合使用逻辑运算符 AND（+）、NOT（-）、双引号、日期与语种限定，可使检索结果控制在一定范围内。OR 可能是用处最小的，因为它检索出的信息太多，有许多网上服务器甚至不对带有这种运算符的请求进行加工，但当检索表达式有两种或两种以上的表达方式时，一般可用 OR。充分利用进阶检索，即某些工具提供的 Refine、Search within These Results 等功能，在前一次检索产生的结果基础上做进一步的检索。如可在“Refine”检索框内继续增补检索词或修改检索式，使检索范围缩小。

【例1】“information”与“retrieval”两个词，使用不同的检索技术会表示不同的检索需求，如表5-2所示。这一实例说明检索式不同，检索结果便会有很大差别。

表5-2　检索式与检索结果的比较

检　索　式	检索结果
information AND retrieval	同时含有两个词，但不一定在一起
“information retrieval”	比上述范围小，符合条件的只有information retrieval这一短语
information （N） retrieval	检索出information retrieval或retrieval information
information （3N） retrieval	检索出information retrieval、retrieval information或retrieval of the information等，information与retrieval两个词之间最多可插入三个词

五、及时调整检索策略

1. 扩大检索范围

当检索结果为零或检索结果太少时，就需要扩大检索范围。

1）使用同义词、近义词或相关词。也可以逐渐减少最不重要的概念词，或使用较普遍的词，或改用上位词。使用同义词或相关词，用布尔逻辑操作符OR连接关键词。

2）使用截断技术。可检索出以某几个字母开头的所有单词，某词的单复数形式、同根词。

3）利用某些搜索引擎的自动扩检功能进行相关检索。如某些搜索引擎在检索结果页面上有“More Like This”键、“更多结果”或“相关结果”键，在此可获得一些与检索式相关的推荐性网址，而这些站点可能是上述检索策略不能直接检索出来的结果，借此扩大与丰富检索范围。

4）使用多个搜索引擎。因为没有完全相同的搜索引擎，每一个搜索引擎都有自己的检索特色，都有自己的索引，都以不同的方式在网上搜寻网址，出现不同的检索结果丝毫不足为奇。从不同的搜索引擎的检索结果中，可以综合出最符合要求的答案。

5）使用多元搜索引擎。当用户已知检索词，但对独立搜索引擎不熟悉或想节省几个搜索引擎之间的转换时间，可选用多元搜索引擎做试探性的起始检索，了解网上是否有相关信息以及在哪里可找到这些信息，再利用独立搜索引擎进行更全面、深入的检索。

2. 缩小检索范围

检索时，如果得到的检索结果太多，且有许多不相关的信息，则需要缩小检索范围。

1）使用“逻辑与”。用布尔逻辑操作符AND（+）连接几个关键词或增加概念词。

2）使用“逻辑非”。用布尔逻辑操作符NOT（-）把不需要查找的关键词排除在检索结果之外。

3）使用位置算符。使用邻近操作符把检索范围缩小到网页的某个部分。

4）固定词组检索（短语检索）。

5）使用缩写与全称。若只用词组的缩写进行检索，会把那些和主题不相关的文献检索出来，产生误检，而使用全称则不会出现这一情况。

6）利用某些搜索引擎的进阶检索功能（Refine、Revise、Search again、二次检索），限制查询范围。搜索引擎提供的范围限制类型大体有：类目的分类范围、地域范围、时间范围、网站类型范围（Web、Telnet、FTP、Gopher 等）及其他特殊类型范围，如域名后缀（. com、. gov、. org）、文件类型（文本、图形、声音等）。不同的搜索引擎实现范围限制的方法不同，有些是通过在关键词前加特殊的符号，有些是通过下拉菜单实现的。

第 5 节　Internet 信息资源的浏览、复制和下载

一、Internet 信息资源的浏览

1. 解决乱码的方法

上网的人都知道，有时打开某个站点，内容却是乱码，有时收到一份电子邮件，里面也全是乱码，什么也看不出来。这是因为计算机不能直接处理汉字，计算机必须为每个汉字制定一个编码，用某个编码代表某个汉字。中国大陆使用 GB 编码，中国台湾、香港、澳门等地使用 BIG5 编码。为了解决这个问题，必须在计算机上安装能够识别多种汉字编码的软件，最常用的是 Rich Win（四通立方）、Union－Way（加盟）、NJStar（南极星）等。这些软件不仅能识别 GB 编码汉字和 BIG5 编码汉字，还能够识别日文和韩文。以 Rich Win 为例，它有一个选择菜单，如果浏览大陆网站，用鼠标选择“国标码 GB”；浏览港台网站，选择“大五码 BIG5”；浏览日本网站，选择“日文（SJIS）”；浏览韩国网站，选择“韩文（KSC）”。上述软件能够支持多种语言，称为多语种支持平台。

2. 关闭图像与声音以加快访问速度

一些站点有图像、声音，对于大多数信息查询者来说，图像和声音不仅会花费相当多的数据流量，同时也影响了上网速度，为了节省上网时间和费用，可以关闭图像与声音。具体方法如下：打开阅读器→单击“工具”菜单→单击“Internet 选项”→单击“高级”标签→使“多媒体”下面的复选框全空→单击“确定”按钮。

3. 将经常访问的主页设置为默认主页

在经常访问某个站点时，为节省时间和方便起见，可以将该站点设置为默认主页，只要一打开阅读器，就会立即看到这个站点的主页。如希望将 http://www. wspc. edu. cn

作为默认主页，方法是：打开阅读器→单击“工具”菜单→单击“Internet 选项”→单击“常规”按钮→在“地址栏”里输入 http://www.wspc.edu.cn→单击“确定”按钮。

4. 制作收藏夹

上网“迷路”是常见现象，因为用户会常常不由自主地被其他链路吸引，等到再想回到最初的主题或突然想到某个重要的页面时，有时却找不到回来的路。为此，几乎所有的 Web 阅读器都提供了收藏夹或书签功能。制作收藏夹或书签的另一个好处是避免输入一长串的地址。其具体方法是：打开阅读器→输入网址→进入指定的主页→单击“收藏”菜单→单击“添加到收藏夹”，即可将当前网址添加到收藏夹中。

二、Internet 信息资源的下载

文件下载大致有以下三种方法。

1. 在万维网阅读器中单击网页上的超链接

对于习惯使用 WWW 阅读器的人来说，这可能是最容易掌握的方法。只要按照网页上的提示，单击超级链接就可以了。系统会弹出文件下载界面，选择“将该程序保存到磁盘”或“保存”，然后选定保存文件的目录，按“保存”按钮即可。

【例 2】通过 WWW 阅读器下载“Photoshop7.0”图片处理软件。

① 利用搜索引擎（如 Google 或 Yahoo!）检索可以下载该软件的网站，如图 5－6 所示。

② 在搜索结果中选出下载 Photoshop7.0 的网站，如图 5－7 所示，选择结果中的第一个网站。

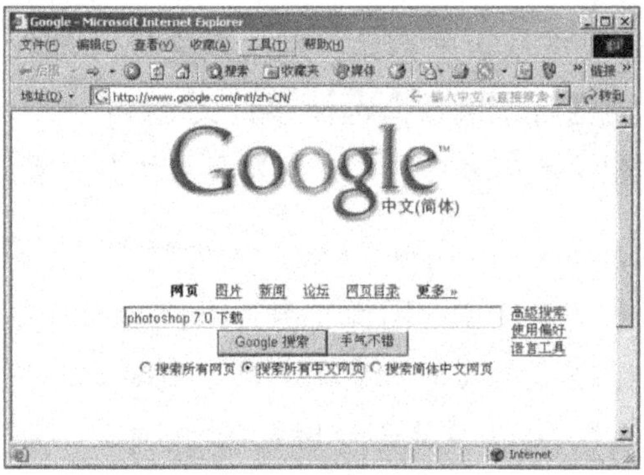

图 5－6　利用 Google 搜索 Photoshop7.0 界面

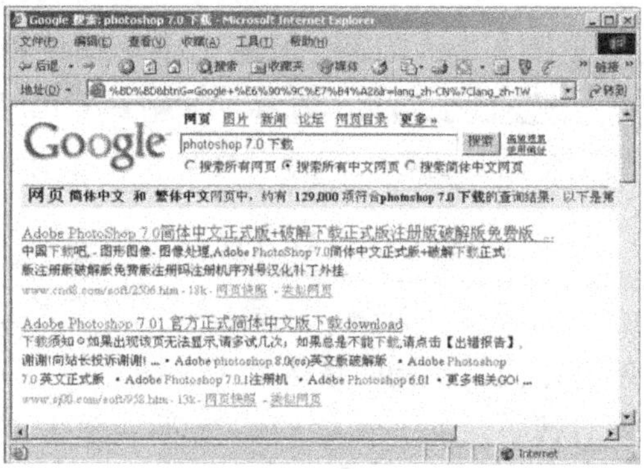

图 5－7　搜索结果显示界面

③ 单击网站的超级链接，进入该网站，它会显示该软件的一些简要信息，如图 5－8所示。

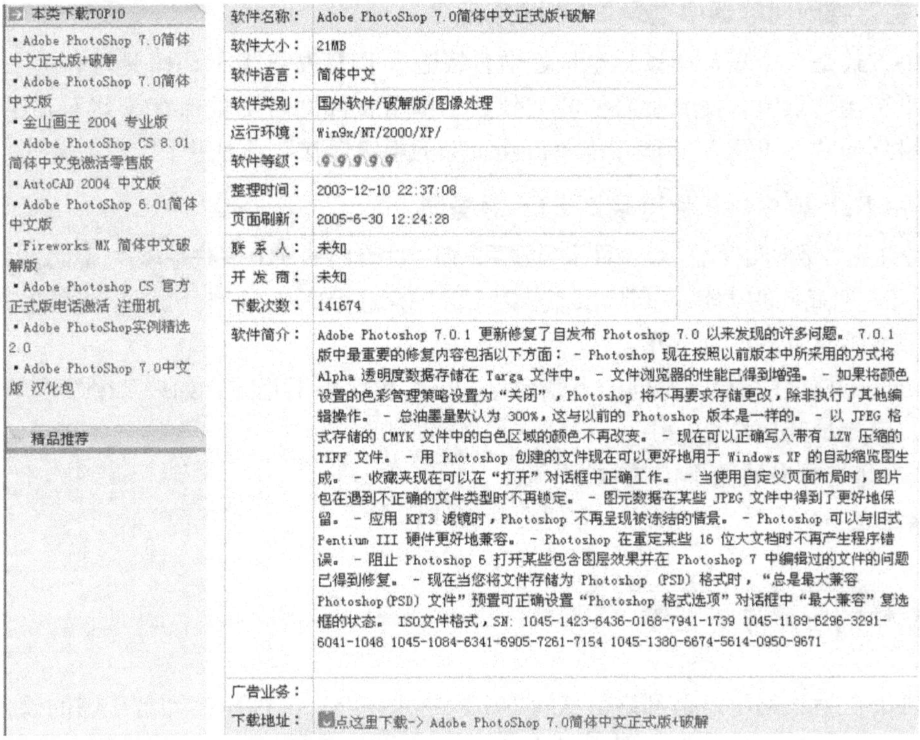

图5-8　Photoshop7.0简要介绍界面

④ 单击网页中的“下载地址”超级链接，会出现一个提示框，如图5-9所示。选择“打开”，表示在当前位置将该软件打开；选择“保存”，则表示将该软件下载保存到本地计算机中。此处选择“保存”。

⑤ 选择保存该软件的路径，如图5-10所示，将该软件保存到D:\路径下，然后单击“保存”即可。

至此该软件下载完成，如要安装，只需在计算机中找到保存软件的位置（D:\），双击下载的文件，即可进行安装。

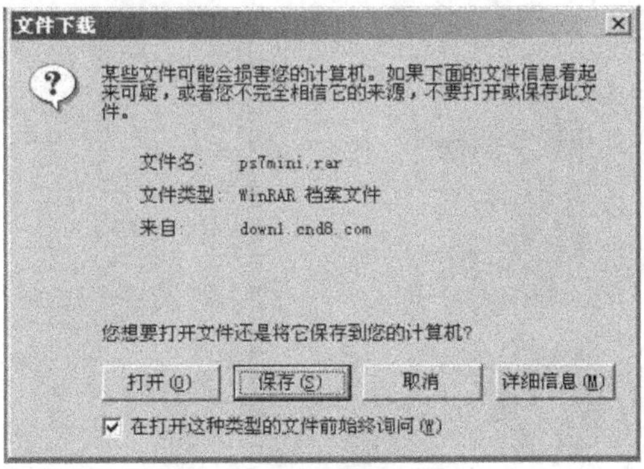

图5-9　选择保存界面

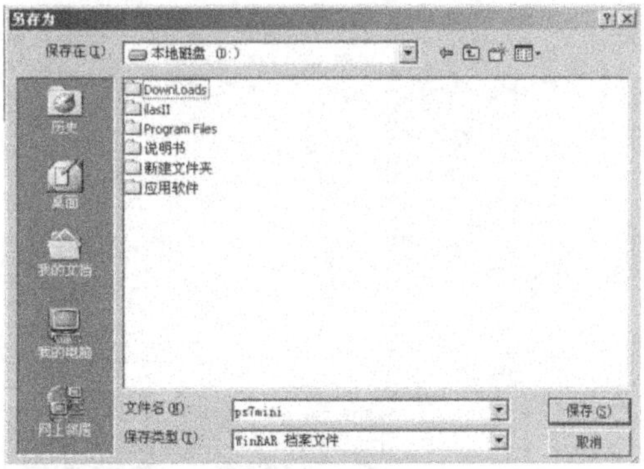

图5-10　选择文件保存路径界面

2. 在万维网阅读器中登录 FTP 服务器

这种方式是在 WWW 阅读器地址栏中直接输入 FTP 服务器的 URL 地址，进入该服务器的树形结构目录中。找到所需要的文件后，单击文件即可下载保存，其下载保存方法与上面讲到的“在 WWW 阅读器中单击网页上的超级链接”方法一样。

3. 用 FTP 客户端软件登录到 FTP 服务器

尽管使用万维网阅读器下载文件十分方便，但一些专门的 FTP 客户端软件仍然受用户喜爱，因为它们有一些特殊的功能，如继续传输、对 FTP 站点进行管理、组织下载文件的结构等。

下载文件时可考虑以下几点技巧。

1）同一文件往往会有不同的下载地点，繁忙程度也不相同，如果某个站点的传输速度较慢，应转试其他站点。

2）尽量选择在线路不忙的时候下载。

3）建立一个下载文件目录，方便文件管理。

三、文件的压缩与解压缩

文件的压缩和解压缩是网络信息检索中的常用技巧。文件压缩和解压缩的软件很多，而使用最普遍、最方便的压缩软件应是 WinRAR。WinRAR 软件的安装非常简单，双击 WinRAR 自解压文件，按界面提示操作即可完成软件的安装。WinRAR 的功能较多，这里只简单介绍文件压缩和解压缩的方法。

1. 文件压缩

【例 3】压缩 c: \ down 文件夹。

① 找到 c: \ down 文件后，右击该文件，出现如图 5 - 11 所示的界面。

② 在菜单中选取“add to down. rar”或“添加到（I）down. rar”项。

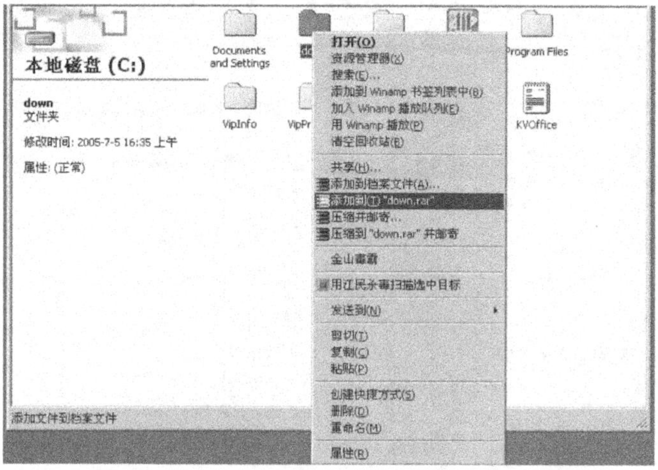

图 5 - 11　选择“添加到（I）down. rar”界面

③ 计算机自动压缩完成后，压缩文件与被压缩文件存放在同一文件夹下。

2. 文件解压缩

【例 4】压缩文件“down. rar”的解压缩。

① 右击需解压的文件 down. rar，出现如图 5－12 所示的界面。

② 在菜单中选取“释放文件（A）…”。

③ 在弹出的对话框中选择浏览文件释放后保存的路径，如图 5－13 所示。

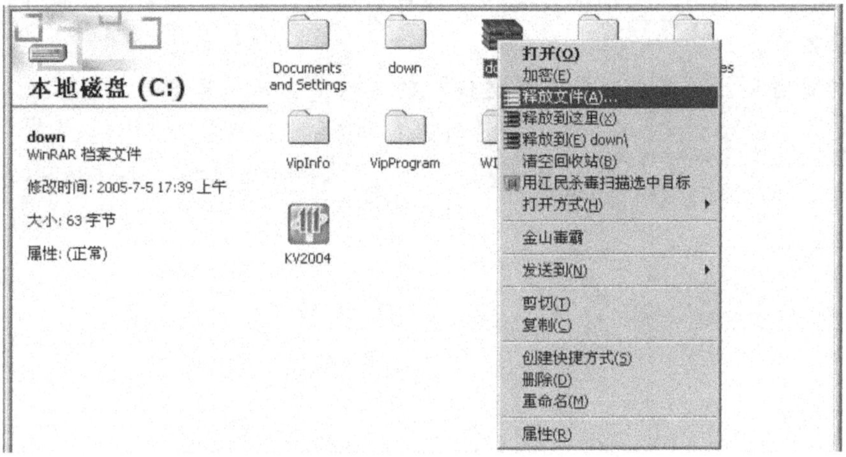

图 5－12　选取“释放文件（A）…”界面

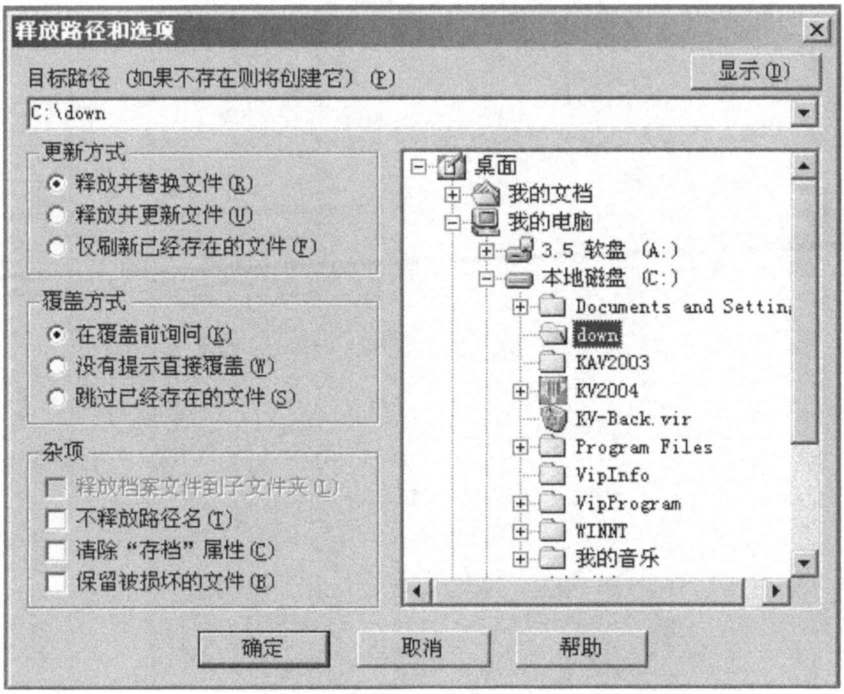

图 5－13　选择解压后文件保存的路径界面

④ 确定存放文件的路径并按“确定”按钮，计算机自动完成解压缩过程，解压缩后的文件存放在用户选定的路径下。

课后习题

（1）简述搜索引擎的基本类型及其特点。

（2）在网上检索四川“九寨沟”的有关概况，并写出检索步骤和检索式。

（3）在网上检索有关“船舶原理”方面最新的图书书名、作者、出版社，并写出检索步骤和检索式。

（4）你能在网上检索到有关“吴运铎”的文献资料吗？简述操作过程。

第 6 章 特种信息资源及其利用

人们通常把书刊之外的出版物称作特种文献。特种文献包括专利文献、标准文献、学位论文、会议文献和科技报告等。它们的出版周期不固定，内容不同于书籍和期刊，有的不公开出版（如学位论文）。特种文献属于一次信息，具有较高的学术价值，但同时又存在检索难、索取原始文献难等情况。随着因特网的出现，现在很多特种文献都可以通过网络来进行检索，极大地方便了人们对这类文献的利用。本书的特种信息指的就是特种文献。

第 1 节 专利数据库及全文服务

一、专利的基本概念

1. 专利权

专利一词经常出现在我们的日常生活中，通常有以下三种不同的含义。

(1) 指专利权

从法律角度来说，专利通常指的是专利权。专利权，是指专利权人在法律规定的期限内，对其发明创造享有的独占权。专利权需申请人按照法律规定的手续进行申请，并经专利审批部门审批后获得。

(2) 指取得专利权的发明创造

如“这是一项关于节水龙头方面的专利”，这句话中的“专利”就是指被授予专利权的技术。

(3) 指专利文献

专利文献是指各个国家专利局出版发行的专利公报和专利说明书以及有关部门出版的专利文献，记载着发明的详细内容和受法律保护的技术范围的法律文件。我们所说的“检索专利”是指查阅专利文献。

2. 专利权的特点

专利权作为一种无形财产权，与有形财产权相比，具有专有性、地域性和时间性三大特点。

（1）专有性

发明创造的专利权是唯一、垄断、排他的。

（2）地域性

各国专利法是独立的，因此专利权只是在批准国管辖的境内有效，对其他国家不发生法律效力。因此，一项发明若要在许多国家或地区得到法律保护，必须分别在这些国家或地区申请专利。地域性的特点使专利的保护有了国际专利合作条约（PCT）、优先权、边境保护等制度。

（3）时效性

时效性是指专利权具有一定的期限。各国专利法对专利权的有效保护期限都有自己的规定，计算保护期限的起始时间也各不相同。我国《专利法》第四十二条规定："发明专利权的期限为 20 年，实用新型专利权和外观设计专利权的期限为 10 年，均自申请日起计算。专利权超过法定期限或因故提前失效，任何人可自由使用。"

3. 专利的类型

我国的专利类型如下。

（1）发明专利

发明专利是指对产品、方法或者其改进所提出的新的技术方案。发明是指利用自然规律对某一特定问题提出的技术解决方案。

（2）实用新型专利

实用新型专利是指对产品的形状、构造或者其结合所提出的适于实用的新的技术方案。实用新型专利保护的范围较窄，它只保护有一定形状或结构的新产品，不保护方法及没有固定形状的物质。实用新型的技术方案更注重实用性，其技术水平较发明而言，要低一些，多数国家实用新型专利保护的都是比较简单的、改进性的技术发明，可以称为"小发明"。

（3）外观设计专利

外观设计专利是指对产品的形状、图案或者其结合，以及色彩与形状、图案的结合所做出的富有美感并适于工业应用的新设计（如手机造型、计算机机箱造型等）。

外观设计专利实质上是保护美术思想的，而发明专利和实用新型专利保护的是技术思想；虽然外观设计和实用新型与产品的形状有关，但两者的目的却不相同，前者的目的在于使产品形状产生美感，而后者的目的在于使具有形态的产品能够解决某一技术问题。

4. 专利文献的含义及种类

专利文献是专利制度的产物，是科学技术的宝库。它融技术、法律和经济信息于一体，是一种重要的科技文献。从广义上讲，专利文献是指实行专利制度的国家及国际组织在审批专利过程中产生的官方文件及其出版物的总称；从狭义上讲，专利文献主要是指专利说明书。我国从1985年9月开始出版以纸质为载体的3种专利公报、发明专利申请公开说明书、发明专利说明书及实用新型专利说明书，并相继出版了专利年度索引。1987年开始出版发行以缩微胶片为载体的公报和说明书的专利文献。1992年开始出版发行中国专利文献的CD—ROM光盘出版物，标志着我国专利文献的出版迈入电子化时代。目前出版社同时以纸质、缩微胶片、CD—ROM光盘三种载体向国内外发行中国专利公报、中国专利说明书等多种专利文献。

专利说明书是专利文献的主体，属于一次文献，由各国专利局直接出版。其主要作用有两个：一是公开技术信息；二是限定专利权的范围。任何专利信息用户在检索专利文献时，最终要获取的也是这种全文出版的专利文件。专利公报、专利题录、专利文摘、专利分类索引、专利年度累积索引及专利分类表等属于二次专利文献，是检索专利文献信息的工具。

5. 专利文献的特点

(1) 数量巨大，内容广博

专利文献数量巨大，全世界每年公布的专利说明书为100多万件，占世界每年400万件科技出版物的1/4，世界知识产权组织的统计数据表明，世界上每年发明创造的90%～95%能在专利文献中查到。专利文献内容涉及所有应用技术领域，从日常生活用品到复杂的高精尖技术，无所不包。从纽扣、扳手、雨伞、玩具到飞机、雷达、核反应堆、海洋波浪发电装置、宇宙服的压力平衡器、火箭点燃装置等。

(2) 内容新颖，报道迅速

专利文献的新颖性主要体现在两个方面：一是由于经济与技术领域内的激烈竞争，以及专利法中所遵循的先申请原则，促使各国的发明者都急于申请专利，以防同行抢先申请专利；二是世界上大多数实行专利制度的国家专利法都规定，申请专利的发明创造，必须具有新颖性。因此，经专利局实质审查批准出版的专利说明书，内容在当时来说是最新的，反映了当时最新的科学技术发明。

(3) 内容详尽、具体

各国专利法都有规定，专利说明书的撰写必须十分详尽。国际专利合作条约对撰写专利说明书做了明确的规定。其要求是：专利说明书可公开的发明内容务必完整、清楚，以同技术领域的内行人能实施为标准。因此，专利文献较之其他科技文献，在技术内容的叙述上往往更为具体、详尽。

(4) 格式规范、语言严谨

为便于国际交流，各国的专利说明书一般都采用国际统一的格式出版印刷，说明书中的著录项目都标以国际统一的识别代码，说明书的尺寸也基本相同，文字上力求简练、明确、严谨。

（5）大量重复报道

据统计，全世界每年大约出版 100 万件专利文献，只有1/3是新发明，其他2/3均为重复报道。其原因主要是专利的地域性限制和各国家专利所具有的独立性。一项发明若想在多个国家获得专利权，必须分别向这些国家提出申请，造成一项发明多国公布。另外，实行早期公开延迟审查的国家，对同一发明创造从申请到批准往往多次公布，也造成专利文献的大量重复。

二、国际专利分类法（IPC）

国际专利分类法（International Patent Classification，IPC），是目前世界上使用最广泛的一种专利分类系统，其中，较多的是除标注本国或专利文献出版物的专利分类号外，还加注 IPC 分类号。而一些国家，如中国、日本等则直接采用 IPC 进行标注。在世界各国每年出版的上百万份专利文献中，约有 800 份标注 IPC 至五级分类号，另约有 6 万份标注 IPC 至三级分类号，所以 IPC 是专利文献检索的重要工具。

目前已有 70 多个国家和国际上主要的专利文献出版物采用 IPC 对专利文献进行标注，中文第七版由中国国家知识产权局专利局编译，于 2001 年 1 月 1 日生效使用。

1. IPC 的等级结构

IPC 采用部、大类、小类、大组、小组五个等级来进行分类。

（1）部（Section）

IPC 共分 8 个部，每个部都有部名及部号，8 个部号分别用大写字母 A、B、C、D、E、F、G、H 表示，每个部又包含若干个分部，8 个部共包含 20 个分部。分部只有分部名而没有分部号，它只在分类表中作为情报性分类标题出现。

（2）大类（Class）

每个大类都有类名和类号，大类号由部类号加上两位阿拉伯数字所组成。

例如，A21 焙烤；食用面团、面包糕点制造。

（3）小类（Sub-Class）

每个小类都有类名和类号，小类号由大类号加上一个大写英文字母组成。

例如，A21B 面包焙烤炉；焙烤用机械或设备。

（4）大组（Group）

大组（又称为主组）号由小类号加上 1 ~ 3 位阿拉伯数字（必定是奇数），然后画一斜线“/”，再加上两个零组成。

例如，B60Q5/00 声响信号装置或配置。

（5）小组（Sub-Group）

小组（又称为分组）号是由小类号加上 1 ~ 3 位阿拉伯数字后加上一斜线“/”，斜线之后再加上 2 ~ 4 位阿拉伯数字（100 除外）所组成。

例如，A21B3/15 焙烤；焙烤台。

一个完整的 IPC 分类号应由部、大类、小类、大组、小组五个等级的符号依次组成，如图 6 - 1 所示。

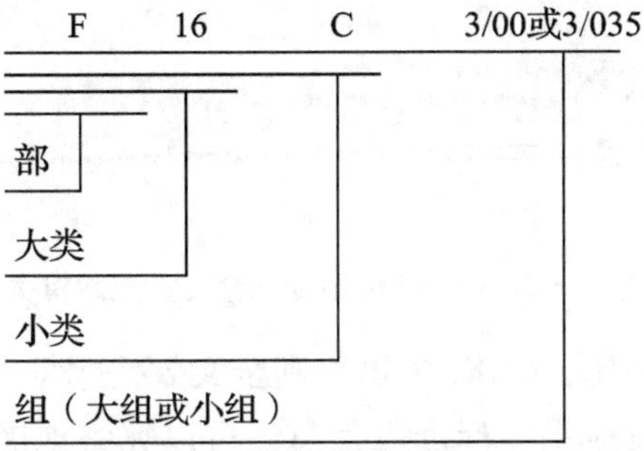

图 6 - 1　IPC 分类号示例

三、典型专利数据库

我国于 1985 年颁布实施了第一部专利法，截至 2007 年 4 月，由国家知识产权局（原中国专利局）所受理的专利总量已经超过了 400 万件。

按照《中华人民共和国专利法》和《中华人民共和国专利法实施细则》中的有关规定，我国专利分为发明专利、实用新型和外观设计三种类型。

专利文献有相对稳定的结构与编号系统，其中专利说明书一般由扉页、权利要求书、说明书及附图组成。专利号的编制则分为三个阶段，1985—1988 年为第一阶段，1989—2003 年为第二阶段，2003 年以后为第三阶段。第一阶段的专利号由八位数字构成，如 08104531，前两位数字表示申请年份，第 3 位数字表示申请的专利类型（1 代表发明，2 代表实用新型，3 代表外观设计）后 5 位数字是流水号，表示当年该类专利申请的顺序。1989 年后增加了计算机校验码（用一位数字或英文字母 X 表示），如 90204457. X。随着我国专利申请量的大幅提升，自 2003 年 7 月 1 日起，专利号的位数增加为 12 位（不包括计算机校验码），如 200410026023（年份用四位数字表示）。

国内主要的提供专利全文服务的数据库系统和网站如下。

1. CNKI 中国专利全文数据库

CNKI 中国专利全文数据库包含发明专利、实用新型专利、外观设计专利三个子库，较为全面地反映了中国最新的专利发明。专利相关的文献、成果等信息来源于 CNKI 各大数据库。可以通过申请号、申请日、公开号、公开日、专利名称、摘要、分类号、申请人、发明人、优先权等检索项进行检索，并一次性下载专利说明书全文。数据来源于国家知识产权局知识产权出版社。CNKI 中国专利全文数据库首页如图 6 - 2 所示。

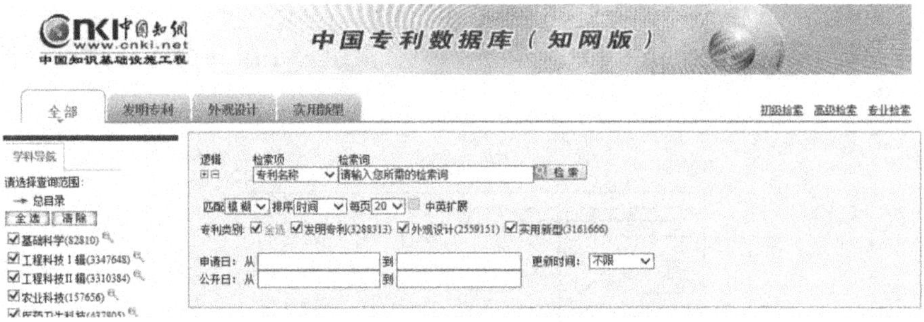

图 6－2　CNKI 中国专利全文数据库首页

与通常的专利数据库相比，CNKI 中国专利全文数据库每条专利的知网节集成了与该专利相关的最新文献、科技成果、标准等信息，可以完整地展现该专利产生的背景、最新发展动态、相关领域的发展趋势，可以浏览发明人与发明机构更多的论述以及在各种出版物上发表的文献。

CNKI 中国专利全文数据库按照专利种类分为发明专利、外观设计和实用新型三个类型，其中发明专利和实用新型采用国际专利分类法（IPC 分类）和 CNKI 168 学科分类，外观设计采用国际外观设计分类和 CNKI 168 学科分类。收录年限从 1985 年至今的中国专利。截至 2013 年 6 月，中国专利全文数据库共计收录专利 820 多万条。

【例 1】检索船舶伴流管的专利

① 输入 www. cnki. net，登录中国知网网站首页。

② 在中国知网首页“单库”选择“专利”，进入 CNKI 中国专利全文数据库。

③ 在默认检索页面，输入检索条件，如图 6－3 所示。

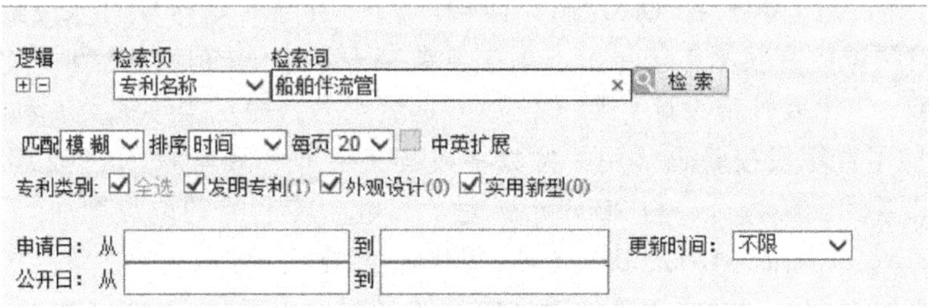

图 6－3　检索页面

④ 单击“检索”按钮，就可检索到 1 篇关于船舶伴流管的专利，如图 6－4 所示。

图 6－4　检索结果

2. 国家知识产权局

中华人民共和国知识产权局网站（http://www.sipo.gov.cn）是国家知识产权局建立的政府性官方网站，该网站提供多种与专利相关的信息服务，涉及有关专利申请、专利审查、专利保护、专利代理、PCT 介绍、集成电路布图设计、文献服务、图书期刊、专利信息产品、专利培训、专利知识与专利工作问题等方面，并建立了与知识产权相关政府网站、地方知识产权局网站、知识产权服务网站、国外知识产权网站、知识产权司法网站的链接，是用户通过 Internet 查找专利信息的重要途径。

中华人民共和国国家知识产权局的专利数据库可以检索 1985 年以来公布的全部中国专利信息，包括发明、实用新型和外观设计三种专利的著录项目及摘要，并可浏览到专利说明书的全文及外观设计图形。

该数据库高级检索提供了专利号、专利权人、专利名称、分类号等 16 个检索途径（见图 6-5），检索时可以根据具体情况和实际需要选择使用或组合使用，同时也可以选择专利的类型。检索的检索界面提供了比较详尽的使用说明，另外在鼠标接近各检索项时会自动出现简要说明和检索示例，即使对检索方式不十分熟悉，也能够很容易地仿照示例开始检索。

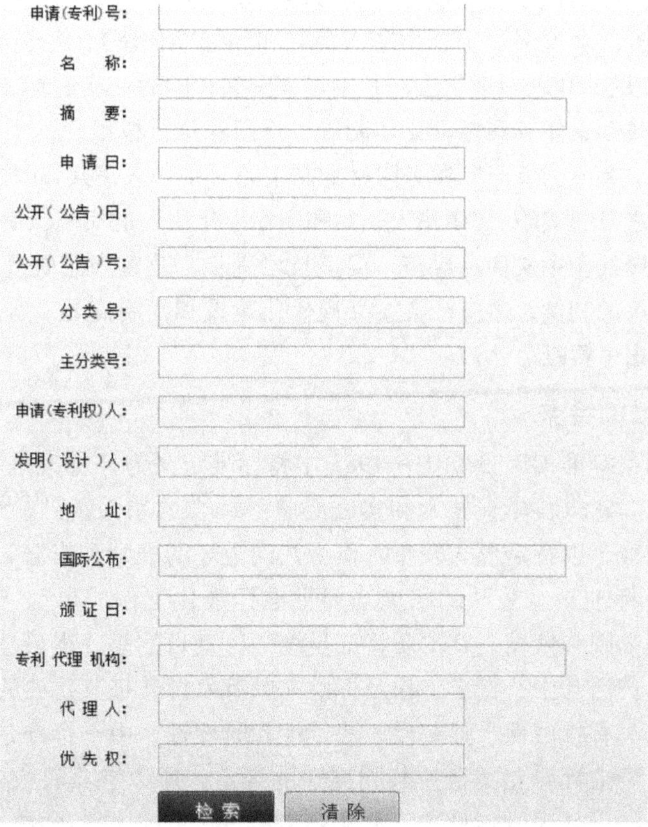

图 6-5　检索途径

第 2 节 标准数据库及全文服务

一、标准概述

标准是特种文献之一，现存最早的标准文献是公元前1500年古埃及纸莎草纸的文献，其中抄录了处方标准及计量方法。现代标准文献最早起源于英国工业革命。1901年英国成立了世界上第一个国家标准组织“英国标准学会”，同年世界上第一批现代标准文献问世。此后，美国、德国、法国、日本等国家相继建立了全国性标准化机构，并出版了各自的标准文献。中国最早的标准可以追溯到公元前2700年黄帝建立的度量制。秦始皇时第一次统一了全国的度量衡。但是在旧中国，由于经济技术的落后，一直没有自己的技术标准，而是采用外国标准。1957年国家科委内设立了标准局，1958年首次颁布了128个国家标准。1962年国务院颁布了《工农业产品和工程建设技术标准管理办法》，作为中国标准化的重要文件，是标准化工作的政策依据。1978年国家标准总局成立，1979年颁布了《中华人民共和国标准管理条例》。1988年12月29日中华人民共和国第七届全国人民代表大会常务委员会第五次会议通过了《中华人民共和国标准化法》，并于1989年4月1日起开始实施。《中华人民共和国标准化法》是中华人民共和国的一项重要法律，规定了我国标准化工作的方针、政策、任务和标准化体制等，是国家推行标准化，实施标准化管理和监督的重要依据。1990年4月6日年国务院批准制定的《中华人民共和国标准化法实施条例》发布，条例自发布之日起实施。《中华人民共和国标准化法》的实施，使我国的标准化工作走上正轨，并为发展社会主义商品经济，促进技术进步，改善产品质量，提高社会经济效益，维护国家和人民的利益，适应社会主义现代化建设和发展需要，解决经济体制和政治体制深入改革等做出了贡献。

1. 标准及标准的特点

我国公布的国家标准 GB 3935. 1— 1983 中将标准定义为“标准是对重复性事物和概念所做的统一规定，它以科学、技术和实践经验的综合成果为基础，经有关方面协商一致，由主管机构批准，以特定形式发布，作为共同遵守的准则和依据”。国际标准化组织对标准的定义为“标准是经公认的权威当局批准标准化工作成果”。标准作为科技、生产活动共同遵守的准则和依据，其本质特征是统一，其目的是获得最佳秩序和社会效益。在我们的科技、生产活动中，标准工作及标准文献都发挥着极其重要的作用。

标准的特点是具有权威性、强制性、法律性和时效性。由于标准是由主管机构批准，以特定形式发布，要求社会相关行业共同遵守的规定，所以它具有权威性。标准要求相关行业共同遵守，特别是强制性标准，必须遵守，是它的强制性的体现。标准具有法律性，以标准作为衡量产品和生产活动的尺度和依据，以法律的手段保证标准推行，保障生产质量和社会秩序，体现出标准的法律性。标准具有时效性，是由于科技的进步、生产技术的发展、水平的提高，标准也要做与之相适应的调整，标准的有效期规定为自标准实施之日起，至标准复审重新确认、修订或废止的时间止，为标准的有效期，又称标龄。由于各国情况不同，标准有效期也不同。以 ISO 标准为例，ISO 标准每 5 年复审一次，平均标龄为 4.92 年。我国在《国家标准管理办法》中规定国家标准 5 年内要进行复审，即国家标准有效期为 5 年，并以修改后的新标准替代旧标准，以保证标准的先进性。

2. 标准的类型

标准类型的划分方法有多种，这里介绍其中主要的几种。

（1）按适用地区和有效范围划分

1）国际标准。

国际标准是指由国际标准化组织通过的标准，也包括参与标准化活动的国际团体通过的标准。在 GB 3935.1— 1983《标准化基本术语第一部分》中规定的国际标准的定义为：“由国际标准化团体通过的标准。”如国际标准化组织 ISO 标准和国际电工委员会 IEC 标准等，以及国际标准化组织已列入《国际标准题内关键词索引》中的 27 个国际组织制定的标准。

ISO 国际标准化组织标准，其全称是 International Organization for Standardization，翻译成中文就是“国际标准化组织”。

国际标准化组织是世界上最大的非政府性标准化专门机构，它在国际标准化中占主导地位。ISO 的主要活动是制定国际标准，协调世界范围内的标准化工作，组织各成员方的技术委员会进行情报交流，以及与其他国际性组织进行合作，共同研究有关标准化问题。

ISO 的目的和宗旨是：在世界范围内促进标准化工作的开展，以利于国际物资交流和互助，并扩大在知识、科学、技术和经济方面的合作。ISO 现有 117 个成员，包括 117 个国家和地区。ISO 的最高权力机构是每年一次的“全体大会”，其日常办事机构是中央秘书处，设在瑞士的日内瓦。

国际贸易的发展，对国际标准提出了更高的要求，ISO 的作用也日趋扩大，世界上许多国家对 ISO 也越加重视。

ISO 标准编号形式是 ISO—顺序号—年代。

2）区域标准。

区域标准是世界某一区域标准化团体通过的标准，也包括参与标准化活动的区域团体通过的标准。如欧洲标准化委员会（CEN）及欧洲电工委员会（CENELEI）制定的欧洲标准等。

3）国家标准。

国家标准是根据全国统一的需要，由国家标准化主管机构批准、发布的标准。是对全国经济技术发展有重大意义，需要在全国范围内统一技术要求制定的标准。如中国国家标准、美国国家标准、英国国家标准、日本国家标准等。

如 ANSI 美国标准由美国国家标准学会制定，是非营利性质的民间标准化团体，实际上已成为美国国家标准化中心，协调并指导美国全国的标准化活动，给标准制定、研究和使用单位以帮助，提供国内外标准化情报。同时，又起着行政管理机关的作用。

编号方法：ANSI—分类号—序号—年代。

例如：ANSI A 58. 1—1982。

（2）按成熟程度划分

1）强制性标准。

该标准是国家通过法律的形式，明确要求对于一些标准所规定的技术内容和要求必须执行，不允许以任何理由或方式加以违反、变更，这样的标准被称为强制性标准，包括强制性国家标准、行业标准和地方标准。对违反强制性标准的，国家将依法追究当事人法律责任。依据《中华人民共和国标准化法》的规定，强制性标准就是技术法规。

2）推荐性标准。

该标准又称为非强制性标准或自愿性标准，是指在生产、交换、使用等方面，通过经济手段或市场调节而自愿采用的一类标准。这类标准，不具有强制性，任何单位均有权决定是否采用，违犯这类标准，不构成经济或法律方面的责任。应当指出的是，推荐性标准一经接受并采用，或各方商定同意纳入经济合同中，就成为各方必须共同遵守的技术依据，具有法律上的约束性。

3）试行标准。

由于标准中的某些数据、试验方法等不够成熟，需要试用一段时间后重新审查，根据各方面的意见以确定是否可以修订成为正式标准，或者应予取消。

（3）按内容性质划分

1）技术标准。

它包括基础标准、方法标准、产品标准、安全卫生标准、环保标准等。技术标准是对产品和工程建设质量、规格、技术要求、生产过程、工艺规范、检验方法和计量方法所做的技术规定，是组织现代生产、进行科学管理的重要技术文献。

2）管理标准。

该标准包括基础管理、经济管理、生产管理、技术管理、质量管理、物资管理、安全卫生、环保及行政管理标准。

3）工作标准。

它包括基础工作、工作质量、工作程序、工作方法等。

3. 标准文献

标准文献是标准化工作中产生的一系列文献，包括技术标准、管理标准、相关法律法规等具有标准性质的文献。标准文献是记录和传播标准信息的载体，是企业生产、新产品开发的重要依据，标准文献是一种重要的科技出版物。一个国家的标准文献反映着该国的经济政策、技术政策、生产水平、加工工艺水平、标准化水平、自然条件、资源情况等内容，对于全面了解该国的工业发展情况，是一种重要的参考资料。

标准文献的主要特点为：能较全面地反映标准制定国的经济和技术政策，技术、生产及工艺水平，自然条件及资源情况等；能够提供许多其他文献不可能包含的特殊技术信息。它们具有法律性、时效性、可靠性和滞后性等特点，有统一的产生过程和出版格式。标准文献是准确了解让会经济领域各方面技术信息的重要参考文献。

二、中国标准

1. 中国标准的类型和代码

《中华人民共和国标准化法》规定我国标准分为四级，即国家标准、行业标准、地方标准和企业标准。国家标准在全国范围内适用，其他各级标准不得与之相抵触。国家标准是四级标准体系中的主体。

（1）国家标准

我国在 1978 年成立国家标准局，并参加入了国际标准化组织。我国的国家标准由国务院标准化行政主管部门制定，编号方法为：代号—序号—年代。国家标准分为强制性标准和推荐性标准，强制性标准代号用国标二字的大写汉语拼音字母 GB 表示，推荐性标准的代号在 GB 后加/T。

例如：GB/T 6092—2004 意为国家颁布的 6092 号推荐性标准，修改、实施时间为 2004 年。

随着技术的进步，标准要进行修改以适应技术发展的需要，修改后的新标准，其编号中序号不变，年代使用修改后重新颁布的年代。如：GB/T 6092—1985 和 GB/T 6092—2004 都是对直角尺制定的标准，是同一事物的标准，后者是经 2004 年修订后替代 1985 年原旧标准的新标准。使用标准时要特别注意它的修改情况信息，尤其在维修工作中的零部件、配件更换等类似情况时一定要注意它使用的标准情况。

（2）行业标准

行业标准是指对没有国家标准而又需要在全国某个行业范围内统一的技术要求所制定的标准。行业标准是对国家标准的补充，是专业性、技术性较强的标准。行业标准由国务院有关行政主管部门制定，并规定行业标准的制定不得与国家标准相抵触，国家标准公布实施后，相应的行业标准即行废止。

行业标准编号形式为“行业标准代号—标准顺序号—年代”。行业标准有强制性标准和推荐性标准两种，推荐性标准加字母 T。行业标准代号由两个汉语拼音字母组成，不同的行业有不同的代号，如铁路标准行业代号为 TB，冶金行业标准代号为 YB 等。

例如：TB/T 1998—1996 机车高温瓷件订货技术条件。

(3) 地方标准

地方标准是指对没有国家标准和行业标准，而又需要在省、自治区、直辖市范围内统一工业产品的安全、卫生要求所制定的标准。地方标准由省、自治区和直辖市标准化行政主管部门制定，在本行政区域内适用。地方标准同样不得与国家标准和行业标准相抵触。国家标准、行业标准公布实施后，相应的地方标准即行废止。

地方标准编号形式为“地方标准代号—地方标准顺序号—年号”。有强制性标准和推荐性标准两种，推荐性标准加字母 T。地方标准代号由 DB 加省、市、自治区、直辖市行政区划代码前两位数加斜线组成。

例：DB 11/199—1998 意为北京 1998 年发布的第 199 号强制性标准。

(4) 企业标准

企业标准是由企业批准发布的标准，仅限企业内部使用。企业标准由企业自己制定。企业标准编号形式为“企业标准代号—标准顺序号—发布年代号”。企业标准代号由“Q”加斜线和企业代号组成。企业代号可用汉语拼音字母或阿拉伯数字或两者兼用组成，按中央所属企业和地方企业分别由国务院有关行政主管部门和省、自治区、直辖市政府标准化行政主管部门会同同级有关行政主管部门规定。

企业标准编号如表 6－1 所示。

表 6－1　企业标准编号

代　号	含　义	管理部门
Q＋企业代号	中华人民共和国企业产品标准	企业

2. 中国标准分类

我国标准的分类，采用《中国标准文献分类法》（下简称《中标法》），《中标法》由国家标准局 1984 年制定。

中标法的体系结构以专业划分为主，遵从人类的基本生产活动排序，按由总到分的原则，进行划分。分类表由一级类目和二级类目组成，一级类目共 24 个，分别用一位字母表示，如表 6－2 所示。

表 6－2　中国标准分类法一级类目表

A 综合	B 农业、林业	C 医药、卫生、劳动保护
D 矿业	E 石油	F 能源、核技术
G 化工	H 冶金	J 机械
K 电工	L 电子元器件与信息技术	M 通信、广播
N 仪器、仪表	P 工程建设	Q 建材
P 公路、水路运输	S 铁路	T 车辆
U 船舶	V 航空、航天	W 纺织
X 食品	Y 轻工、文化与生活用品	Z 环境保护

一级类目向下划分出二级类目，二级类目由双位数字表示。例如，A 综合类的二级类目划分如下。

00/09　标准化管理与一般规定
10/19　经济、文化
20/39　基础标准
40/49　基础科学
50/64　计量
65/74　标准物质
75/79　测绘
80/89　标志、包装、运输、贮存
90/99　社会公共安全

使用时，按标准内容，从上至下、从总至分，选择适当的分类号。

例如：查找有关包装方面的标准分类号。

使用《中标法》，步骤如下。

第一步，在中标法一级类目中查找，24 个一级类目，按从总到分的原则排序，以专业划分，包装标准应属于综合类 A 类，确定一级类目号为 A。

第二步，在 A 类二级表中再依次查找，得到：

A80/89　标志、包装、运输、储存

符合题目条件。确定包装标准的中国标准分类号为 A80。

标准分类的掌握对初学者有一定的难度，实际使用中，分类途径多用于按分类浏览该类标准制定情况，查找标准则多使用标准号或者主题途径。标准分类表在各标准网站均有提供，可供使用。

三、典型标准数据库

1. CNKI 标准数据总库

CNKI 标准数据总库是国内数据量最大、收录最完整的标准数据库，分为中国标准题录数据库（SCSD）、国外标准题录数据库（SOSD）、国家标准全文数据库和中国行业标准全文数据库。中国标准题录数据库（SCSD）收录了所有的中国国家标准（GB）、国家建设标准（GBJ）、中国行业标准的题录摘要数据，共计标准约 13 万条；国外标准题录数据库（SOSD）收录了世界范围内重要标准，如国际标准（ISO）、国际电工标准（IEC）、欧洲标准（EN）、德国标准（DIN）、英国标准（BS）、法国标准（NF）、日本工业标准（JIS）、美国标准（ANSI）、美国部分学协会标准（如 ASTM、IEEE、UL、ASME）等标准的题录摘要数据，共计标准约 31 万条。国家标准全文数据库收录了由中国标准出版社出版的，国家标准化管理委员会发布的所有国家标准，占国家 标准总量的

90%以上。中国行业标准全文数据库收录了现行、废止、被代替以及即将实施的行业标准，全部标准均获得权利人的合法授权。标准的内容来源于中国标准化研究院国家标准馆，相关的文献、专利、成果等信息来源于CNKI各大数据库。可以通过标准号、中文标题、英文标题、中文关键词、英文关键词、发布单位、摘要、被代替标准、采用关系等检索项进行检索。标准检索页面如图6-6所示。

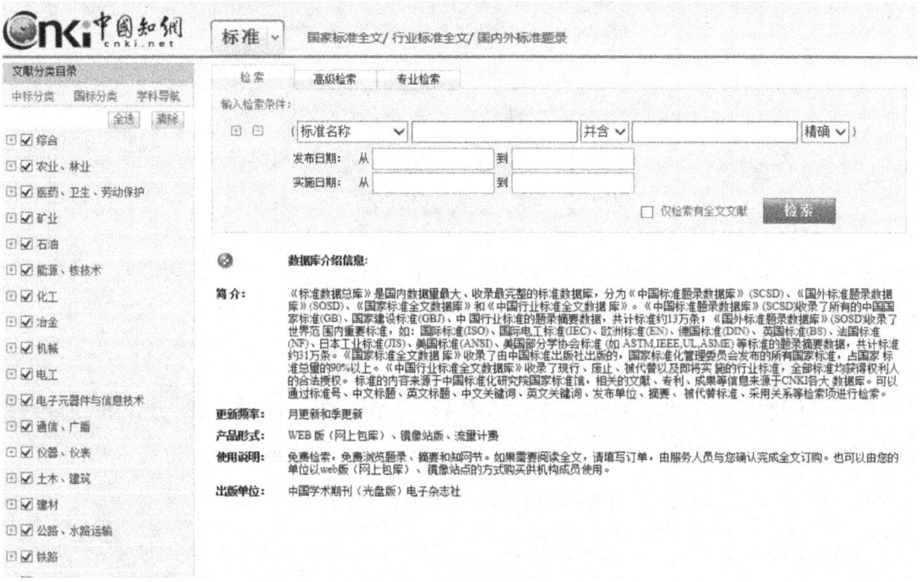

图6-6　标准检索页面

【例2】检索航海用电磁罗盘方面的标准。

① 输入www.cnki.net，登录中国知网网站首页。

② 在中国知网首页“单库”选择“标准”，进入CNKI标准数据总库。

③ 在默认检索页，输入检索条件，如图6-7所示。

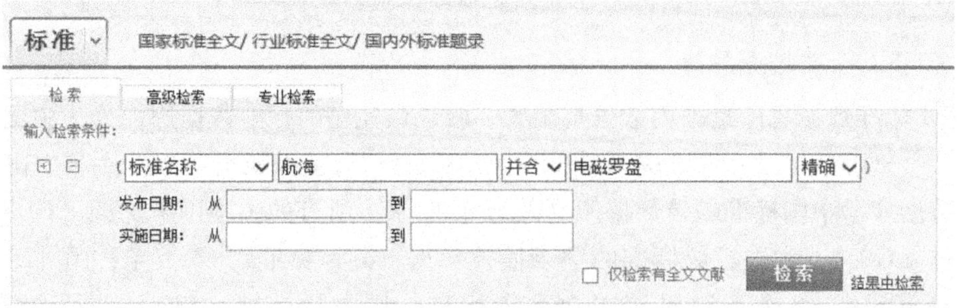

图6-7　检索页面

④ 单击“检索”按钮，就可检索到7篇航海用电磁罗盘方面的标准文献，如图6-8所示。

图6-8 检索结果

2. 中国标准服务网

中国标准服务网（http://www.cssn.net.cn）是国家级标准信息服务门户，是世界标准服务网的中国站点。中国标准服务网的标准信息主要来源于国家标准化管理委员会、中国标准化研究院标准馆及院同科研部门、地方标准化研究院所及国内外相关标准化机构。各机构收藏有60多个国家、70多个国际和区域性标准化组织，450多个专业学会、协会的标准（其中包括国家军事标准和海军标推等）以及全部中国国家标准、行业标准和一部分地方标准，共计60多万件。用户使用中国标准服务网经免费注册后，可以检索到上述大部分标准的题录信息并可以付费购买标准全文。图6-9为中国标准服务网的高级检索页面。

图6-9 中国标准服务网高级检索页面

第3节　学位论文全文数据库

一、学位论文

学位论文，是指高等院校、科研机构的学生为获取相应学位而撰写的论文。通常所讲的学位论文，主要指博士、硕士论文及优秀学士学位论文。学位论文一般具有内容专一、阐述详细、见解独到、参考文献比较系统等特点。学位论文一般不正式出版，而是以打印本的形式由学位授予单位或指定的图书情报机构收藏。学位论文全文数据库通常都属于综合性数据库的子数据库，本书将介绍CNKI中国博士学位论文全文数据库和中国优秀硕士学位论文全文数据库、万方中国学位论文全文数据库。

二、典型学位论文数据库

1. CNKI中国博士学位论文全文数据库和中国优秀硕士学位论文全文数据库

CNKI中国博士学位论文全文数据库和中国优秀硕士学位论文全文数据库是目前国内相关资源最完备、高质量、连续动态更新的中国优秀博硕士学位论文全文数据库，至2012年10月，累积博硕士学位论文全文文献170万多篇。文献来源全国404家培养单位的博士学位论文和621家硕士培养单位的优秀硕士学位论文。出版内容覆盖基础科学、工程技术、农业、医学、哲学、人文、社会科学等各个领域。

CNKI中国博士学位论文全文数据库和中国优秀硕士学位论文全文数据库分为十大专辑：基础科学、工程科技Ⅰ、工程科技Ⅱ、农业科技、医药卫生科技、哲学与人文科学、社会科学Ⅰ、社会科学Ⅱ、信息科技、经济与管理科学（见图6－10）。十大专辑下分为168个专题。

CNKI国内外重要会议论文全文数据库，其检索类型和方法与CNKI中国期刊全文数据库是相同的，提供了检索、高级检索、专业检索、科研基金检索、句子检索五种面向不同需要的检索方式。

（1）检索项

检索项即需要在文献的哪些部分进行查找，如主题、题名、作者、导师、学位授予单位、关键词、摘要、目录、全文、参考文献、中图分类号等检索；或者按照十大专辑分类浏览。

图 6－10　文献分类目录

（2）逻辑关系

输入检索词，若一个检索题目需要两个关键词做控制，可选择“并含”“或含”或“不含”的关系，在第二个检索框中输入另一个关键词；若一个检索课题需要两个以上的关键词做控制，单击检索项前的“⊞”图标，即可增加逻辑检索行，单击“⊟”减少逻辑检索行。

（3）时间限定

在检索中可以限定检索文献的出版时间，默认为不限定出版时间。

（4）精确和模糊检索

CNKI 还提供了精确和模糊检索，可控制该检索项的关键词的匹配方式。精确指检索结果完全等同或包含与检索字/词完全相同的词语；模糊指检索结果包含检索字/词或检索词中的词素。

（5）优秀论文级别

优秀论文分为全国、省级、校级优秀学位论文。默认情况是“不限”。

经过以上选择控制条件和输入检索词后，最后单击“检索”按钮，即完成检索，输出检索结果，如图 6－11 所示。

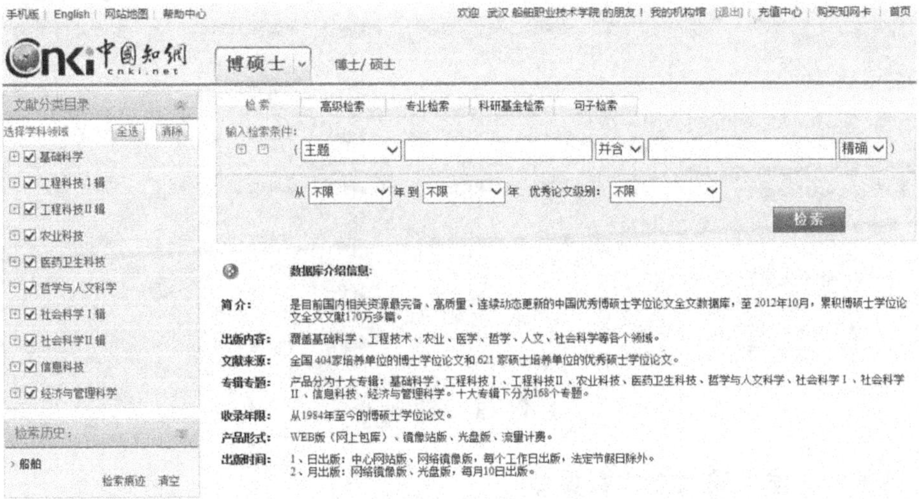

图 6－11　检索页面

【例 3】检索 2000—2010 年船舶柴油机冷却水方面的学位论文信息。

① 输入 www. cnki. net，登录中国知网网站首页。

② 在中国知网首页“单库”选择“硕博士”，进入 CNKI 中国博士学位论文全文数

据库和中国优秀硕士学位论文全文数据库。

③ 在默认检索页，输入检索条件，如图 6－12 所示。

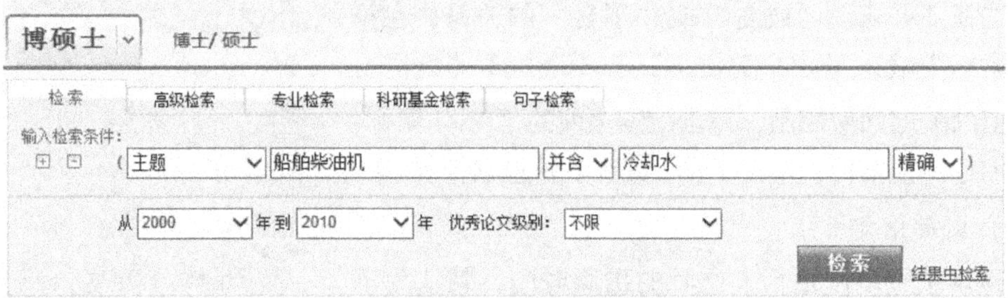

图 6－12　检索页面

④ 单击“检索”按钮，就可检索到 14 篇索 2000—2010 年船舶柴油机冷却水方面的学位论文，如图 6－13 所示。

	中文题名	作者	学位授予单位	来源数据库	学位授予年度	被引	下载	预览	分享
1	船舶柴油机冷却水温度控制系统的研究与设计	张立文	大连海事大学	硕士	2010年	3	377		
2	船舶柴油机冷却水温度智能控制系统研究与设计	李海峰	大连海事大学	硕士	2007年	3	357		
3	基于单片机的船舶柴油机冷却水温度控制系统	邱德庆	大连海事大学	硕士	2004年	5	1038		
4	船舶柴油机冷却水加热压载水方法的研究	马宝生	大连海事大学	硕士	2000年	2	268		
5	船舶柴油机机旁电控冷却润滑系统研究	朱峰	华中科技大学	硕士	2007年		128		
6	基于模糊神经网络的船舶柴油机故障诊断系统研究	占惠文	武汉理工大学	硕士	2009年	16	438		
7	利用船舶柴油机余热处理压载水的研究	郝俊利	大连海事大学	硕士	2004年	3	356		
8	燃用乳化重油对船舶柴油机性能影响的实船研究	刘大海	宁波大学	硕士	2009年		69		
9	大型船舶柴油机气缸套再制造中涂层设计与制备工艺研究	曾志龙	武汉理工大学	硕士	2009年	4	188		

图 6－13　检索结果

2. 万方中国学位论文全文数据库

万方中国学位论文全文数据库收录起始于 1980 年，为我国自然科学领域博士、博士后和硕士研究生论文数据库，年新增全文 15 万篇，截止到 2008 年 7 月，共收录硕博论文 89 万篇。

万方中国学位论文全文数据库的检索与利用如下。

（1）浏览

数据库可以进行分类浏览，按照学科领域共分为人文、理学、医药卫生和工业技术四大类，细分为 50 多个小类。

单击分类名如“建筑科学”，系统会给出该类目下所有的论文题名，并可以通过选择“简单信息”“详细摘要信息”和“查看全文”按钮进行下一步操作，全文为 PDF 格式，可以在分类浏览中进行检索。

（2）检索

万方中国学位论文全文数据库的单库检索需要在主菜单中的“资源浏览”中选择“中国学位论文全文数据库”（见图 6－14），检索区域功能有四种。①选择检索控制。首先勾选“限定论文年度在”，然后根据需要选择起止年份。②选择分类信息。在分类下拉列表框中选择具体分类进行检索。③选择检索字段。单击检索项的下拉列表，选择按具体字段（如成果名称、主题词等）检索。字段包括作者、授予单位、馆藏号、导师姓名、中国分类号、作者专业、授予学位、关键词和论文标题。④逻辑运算符。用于确定两个检索关键词之间的关系。选项有“与”“或”“非”。

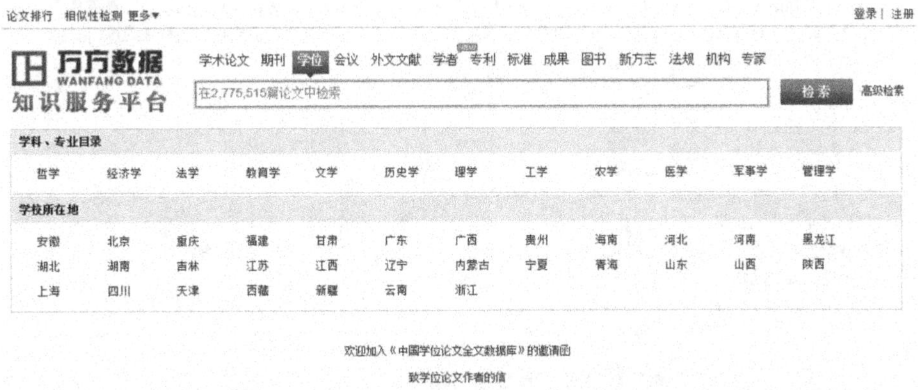

图 6－14　万方中国学位论文数据库

【例 4】某高职材料工程学院学生为毕业设计查询相关学位论文，初步设计方向为摩擦焊接，采用有限元研究分析方法，需要这方面最新的硕博论文全文资料。

课题分析：考虑到该课题比较具体，万方数据库的分类检索相对简单，因此不采用分类检索方法，直接在组合检索框中输入检索词进行检索，首次提炼的检索词为“摩擦焊”与“有限元”，检索字段为“主题”。

① 在万方数据首页单击进入中国学位论文全文数据库。

② 在检索框中分别输入“摩擦焊”和“有限元”，逻辑关系选择“与”，检索字段选择“主题”，如图 6－15 所示。

③ 勾选“限定论文年度在”在 2010—2013 年。检索结果如 6－16 所示，共 21 条记录。

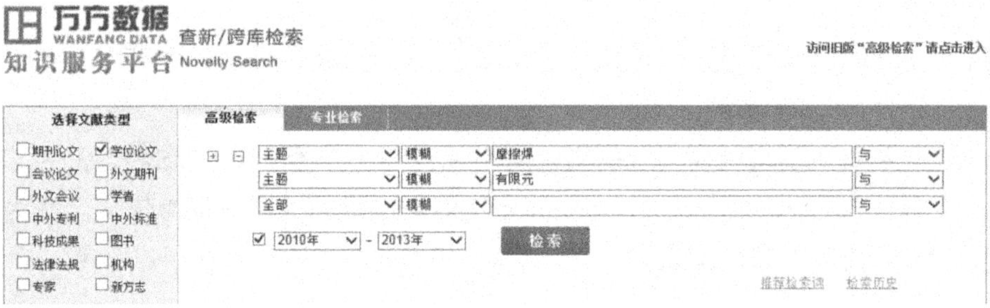

图 6-15 检索页面

图 6-16 检索结果

(3) 检索结果处理

万方中国学位论文全文数据库检索结果显示区域显示本次检索结果，包括总的检索结果记录数和结果列表，每条检索结果记录包括“论文标题”“论文作者”“年度”“作者单位”“学科”“内容摘要”“关键词”等内容，并且在每条检索结果下面有“查看全文”“下载全文”“引用通知”的链接，通过单击“查看全文”“下载全文”链接浏览或下载全文。

第 4 节　会议文献全文数据库

一、会议文献概述

学术会议是科学工作者进行学术交流、沟通学术思想、提高学术水平的重要场所。会议文献（Conference Literature）是学术会议的副产品，指在各种学术会议上所发表的论文、报告、演讲等的统称，会议文献是重要的科技信息来源之一，主要特点是内容新颖，专业性和针对性强，传递信息迅速，能及时反映科学技术中的新发现、新成果、新成就以及学科发展趋向。

二、典型会议全文数据库

1. CNKI 国内外重要会议论文全文数据库

CNKI 国内外重要会议论文全文数据库的文献是由国内外会议主办单位或论文汇编单位书面授权并推荐出版的重要会议论文。由中国学术期刊（光盘版）电子杂志社编辑出版的国家级连续电子出版物专辑。重点收录 1999 年以来，中国科协系统及国家二级以上的学会、协会、高校、科研院所、政府机关举办的重要会议以及在国内召开的国际会议上发表的文献。其中，国际会议文献占全部文献的 20% 以上，全国性会议文献超过总量的 70%，部分重点会议文献回溯至 1953 年。截至 2012 年 10 月，已收录出版国内外学术会议论文集近 16 300 本，累积文献总量 170 多万篇。收录有自 1953 年至今的会议论文集。

CNKI 国内外重要会议论文全文数据库分为十大专辑：基础科学、工程科技Ⅰ、工程科技Ⅱ、农业科技、医药卫生科技、哲学与人文科学、社会科学Ⅰ、社会科学Ⅱ、信息科技、经济与管理科学。这些专辑下又分为 168 个专题。

CNKI 国内外重要会议论文全文数据库，其检索类型和方法与 CNKI 中国期刊全文数据库是相同的，提供了检索、高级检索、专业检索、作者发文检索、科研基金检索、句子检索、来源会议检索 7 种面向不同需要的检索方式，如图 6－17 所示。

1）检索项：即需要在文献的哪些部分进行查找，如主题、题名、关键词、作者、单位、会议名称、基金、摘要、全文、论文集名称、参考文献、中图分类号等检索；或者按照十大专辑分类浏览。

2）逻辑关系：输入检索词，若一个检索题目需要两个关键词做控制，可选择“并含”“或含”或“不含”的关系，在第二个检索框中输入另一个关键词；若一个检索课题需要两个以上的关键词做控制，单击检索项前的“⊞”图标，可以增加逻辑检索行，单击“⊟”减少逻辑检索行。

3）时间限定：在检索中可以限定检索文献的出版时间，默认为不限定出版时间。

4）精确和模糊检索：CNKI还提供了精确和模糊检索，可控制该检索项的关键词的匹配方式。精确指检索结果完全等同或包含与检索字/词完全相同的词语；模糊指检索结果包含检索字/词或检索词中的词素。

5）会议级别：分为国际、全国和地方。默认条件是“全部”。

经过控制条件选择和检索词输入后，最后单击“检索”按钮，即完成检索。

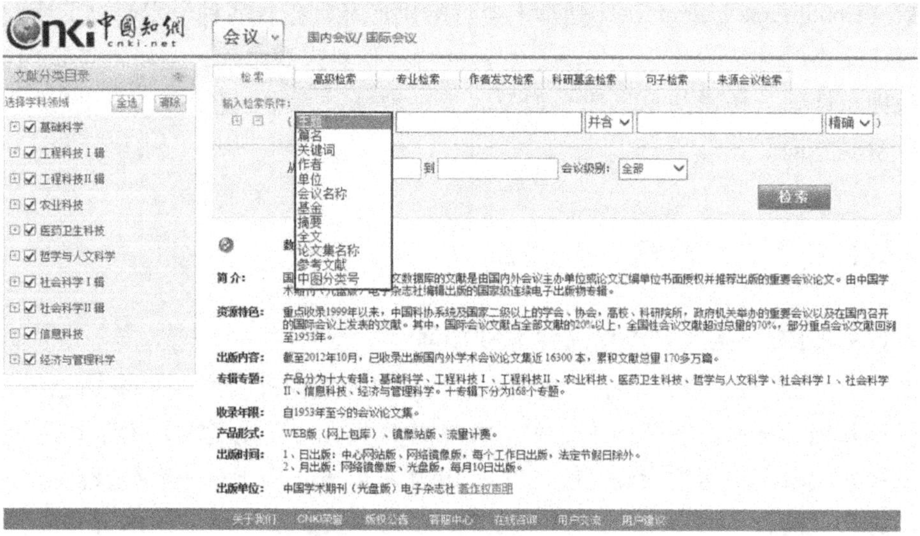

图6-17 中国知网检索页面

【例4】检索2012年我国船舶或者航海方面的会议文献的全文信息。

① 输入www.cnki.net，登录中国知网网站首页。

② 在中国知网首页“单库”选择“会议”，进入CNKI国内外重要会议论文全文数据库。

③ 在默认检索页，输入检索条件，如图6-18所示。

④ 单击“检索”按钮，就可检索到225篇2012年我国船舶或者航海方面的会议文献，如图6-19所示。

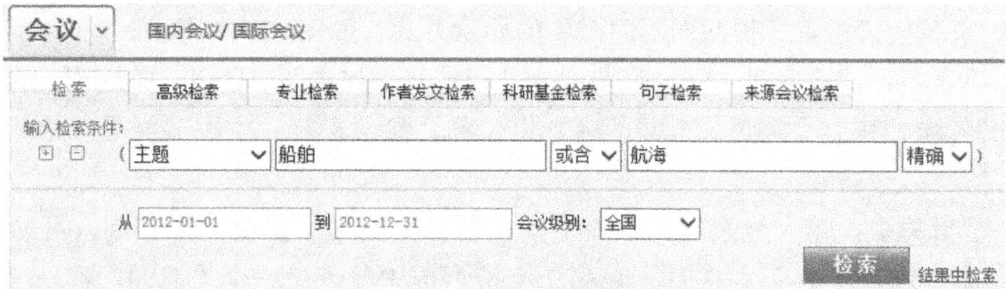

图6-18 检索页面

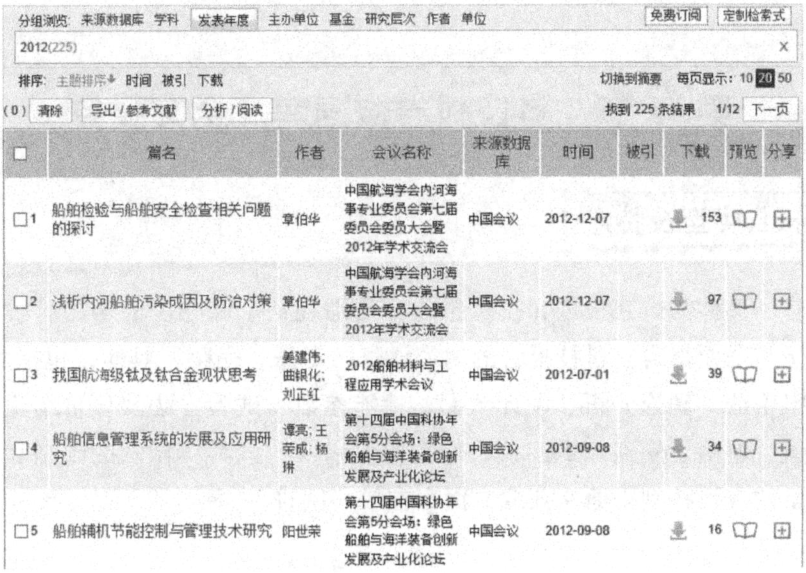

图 6－19　检索结果

2. 万方中国会议论文全文数据库

由万方数据股份有限公司提供，万方中国会议论文全文数据库收录了国家级学会、协会、研究会组织部委、高校召开的全国性学术会议及国家性会议论文全文，每年涉及上千个重要学术会议，且全部为一级学术会议。迄今共收录会议论文 65 万余篇，收录年限为 1988 年至今，少量回溯到 1993 年，学科领域覆盖自然科学、工程技术、农林、医学等领域。

万方中国会议论文全文数据库与万方中国学位论文全文数据库是相同的电子平台，浏览和检索方法基本相同，具体使用方法可以参见。其主页如图 6－20 所示。

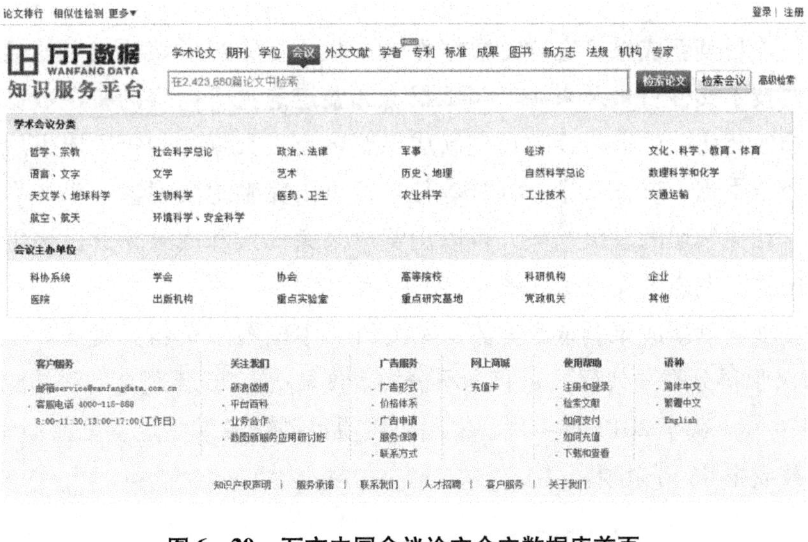

图 6－20　万方中国会议论文全文数据库首页

第 5 节 科技报告数据库及全文服务

一、科技报告类型及特点

科技报告，又称为研究报告和技术报告，是围绕某个课题所取得的阶段性进展或最终成果的记录与书面报告。科技报告的内容详尽、专深、完整、具体，包括大量的图表、数据以及方案论证、理论分析、设计依据、性能参数、试验方法及评价结论等，具有较高的实用价值。但由于受到知识产权、保密协议以及一些具体做法的限制和制约，导致目前这类文献的查找特别是原文获取方面存在较多困难。

二、科技报告数据库

国内外科技报告数据库以及相关网站在科技报告领域大多数只提供题录或文摘内容，少部分能够直接下载全文或提供全文服务，国内外主要数据库和相关网站如下。

1. CNKI 中国科技项目创新成果鉴定意见数据库

CNKI 中国科技项目创新成果鉴定意见数据库主要收录正式登记的中国科技成果，按行业、成果级别、学科领域分类。每条成果信息包含成果概况、立项、评价，知识产权状况及成果应用，成果完成单位、完成人等基本信息。数据来源于中国化工信息中心。

中国科技项目创新成果鉴定意见数据库唯一收录专家组对该项成果的推广应用前景与措施、主要技术文件目录及来源、测试报告和鉴定意见等内容的鉴定数据。与通常的科技成果数据库相比，中国科技项目创新成果鉴定意见数据库的每项成果后还附有与该成果相关的最新文献、科技成果、标准等信息，可以完整地展现该成果产生的背景、最新发展动态、相关领域的发展趋势，可以浏览成果完成人和成果完成机构更多的论述及其在各种出版物上发表的文献，如图 6－21 所示。

中国科技项目创新成果鉴定意见数据库按照《中国图书资料分类法》（第四版）和 GB/T 13745《学科分类与代码》进行学科分类。收录从 1970 年至今的科技成果，部分成果回溯至 1920 年。截至 2013 年 4 月，中国科技项目创新成果鉴定意见数据库（知网版）共计收录科技成果 56 万余项。

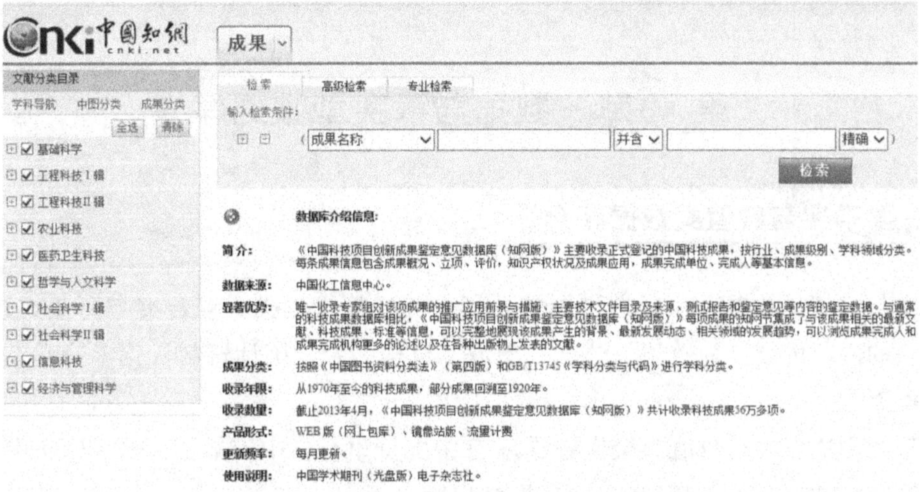

图 6－21　中国科技项目创新成果鉴定意见数据库

2．万方数据科技成果数据库

万方数据资源系统的科技成果数据库是国家指定的查新数据库，数据主要来源于历年各省、市、部委鉴定后上报国家科技部的科技成果。目前收录成果达 35 万余项，每年的新增 2 万项。数据库包含 6 个子数据库，分别是中国科技成果数据库、科技成果精品数据库、中国重大科技成果数据库、科技决策支持数据库、国家组科技授奖项目数据库、全国科技成果交易信息数据库。各数据库收录年限不一，更新频率也不相同。数据库可以检索到与各类成果相关的科技报告的文摘信息。

3．NTIS 美国政府报告数据库

美国政府的四大报告包括 PB 报告、AD 报告、NASA 报告和 DOE 报告。自第二次世界大战结束以来，美国政府在搜集和整理各类科技报告方面进行了巨额投入，逐步形成和建立了以四大报告为主的相对规范完整的文献资源体系。其中 PB 报告主要侧重于民用工程技术、城市规划、环境污染和生物医学方面；AD 报告是美国陆海空三军科研机构的报告，其内容不仅包括军事方面，也广泛涉及民用技术，包括航空、军事、电子、通信、农业等多个领域；NASA 报告是美国国家航空和宇航局的缩写，内容侧重于航空和空间技术领域，同时广泛涉及许多基础学科和技术学科；DOE 报告也被称为 DE 报告，是原子能和能源管理系统的报告。NTIS（National Technical Information Service）数据库，以收录美国政府立项研究及开发的项目报告为主，可以检索 1964 年以来美国四大报告的文摘信息，全文内容可以在线购买。此外，该数据库还少量收录世界各国（包括中国）的科学研究报告，专业内容覆盖科学技术的各个领域。

第 6 节　数据与事实型数据库

一、主要事实与数值类数据库介绍

事实与数值类数据库根据学科领域可划分为经济管理类、综合类与商业类数据库。根据收录的内容可划分为数值、公式、图像、机构名录、统计资料、化学物质结构、年鉴等数据库。

典型的中文事实与数值类全文数据库有中国资讯行、中宏数据库和 CNKI 中国经济社会发展统计数据库和 CNKI 中国年鉴网络出版总库。

1. 中国资讯行（INFOBANK）

INFOBANK 于 1995 年在香港成立，是一家专门搜集、处理及传播中国商业、经济信息的香港高科技企业。经过十余年的数据积累，INFOBANK 数据库已经拥有逾 200 亿汉字的信息储备，信息范围涵盖 19 个领域，197 个行业。INFOBANK 通过网络、光盘、纸版等多种媒体向全球客户提供信息服务，成为目前全球最大的中文信息提供商之一。

INFOBANK 致力于高校图书馆数字化建设工作和为企业提供信息服务两大领域，旗下共分为 12 个子数据库，分别为中国经济新闻库、中国商业报告库、中国法律法规库、中国统计数据库、中国上市公司文献库、香港上市公司资料库、中国医疗健康库、中国企业产品库、中国中央及地方政府机构库、名词解释库以及中国人物库。

中国资讯行数据库资源完全采用文本格式，支持全文检索。数据库的检索功能较简单，不支持跨库检索，检索方法分为快速检索和专业检索两种。

【例 5】

查找 2012 年中国海洋经济发展方面的经济新闻。

检索过程：从中国资讯行主页选择专业检索，单击中国经济新闻数据库，进入该库主页面，各检索框对应输入以下内容。

行业分类：海洋产业；地区分类：中国；文献出处：全部；逻辑关系：全部字词命中（逻辑与）；检索范围：全部；输入字词：海洋经济发展；起始日期：20120101—20121231，如图 6－22 所示。

单击“检索”按钮后，得出 29 条检索记录，如图 6－23 所示。

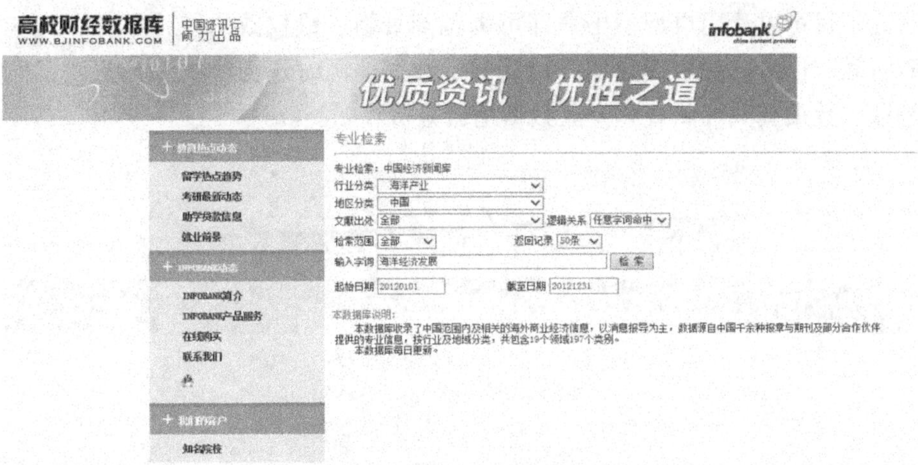

图 6－22　检索页面

图 6－23　检索结果

2. CNKI 中国经济与社会发展统计数据库

CNKI 中国经济与社会发展统计数据库（原名中国统计年鉴数据库）是一个集统计数据查询、数据挖掘分析及个人数据管理功能于一体的大型统计年鉴（资料）数据总库。

CNKI 中国经济社会发展统计数据库（见图 6－24）将中国境内的权威统计年鉴进行了大规模数字化和整合出版；为弥补传统出版物周期时滞的问题，还及时出版了国家统计局实时发布的经济运行进度数据。它不仅集成了普通电子数据库的所有优点，还通过对每个统计图表都提供的 Excel 格式，让统计数据得到最大限度的利用；更重要的是，它采用数据挖掘分析技术，面向研究课题，为用户提供方便快捷的数据分析服务。

该产品不仅可以让用户足不出户即可浏览到最新、最权威的统计数据，还能够帮助用户节省时间，以最快的速度查找到最需要的数据，同时还为广大用户提供了实用的数值深度抽取、数据真实性回查和专业数据挖掘分析等功能。

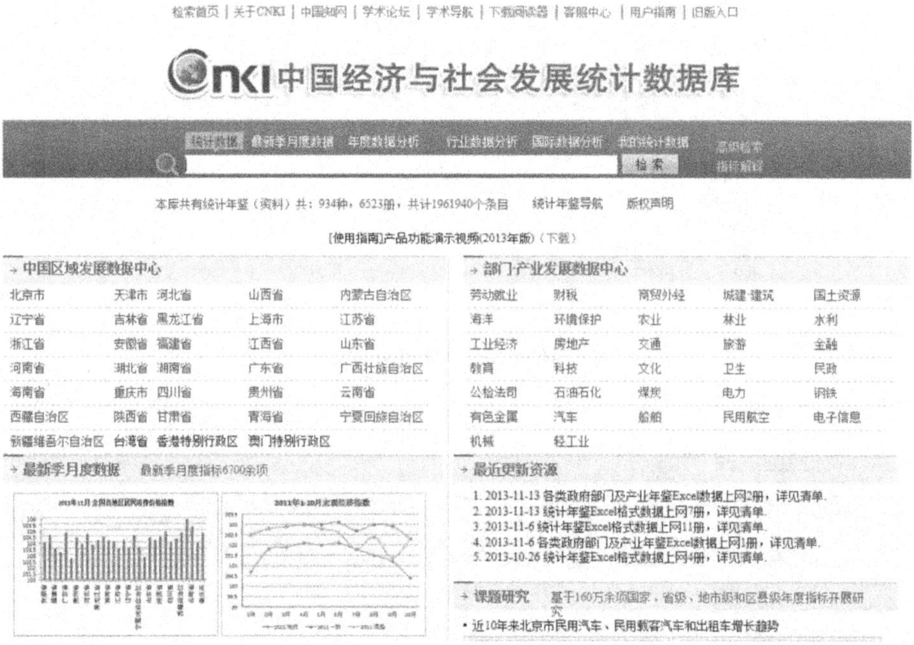

图 6－24　CNKI 中国经济与发展统计数据库

3. CNKI 中国年鉴网络出版总库

CNKI 中国年鉴网络出版总库是目前国内最大的连续更新的动态年鉴资源全文数据库（见图 6－25）。内容覆盖基本国情、地理历史、政治军事外交、法律、经济、科学技术、教育、文化体育事业、医疗卫生、社会生活、人物、统计资料、文件标准与法律法规等各个领域。文献来源中国国内的中央、地方、行业和企业等各类年鉴的全文文献。年鉴内容按行业分类可分为地理历史、政治军事外交、法律、经济总类、财政金融、城乡建设与国土资源、农业、工业、交通邮政信息产业、国内贸易与国际贸易、科技工作与成果、社会科学工作与成果、教育、文化体育事业、医药卫生、人物共 16 大行业。地方年鉴按照行政区划分类可分为北京市、天津市、河北省、山西省、内蒙古自治区、辽宁省、吉林省、黑龙江省、上海市、江苏省、浙江省、安徽省、福建省、江西省、山东省、河南省、湖北省、湖南省、广东省、广西壮族自治区、海南省、重庆市、四川省、贵州省、云南省、西藏自治区、陕西省、甘肃省、青海省、宁夏回族自治区、新疆维吾尔自治区、香港特别行政区、澳门特别行政区、台湾省共 34 个省级行政区域。收录年限是 1912 年至今。

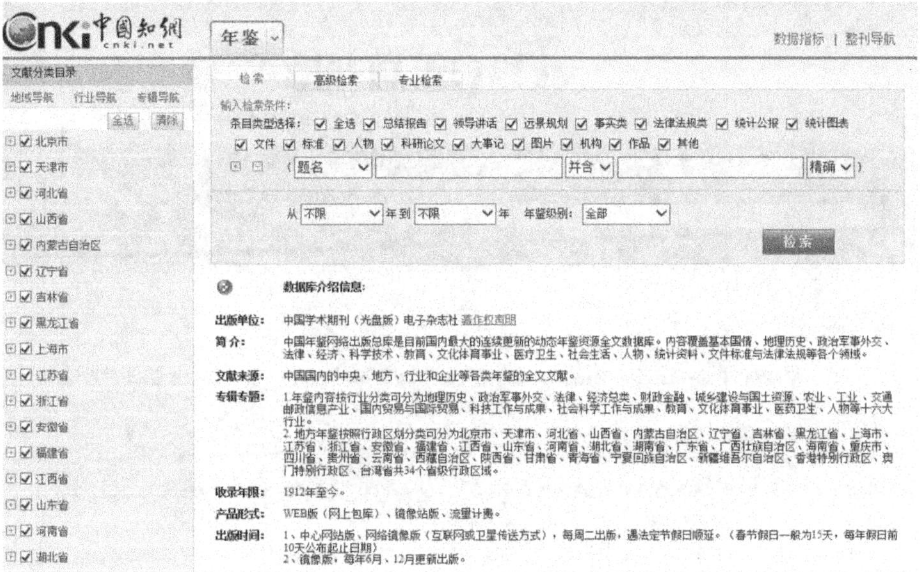

图 6－25　中国知网年鉴资源全文数据库

4. CNKI 中国工具书网络出版总库

CNKI 是精准、权威、可信且持续更新的百科知识库，简称知网工具书库，或者 CNKI 工具书库（见图 6－26）。

CNKI 中国工具书网络出版总库集成了近 200 家知名出版社的 近 4 000 部工具书，类型包括语文词典、双语词典、专科辞典、百科全书、图录、表谱、传记、语录、手册等，约 1 500 万个条目，70 万张图片，所有条目均由专业人士撰写，内容涵盖哲学、文学艺术、社会科学、文化教育、自然科学、工程技术、医学等各个领域。

CNKI 中国工具书网络出版总库由中国学术期刊（光盘版）电子杂志社网络出版、同方知网（北京）技术有限公司研制发行，是中国知识资源总库的重要组成部分，为“十一五”国家重大网络出版项目，“十一五”国家重点电子出版物规划选题。

CNKI 中国工具书网络出版总库是传统工具书的数字化集成整合，按学科分 10 个专辑，168 个专题，不但保留了纸本工具书的科学性、权威性和内容特色；而且配置了强大的全文检索系统，大大突破了传统工具书在检索方面的局限性；同时通过超文本技术建立了知识之间的链接和相关条目之间的跳转阅读，使读者能在一个平台上非常方便的获取分散在不同工具书里的、具有相关性的知识信息。

CNKI 中国工具书网络出版总库除了实现了库内知识条目之间的关联外，每一个条目后面还链接了相关的学术期刊文献、博士硕士学位论文、会议论文、报纸、年鉴、专利、知识元等，帮助人们了解最新进展，发现新知，开阔视野。

图 6-26　CNKI 工具书库

（1）主要功能

1）汇集了近 200 家知名出版社的精品工具书，合作的出版社与收录书目随时增加。

2）100% 获得授权，其中 80% 的工具书获得独家授权。

3）多种检索入口：提供“词目”“词条”（全文）“书名”“出版者”“作者”等检索入口。

4）多种匹配方式：提供“精确”“模糊”“通配符”等匹配方式。

5）多种排序方式：检索结果可以按“文字量”“相关度”“下载量”“出版时间”排序。

6）检索范围可选：可选择在单本书内检索，也可跨书、跨学科检索。

7）检索结果的筛选：在检索结果较多的情况下，可按学科或者工具书类型进行筛选，以便快速定位到满意的结果。

8）强大的链接功能：不仅仅在书与书之间关联链接，也可以在 CNKI 的期刊、博士论文、硕士论文、会议论文、报纸库链接。

9）书目导航：如果要找自己喜爱的书，通过书目导航功能就可很快捷地找到。并且每本书都有唯一网址，方便使用。

10）每月更新：只要所收录书目有新版本时，内容都将得到相应更新，同时每月都有新的工具书加入。

（2）主要书目

1）字典类：如《汉字源流字典》《简明古汉语字典》《古汉语通假大字典》《中国篆刻大字典》。

2）词典类：如《当代汉语词典》《中华多功能成语大词典》《古代谚语大词典》《汉语方言大词典》。

3）双语类：如《汉英大词典》，《汉字英释大字典》《英汉农业大词典》《英汉房地产词典》《高阶英汉双解词典》。

4）专科辞典类：如《中国文学大辞典》《中国历史大辞典》《数学辞海》《中华金融辞库》《中国昆剧大辞典》《中国诗学大辞典》。

5）百科全书类：如《心理咨询大百科全书》《中学教学百科全书》《中国农业百科全书》《美国社会历史百科全书》《中国医学百科全书》。

6）图谱（鉴）类：如《世界名贝鉴赏图谱》《中国鸟类图鉴》《世界名蝶鉴赏图谱》《明清青花瓷画》《列宁邮票全集》《近代碑帖大观》。

7）医学图谱类：如《本草纲目彩色图谱》《颅底外科临床应用解剖学图谱》《人体系统解剖学实物图谱》《胸部 CT 图谱》《甲真菌病诊治彩色图谱》。

8）手册类：如《中华人民共和国资料手册》《五金手册》《电工手册》《常用临床药物手册》《香港手册》《中国典当手册》。

9）传记类：如《外国历史名人传》《中国当代文化艺术名人大辞典》《中国帝王大全》《浙江省人物志》。

10）年表类：如《二十世纪中国大事全书》《中国现代史大事记》《中国历史人物生卒年表》《中华五千年长历》。

11）语录类：如《世界名言大辞典》《中国格言大辞典》《新课标小学生古诗词名言名句辞典》。

12）名录类：如《中国社会团体大全》《中国出入境检验检疫实验室名录》《外国在华工商企业辞典》。

13）索引类：如《明代版刻综录》《浙江文史资料目录》《中国文史工具资料书举要》《中国民族史料汇编》。

【例6】利用知网工具书库可以查字、词、句、诗词的典故、出处、来源。中国文化博大精深，一般来说，任何字、词、句都是有来源和典故的，如您想查“满城尽带黄金甲”的出处，在输入框输入该句子即可，如图 6－27 所示。

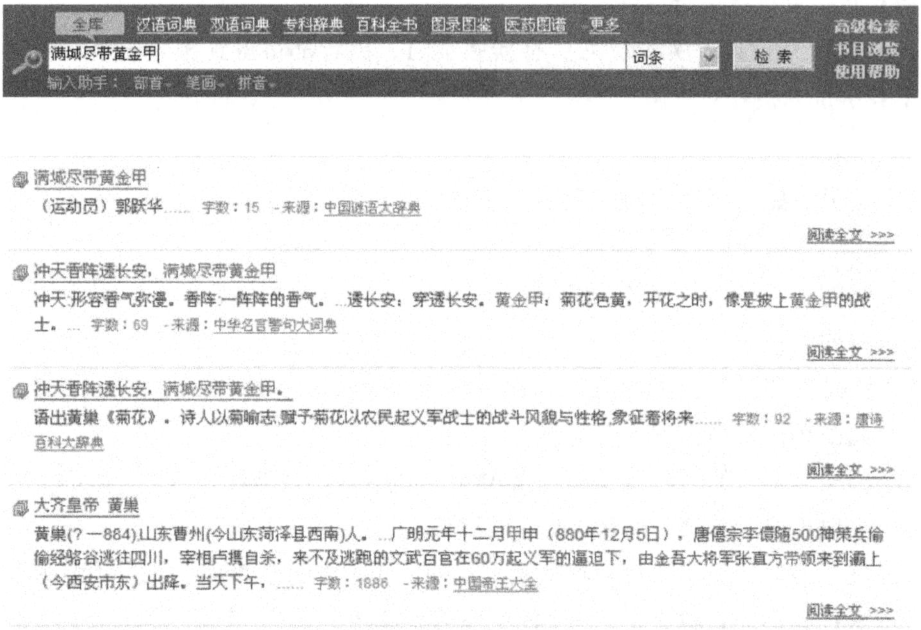

图 6－27　检索结果

课后习题

（1）检索电子商务方面的专利。

（2）检索船舶救生设备方面的标准。

（3）如何查找 2013 年电气自动化方面的学位论文？

（4）检索 2013 年航海方面的会议论文。

（5）查找“中船重工集团公司”总部的具体地址和企业经营情况。

第 7 章 信息检索综合实训

一、实训基本信息

【实训目的】培养学生的信息素养和信息检索能力，使学生能够利用多种检索工具、多种检索途径、多种检索方式来检索、获取和利用信息。

【实训内容】根据学生未来就业岗位的工作内容，设计任务，即就某一主题进行多方式检索。如某毕业生就职于一家船舶企业，该企业希望开发船舶柴油机市场，经理要求刚上岗的毕业生检索、整理、汇集有关船舶柴油机方面的信息，并撰写检索报告。

【实训地点】电子阅览室。

【实训时间】2 课时。

【实训对象】学生。

二、实训前准备

【知识准备】学生首先要具备基础的计算机操作能力，并且要学习信息检索的基础知识，了解信息检索的基础理论、计算机检索技术、网络检索等理论知识。

【物质准备】电子阅览室计算机能与校园网和 Internet 相连，校园网内电子资源数据库和图书馆自动化集成管理系统保证正常运行。

三、实训流程

第 1 节：利用 OPAC 检索馆藏图书书目。

第 2 节：利用专业数据库检索电子资源。

第 3 节：利用网络搜索引擎检索信息。

四、实训评估（Evaluation）

填写信息检索项目评分表（见表7-1）。

表7-1 信息检索项目评分表

学号	学生姓名	任务一（20分）	任务二（60分）	任务三（20分）	总分

五、后续任务

撰写信息检索实训项目小结，总结实训中的经验和不足以及对这类实训项目的建议。

第1节 利用OPAC检索馆藏图书书目

【实训内容】

OPAC（Online Public Access Catalogue）称作“联机公共目录查询系统”，读者可以利用网络实现图书的查找和借阅。利用OPAC检索馆藏图书就是在检索终端机上检索馆藏书目数据库，利用计算机来选书，选好后再进图书馆的书库去有目标地索取所需图书。现在有很多OPAC检索系统，如汇文、ILAS和Interlib等。本任务以ILASIII（图书馆自动化集成管理系统）OPAC的“书目查询”功能为例予以说明。

【实训说明】

ILASIII（图书馆自动化集成管理系统）知识门户检索平台可以利用书名、作者、分类号、ISBN、索书号、出版社、任意词等七个字段进行单一条件检索馆藏图书。

【实训步骤】

1）在IE阅读器地址栏内输入学院主页地址，进入校园网。单击“图书馆”链接，进入图书馆主页。

2）在图书馆主页单击“学院馆藏纸质图书检索（图书馆 OPAC 检索），进入 ILASIII（图书馆自动化集成管理系统）知识门户检索平台（见图7-1）。利用书名、作者、分类号、ISBN、索书号、出版社、任意词等七个字段进行单一条件检索馆藏图书。在这里可以设置检索的限制条件，例如，每页显示的记录数，可以选择10、20、50；检索结果排序选项，可以按出版日期、出版社等排序；检索结果排序方式，可以按升序和降序等排序；当多个检索词联合查询时，以空格隔开，如“船舶　内燃机”；在得到的检索结果中可以缩小检索范围。

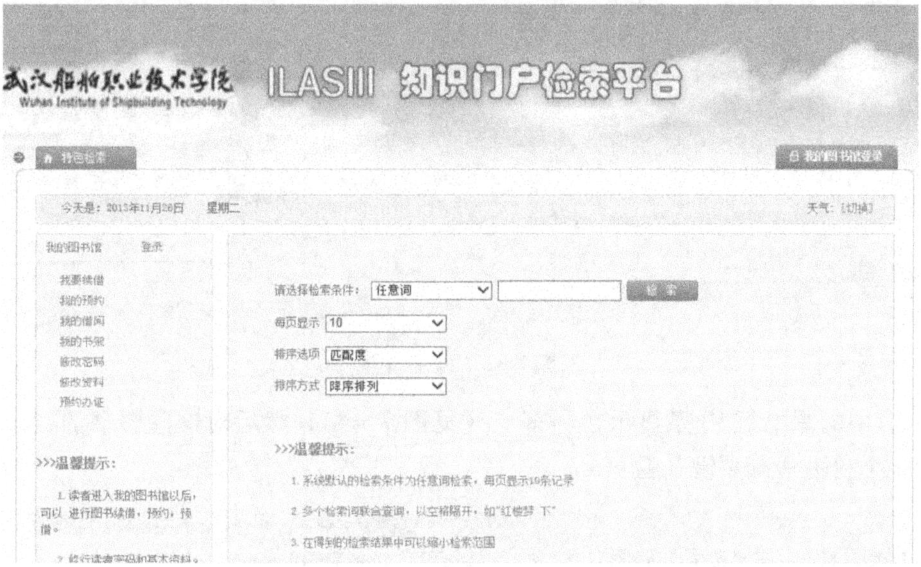

图7-1　检索页面

3）单击“我的图书馆登录”，进入“我的图书馆”页面（见图7-2）。输入用户名（学号）及密码登录，进入“我的图书馆”。

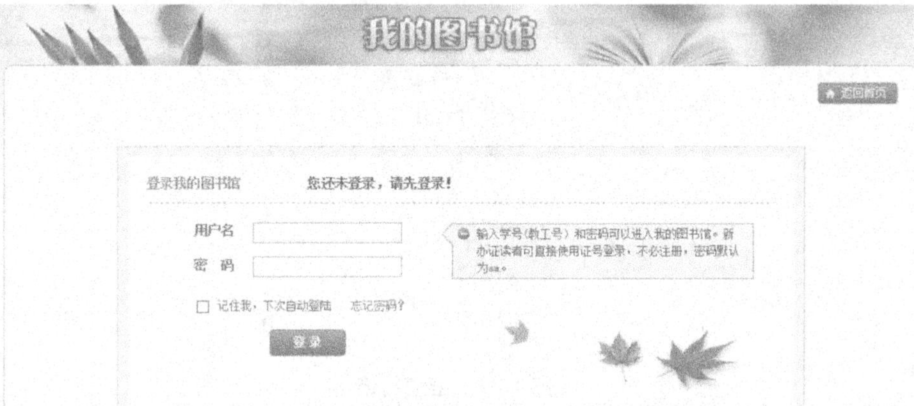

图7-2　登录页面

4）“我的图书馆”包含个人功能管理、个人信息管理、我的荐购、我的咨询、我的预约、我的预借、我的评论、我的书架八个小模块。

下面以书名检索有关“船舶柴油机”方面的图书为例进行介绍。

5）在 ILASIII 知识门户检索平台主页（见图 7－3），填写检索项：检索条件选择“书名”；在方框中输入检索式“船舶 柴油机”；其他条件为默认设置，单击“查询”。

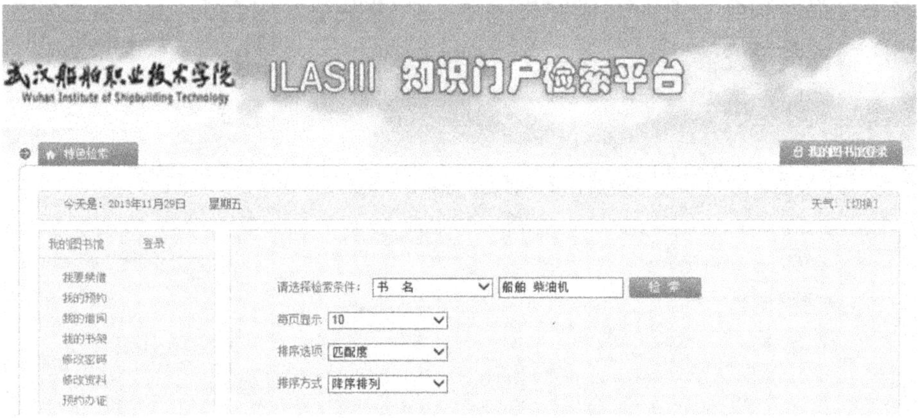

图 7－3　检索条件

6）命中的图书每 10 条显示在屏幕上（见图 7－4），然后对这些图书的目录进行浏览、选择（利用“翻页键”翻页）。

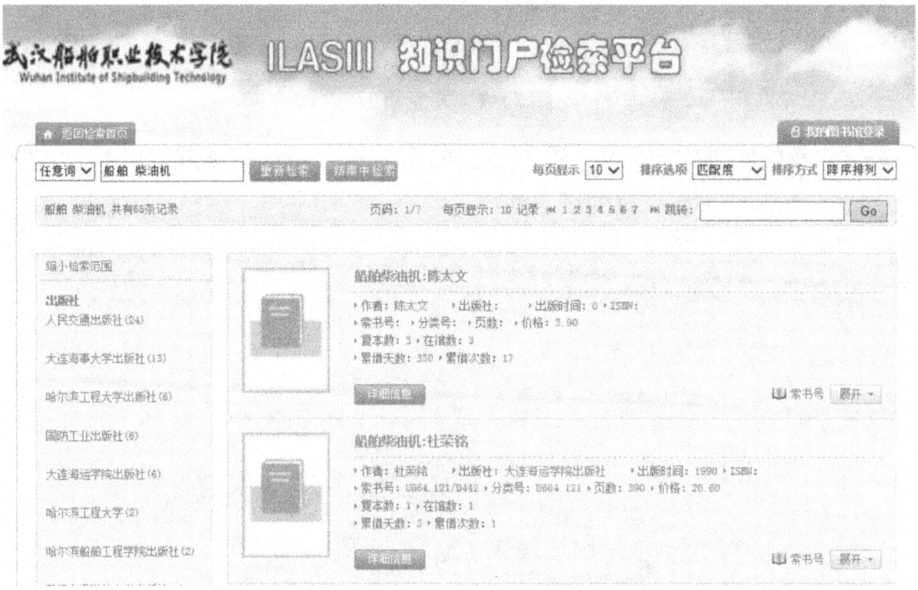

图 7－4　检索结果

7）选好了某本图书，要查看它的详细信息，只要单击该书目录后的“详细信息”即可，并抄下有关的书名、作者、出版社、索取号等；用同样的方法查看其他图书的详细信息。如图 7－5 所示。

图 7－5　图书详细信息浏览

8）还可以查看到“馆藏信息”，了解该图书在流通书库是否都被读者借走了，如图 7－6 所示。

馆藏信息

索书号	条码号	登录号	馆藏地点	流通点	馆藏状态	借出日期	还回日期	流通类型	预约处理	卷册说明
U664.121/W196	00502254	0	开架书库		入藏			外借中文图书	预借	
U664.121/W196	00502255	0	开架书库		入藏			外借中文图书	预借	
U664.121/W196	00502256	0	开架书库		入藏			外借中文图书	预借	
U664.121/W196	00502258	0	开架书库		借出	20131125	20131225	外借中文图书	预约	
U664.121/W196	00502259	0	开架书库		入藏			外借中文图书	预借	
U664.121/W196	00502260	0	开架书库		入藏			外借中文图书	预借	
U664.121/W196	00502261	0	开架书库		入藏			外借中文图书	预借	
U664.121/W196	00502257	0	开架书库		入藏			外借中文图书	预借	

图 7－6　馆藏信息

同样，可以利用作者、分类号、ISBN、索书号、出版社、任意词等字段进行单一条件检索馆藏图书书目。ILASIII 检索的是馆藏纸制图书，通过索书号就可以直接去图书馆找书了。

第 2 节　利用专业数据库检索电子资源

【实训内容】

电子资源以其内容丰富、使用方便等优点，近年来成为高职高专图书馆信息资源建设的重点，也是广大师生查找和利用文献信息的主要阵地。在本任务中，将为大家重点介绍通过超星数字图书馆、维普电子期刊和中国知网（CNKI）等常用专业数据库检索电子资源的方法，其他未介绍到的专业数据库，其功能和使用方法基本与我们介绍的专业文献数据库相似，大家可以参照使用。

【实训说明】

利用专业数据库多途径检索、阅读、下载和利用电子资源。

【实训步骤】

活动一：电子图书的检索与利用（以超星数字图书馆为例）

1. 进入超星首页

在 IE 阅读器地址栏内输入学院主页地址，进入校园网。单击“图书馆”链接，进入图书馆主页；单击“超星数字图书馆”，进入超星数字图书馆首页，如图 7－7 所示。

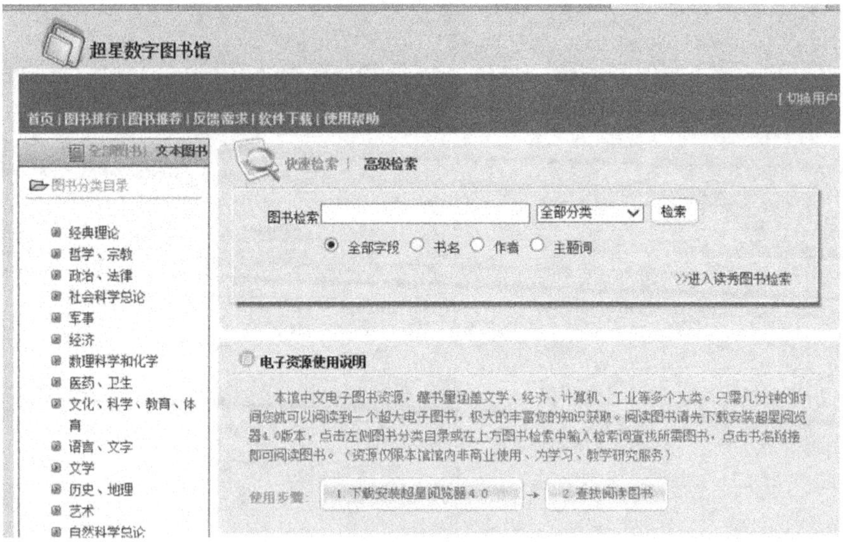

图 7－7　超星数字图书馆首页

2. 阅读器的下载与安装

阅读器是阅读各类电子文献首先需要具备的条件。现在应用的阅读器种类很多，如 Adobe Reader 阅读器、SSReader 阅读器、CajViewer 阅读器等。在使用阅读器浏览文献信息前，首先必须对阅读器进行下载和安装。下面我们就以超星阅览器的下载和安装为例来进行介绍，其他阅读器可参照使用。

1）进入“读书软件下载”，单击 立刻下载 ，在弹出的文件下载窗口中选择“将该程序保存到磁盘”然后选择下载文件保存的目录并单击“保存”按钮。如果您的系统安装了迅雷，也可以使用迅雷下载。

2）超星阅览器安装程序下载完毕后，进入保存超星阅览器的目录并双击安装程序，进入自动安装向导，向导会引导您完成超星阅览器的安装。

3）双击安装程序，开始安装。并根据提示先关闭所有 Internet Explorer 窗口 ，如图 7－8所示。

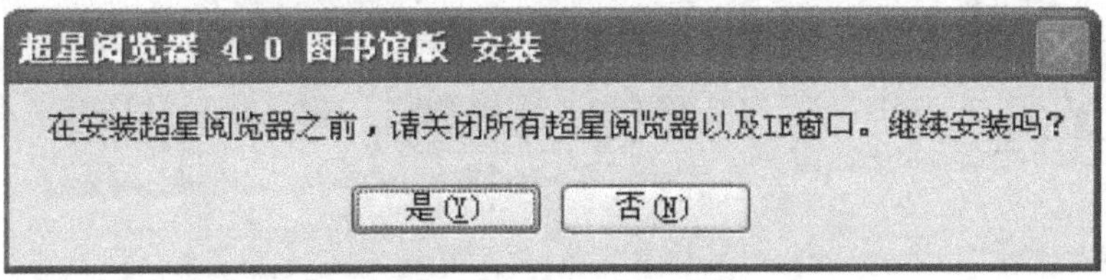

图 7－8　关闭 IE 窗口提示

4）根据安装向导的提示，单击“下一步”和“我接受”按钮进行安装，如图 7－9、图 7－10 所示。

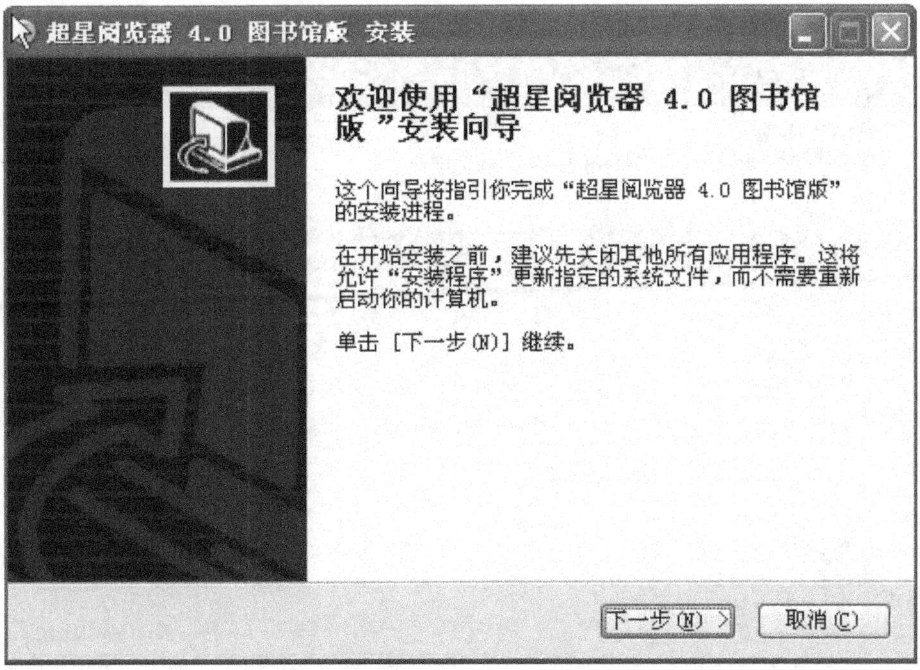

图 7－9　安装向导

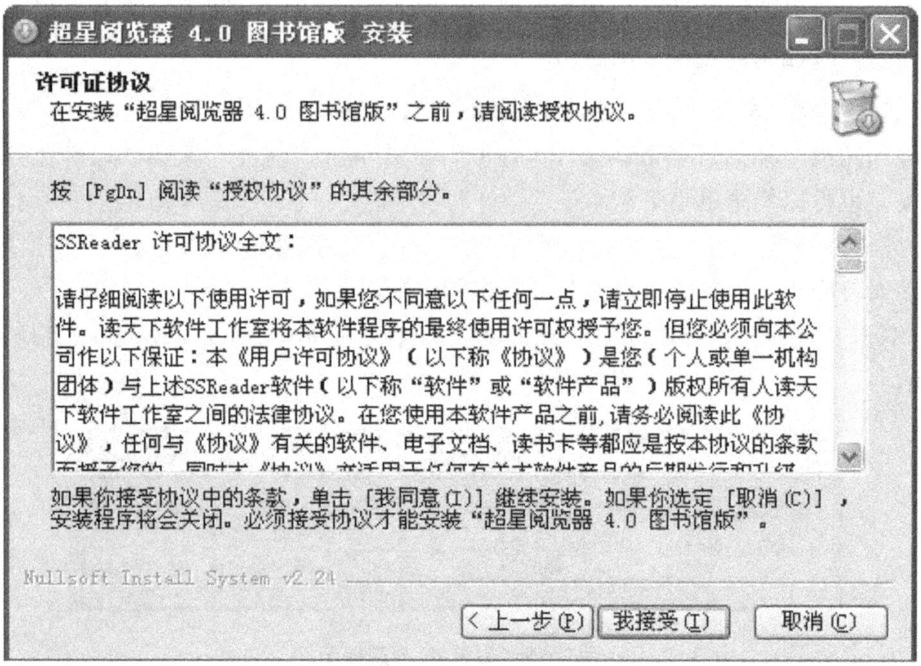

图 7－10　许可证协议

5）阅读器安装路径的选择，如图 7－11 所示。注意：超星阅览器不能安装到中文路径下。

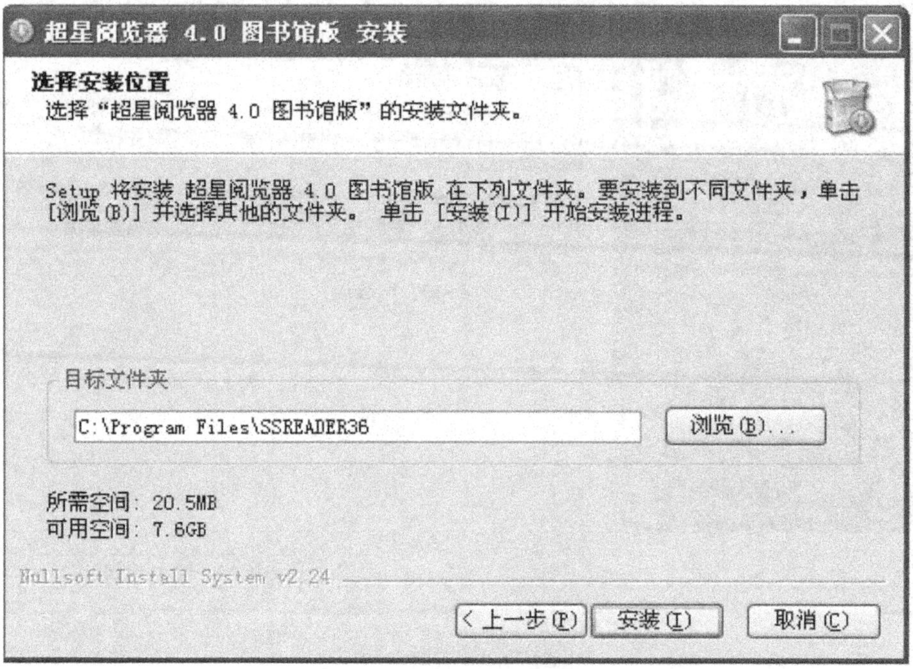

图 7－11　选择安装路径

6）完成安装，如图 7－12 所示。

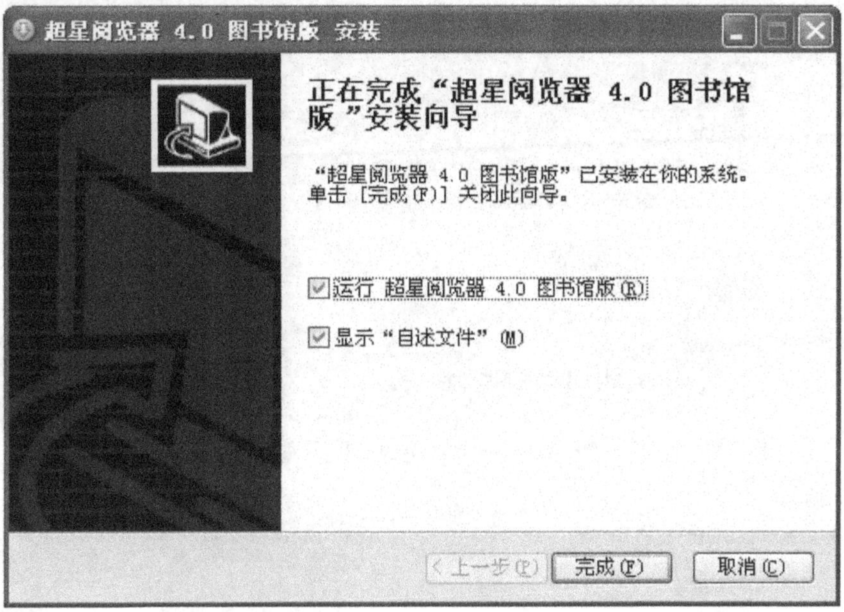

图 7－12　安装完成

3. 电子图书的检索

超星数字图书馆一般检索的检索途径包括全部字段、书名、作者、主题词和分类。下面以用"书名"检索"船舶柴油机"为例进行介绍。

1）首先进入图书馆主页的"超星数字图书馆"。

2）在超星数字图书馆的"高级检索"框内分别输入"船舶""柴油机"，检索途径为"书名"，布尔逻辑关系选择"并且"，单击"查询"，如图 7－13 所示。

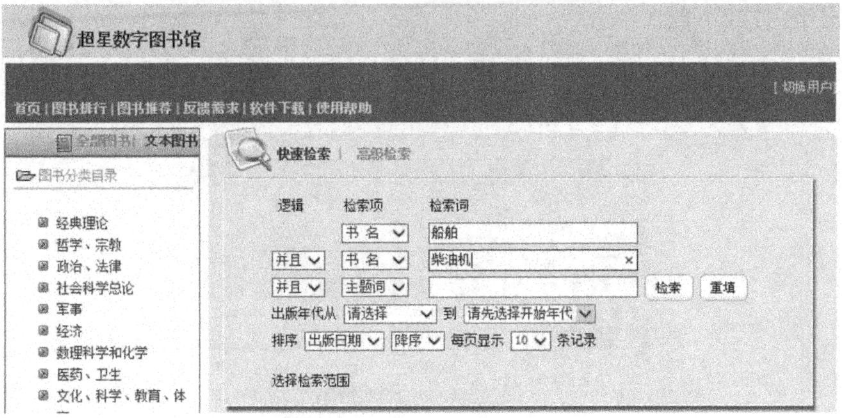

图 7－13　检索页面

3）通过上述步骤即可以检索出所需的电子图书，如图 7－14 所示。

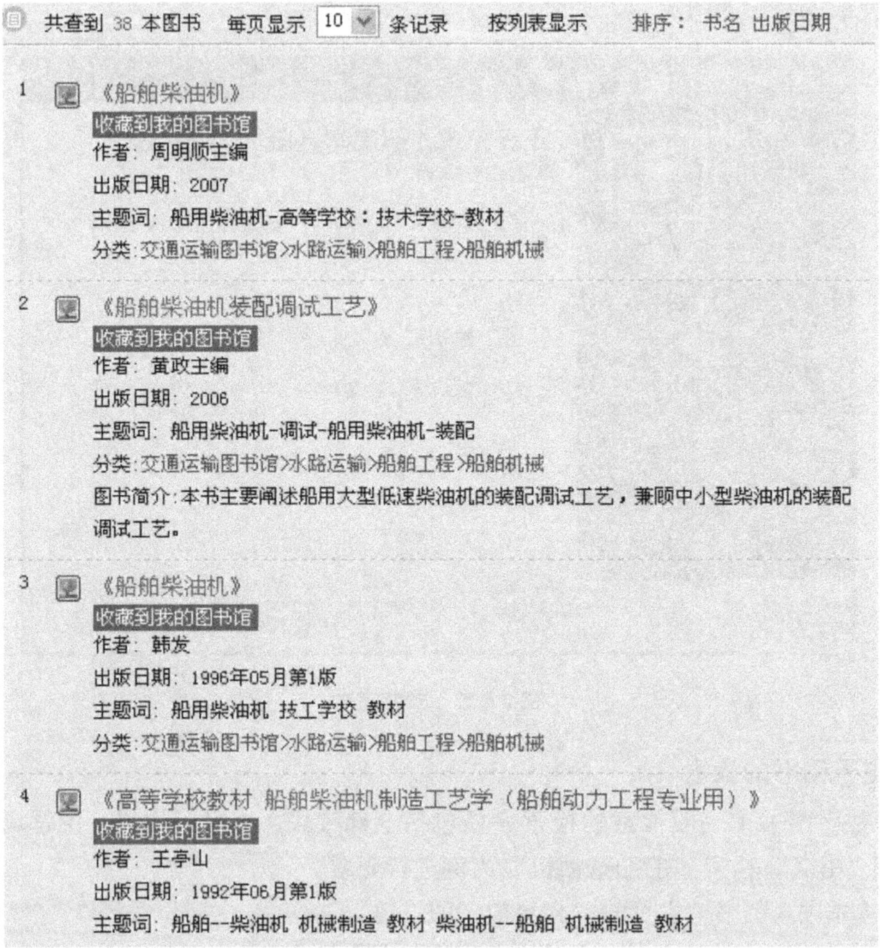

图 7－14　检索结果

4. 电子图书的下载

1）在图书阅读页面上单击鼠标右键，选择“下载”选项，下载这本书，如图 7－15 所示。

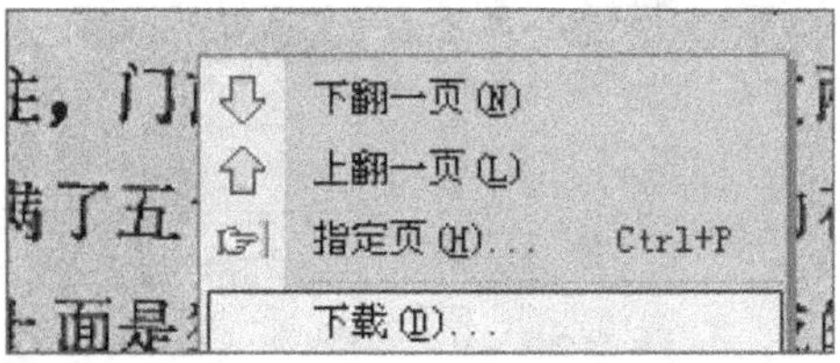

图 7－15　下载菜单

2）在下载图书时选择图书存放路径，这个时候您就可以在阅读器中下载图书了，如

图 7－16 所示。

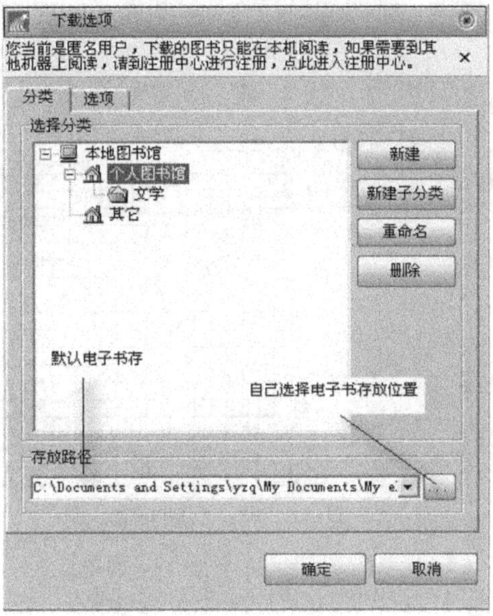

图 7－16　下载选项

3）通过这种下载方法下载的电子图书只能在本机阅读，如果需要复制到其他计算机阅读，需要先注册，登录后下载的电子图书可以在其他计算机上阅读。电子图书下载后复制到其他计算机，也需登录后才可以阅读。如图 7－17 所示。

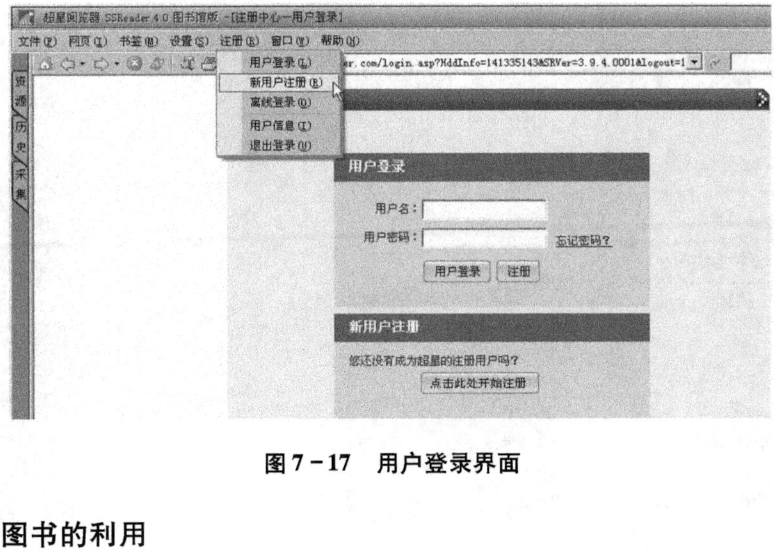

图 7－17　用户登录界面

5. 电子图书的利用

（1）区域选择工具

阅读超星 PDG 图像格式的图书时，可以使用区域选择工具将 PDG 里的图片转换为 bmp 格式后保存，方便了信息资料的使用。

方法为：在阅读书籍页面单击鼠标右键选择“区域选择工具”，然后按住鼠标左键拖动一个矩形选定图片，然后松开左键，把图像另存为计算机路径，如图 7－18、图 7－19 所示。

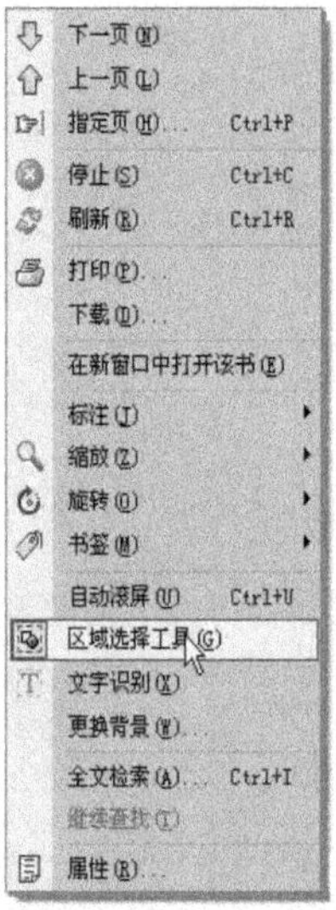

图 7－18　区域选择工具

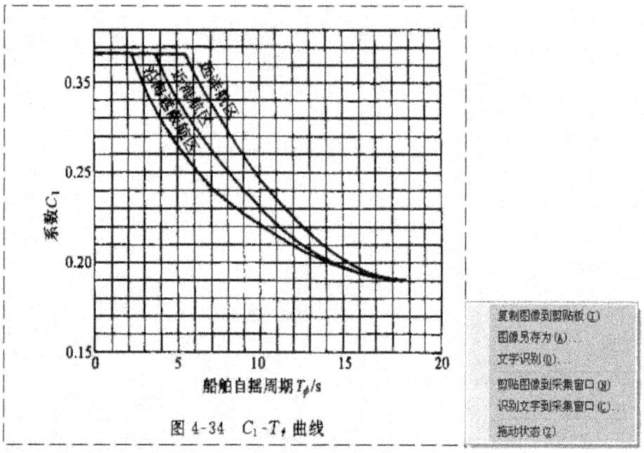

图 7－19　图像另存为路径

(2) 标注功能

阅读图书时，通过鼠标右键菜单选择标注工具。标注有六种工具：批注、铅笔、直线、圈、高亮、链接，如图 7－20、图 7－21、图 7－22 所示。

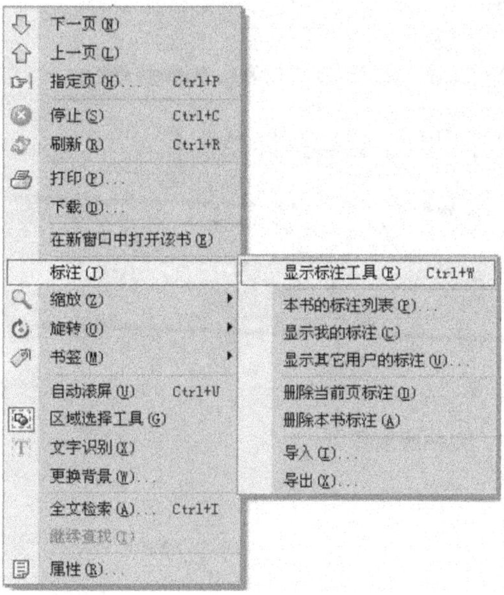

图 7－20　标注选项

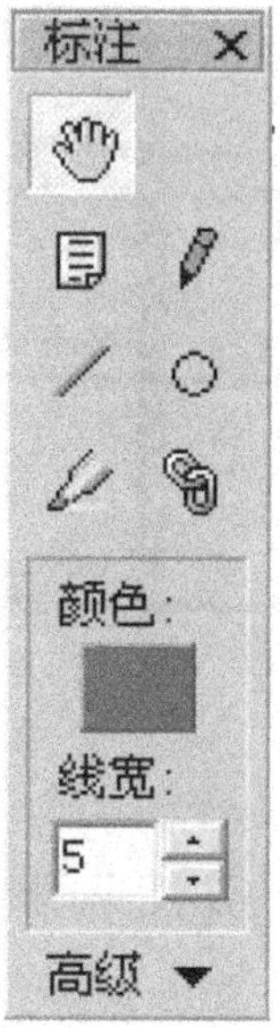

图 7－21　标注工具

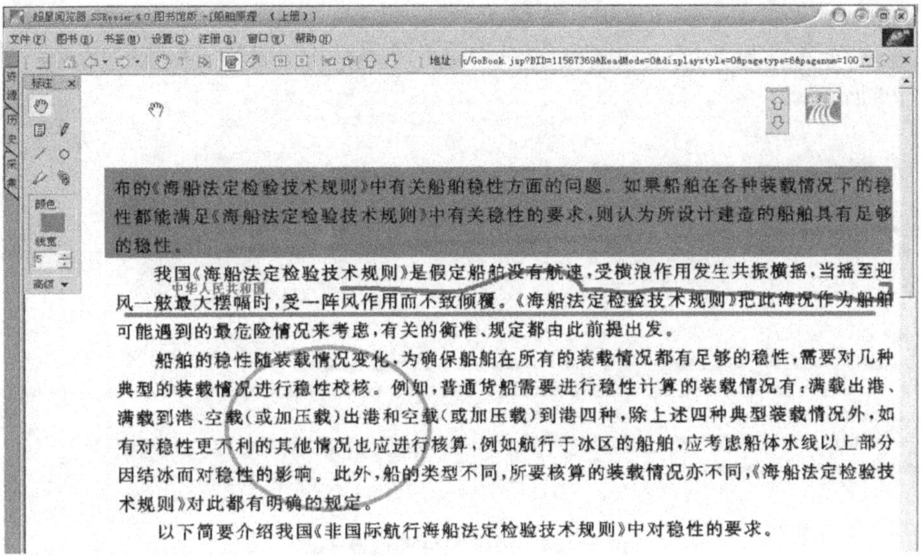

图 7－22　标注方法

活动二：电子期刊的检索（以维普为例）

1. 进入维普首页

在 IE 阅读器地址栏内输入学院主页地址，进入校园网。单击“图书馆”链接，进入图书馆主页。单击“维普中文科技期刊数据库”，进入的维普首页，如图 7－23 所示。

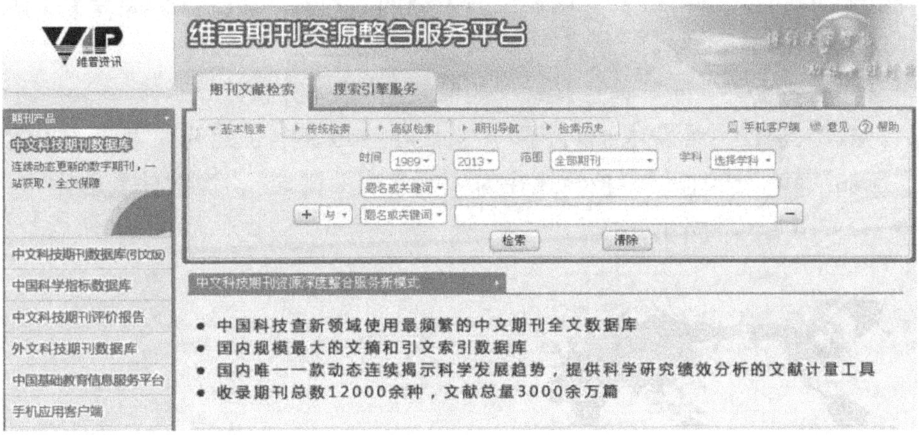

图 7－23　维普首页

2. 阅读器的下载与安装

在使用浏览维普电子期刊信息前，首先必须对阅读器进行下载和安装。下面我们以 Foxit Reader 阅读器为例进行介绍，其他类型的阅读器大致上与此相似，可参照使用。

1）单击维普首页上的 

图标，进入 PDF 文件阅读器下载界面，如图 7－24 所示。

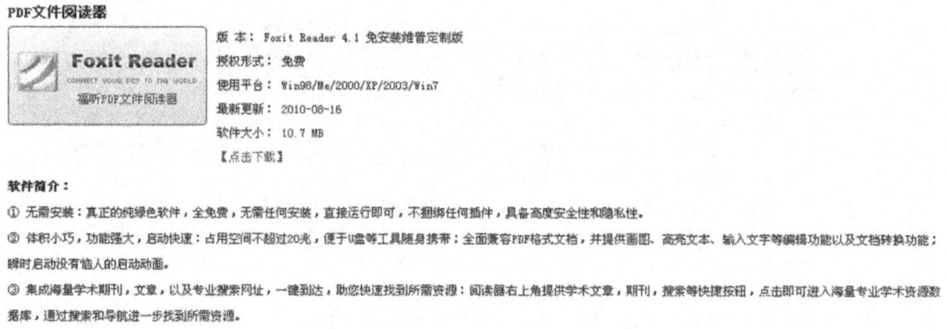

图 7－24　PDF 文件阅读器下载

2）单击“下载”按钮，即可下载。

3）下载完成后，Foxit Reader 无需安装，直接可以使用。

3. 快速检索

首页默认的检索区域就是“期刊文献检索”，分为“基本检索”“传统检索”“高级检索”“期刊导航”和“检索历史”五种方式。

维普电子期刊的“基本检索”途径包括关键词、刊名、作者、分类号等十余种检索途径。

下面以“题名或关键词”途径检索“船舶柴油机”的内容。

1）首先进入学校“维普电子期刊”主页。在“维普电子期刊”网页的检索框内分别输入“船舶”和“柴油机”，检索途径为“题名或关键词”，检索关系选择“与”，单击“搜索”，如图 7－25 所示。

图 7－25　检索页面

2）然后就可以检索出相关的电子期刊有 2 334 篇，如图 7－26 所示。

图7-26 检索结果

3）如果要在线阅读《基于VB的船舶柴油机虚拟拆装系统研究》这篇电子文献，可选择“在线阅读”，如图7-27所示。

图7-27 在线阅读

4）如果要下载《基于VB的船舶柴油机虚拟拆装系统研究》这篇电子文献，选择“下载全文”。再单击“镜像站—高速下载—1”，进入下载界面，如图7-28所示。

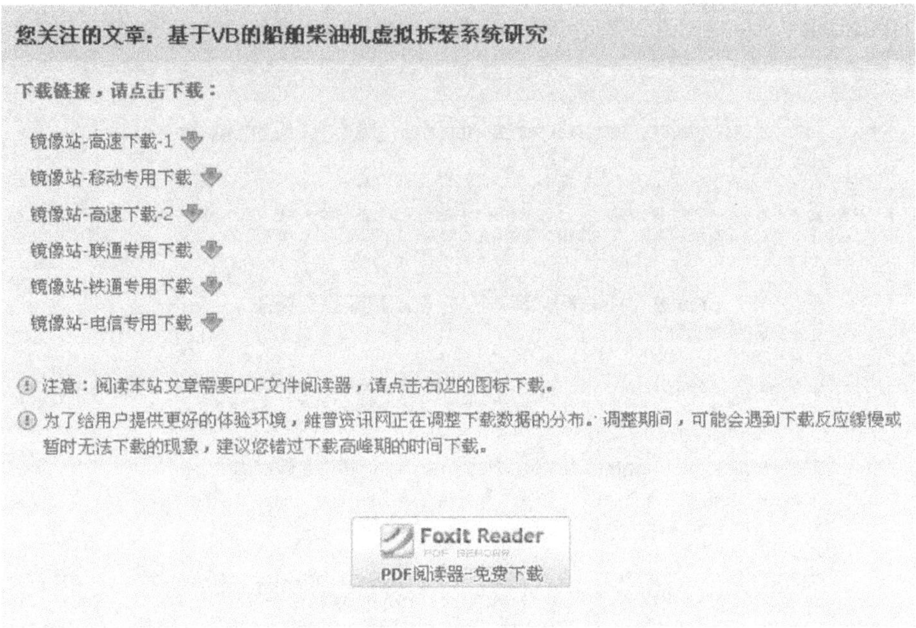

图 7－28　下载页面

5）单击“镜像站—高速下载—1”，后，将弹出“文件下载”窗口。“打开”是在线打开，“保存”是保存到本地计算机。单击“打开”，由于维普不支持迅雷等下载工具的多线程下载，如果弹出迅雷下载窗口，单击“取消”就可阅读文献。如图 7－29、图 7－30、图 7－31 所示。

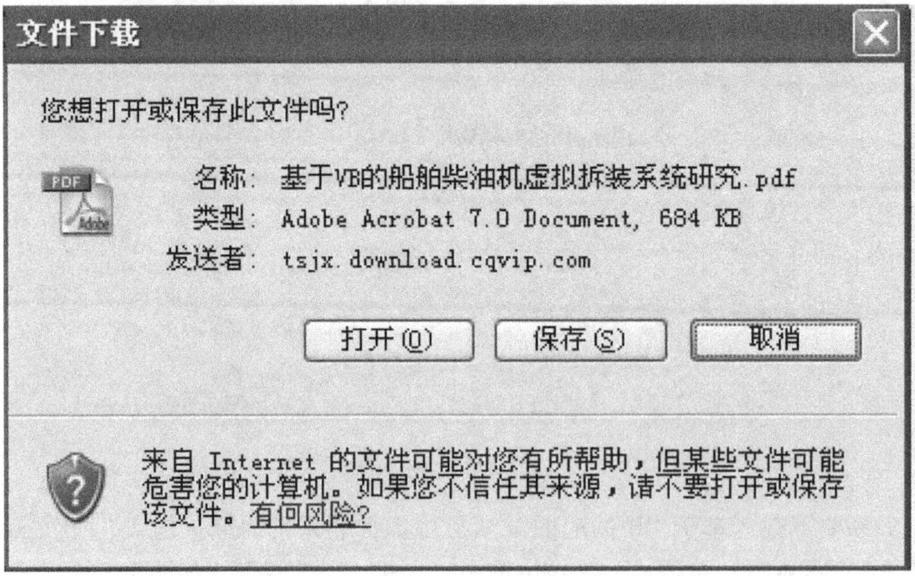

图 7－29　文件下载

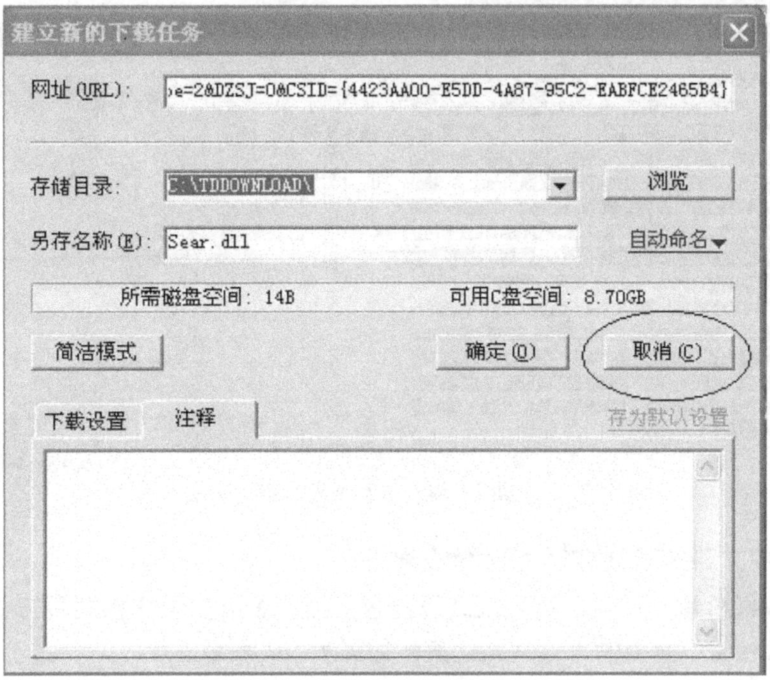

图7-30 下载选项

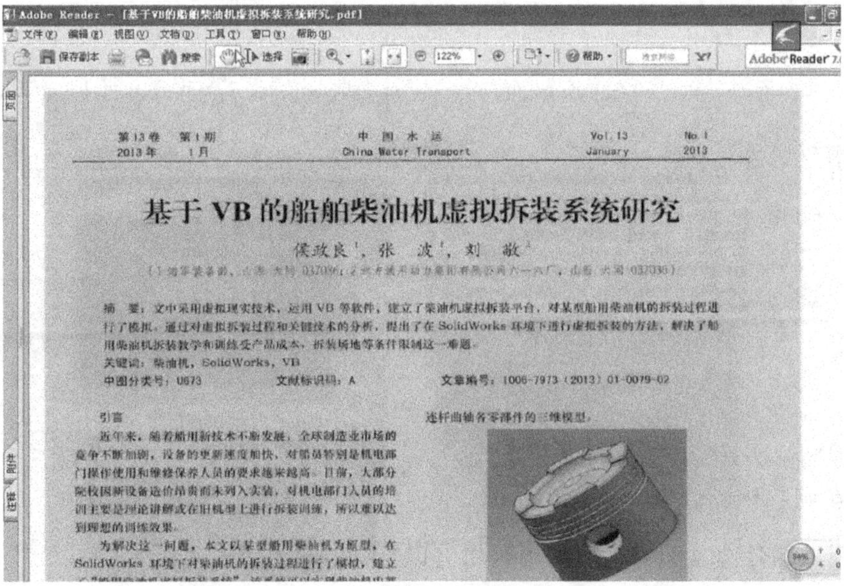

图7-31 阅读文件

6）编辑PDF文档。

单击PDF阅读器的“文本选择工具”的图标，待鼠标指针变成了“I”字形，在屏幕上选取需要复制的文本，这时被选取的文本会以高亮显示，单击鼠标右键，选择“复制”，然后就可以在Word等文字处理软件中粘贴，就可编辑保存了，如图7-32所示。

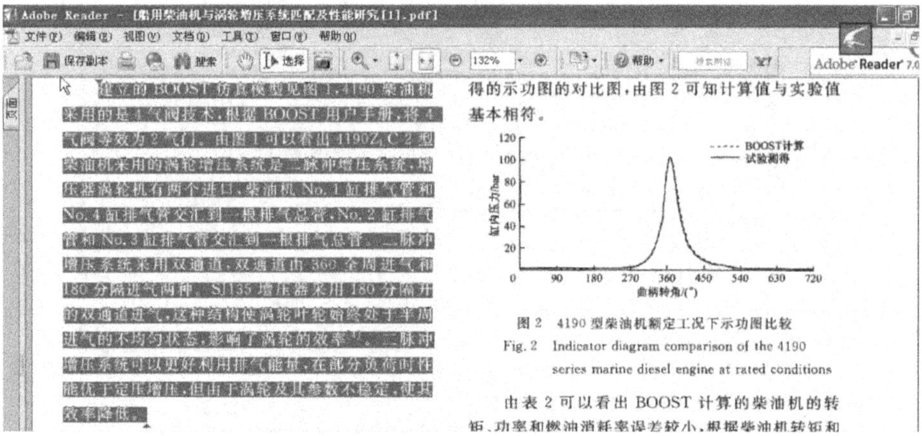

图 7－32　选择复制文本

4. 维普中文科技期刊数据库高级检索

单击“高级检索”按钮即可进入高级检索页面。高级检索提供两种方式供读者选择使用：向导式检索、直接输入检索式检索，如图 7－33 所示。

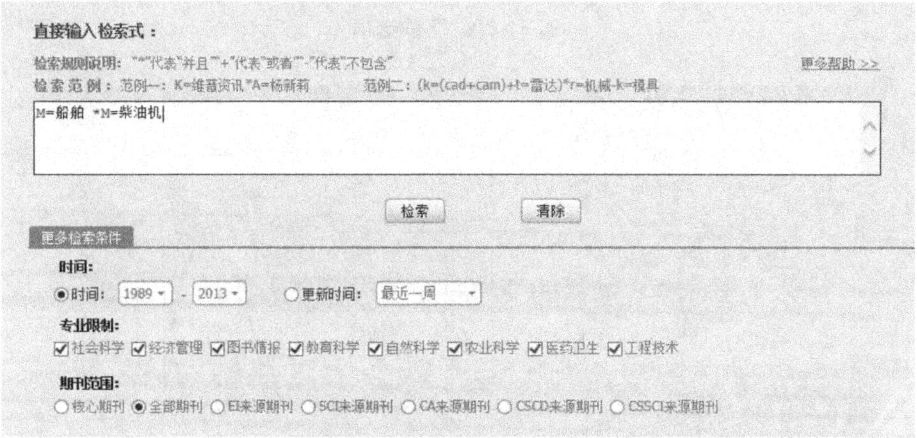

图 7－33　检索页面

检索规则说明：“ * ” 代表 “并且”，“ + ” 代表 “或者”，“ － ” 代表 “不包含”。

检索范例 ：M = 船舶 * M = 柴油机

活动三：综合检索平台的检索与利用（以 CNKI 为例）

“中国知网”（CNKI）是集知识资源大规模整合出版、原创性学术文献出版、多媒体出版和专业化、个性化数字图书馆为一体的数字出版平台，全面整合了 90% 以上的学术文献和海内外重要的学术文献数据库资源。CNKI 深度集成整合了期刊、博硕士论文、会议论文、报纸、标准、专利、年鉴、科技成果、工具书等各种文献资源，包含有基础科学、工程科技 I、工程科技 II、农业科技、医药卫生科技、哲学与人文科学、社会科学 I、社会科学 II、信息科技、经济与管理科学十个专辑。

1. 进入中国知网首页

在 IE 阅读器地址栏内输入学院主页地址，进入校园网。单击“图书馆”链接，进入图书馆主页。单击“中国知网 CNKI”，进入的中国知网首页，如图 7 - 34 所示。

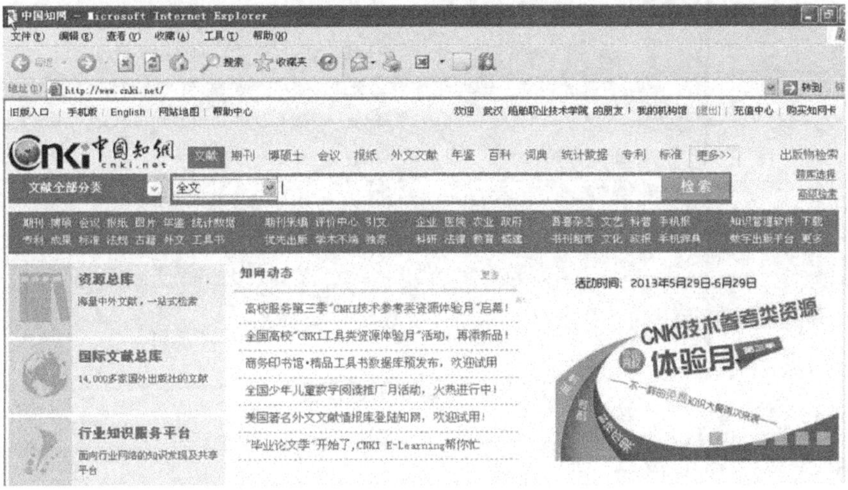

图 7 - 34　中国知网首页

2. 阅读器的下载与安装

1）打开中国知网 CNKI 首页，转到首页最下面，进入 CajViewer 阅读器下载界面，如图 7 - 35、图 7 - 36 所示。

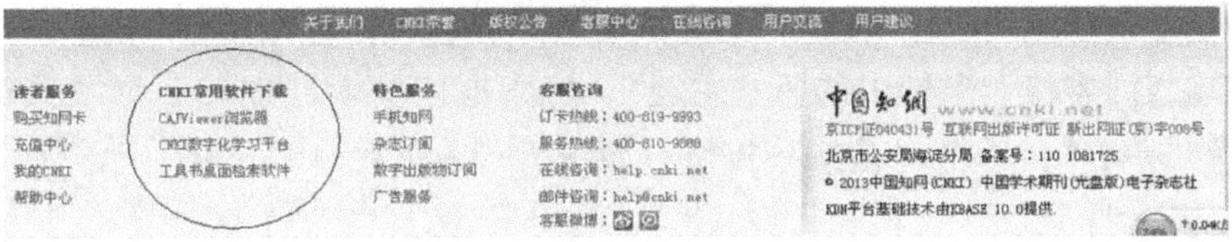

图 7 - 35　常用软件下载

图 7 - 36　CAJ 全文阅读器

2）单击下载最新版本，即可下载安装 CajViewer，如图 7 - 37 所示。

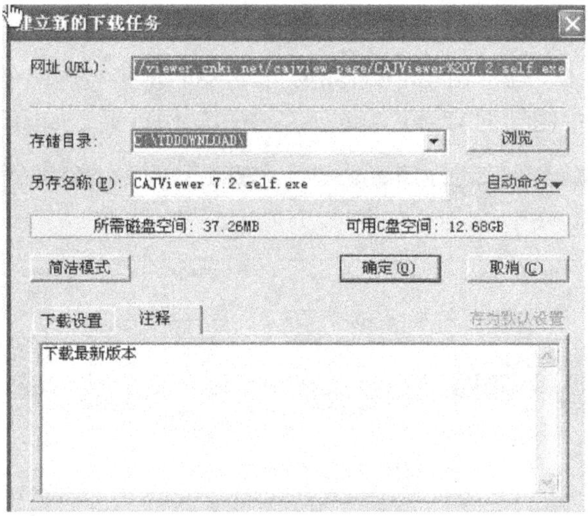

图 7－37　建立下载任务

3. 综合检索平台的检索

下面以用主题检索“船舶柴油机”为例进行介绍。

1）进入学院中国知网 CNKI 首页，单击检索框右侧“高级检索”，如图 7－38 所示。

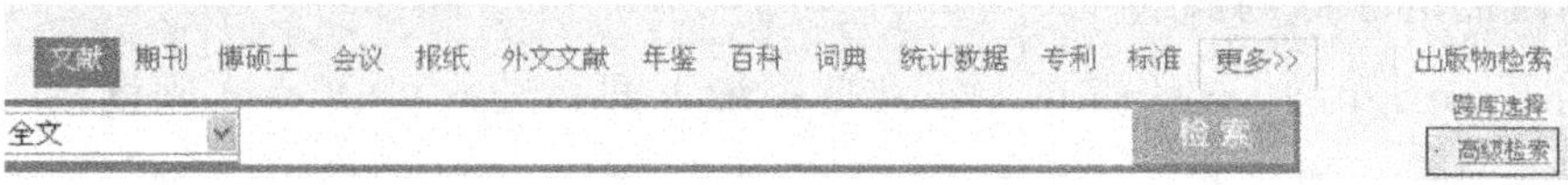

图 7－38　高级检索

2）在输入内容检索条件中选择“主题”，检索框内输入“船舶”和“柴油机”，检索关系选择“并含”，单击“检索”按钮，如图 7－39 所示。

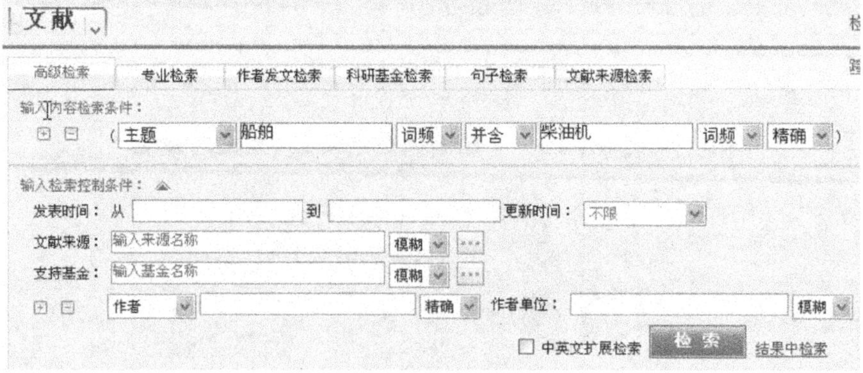

图 7－39　检索页面

3）共计检索到文献 3 963 篇，包含有期刊、博硕士论文、会议记录、年鉴、工具书、专利、标准和科技成果等文献类型，如图 7－40 所示。

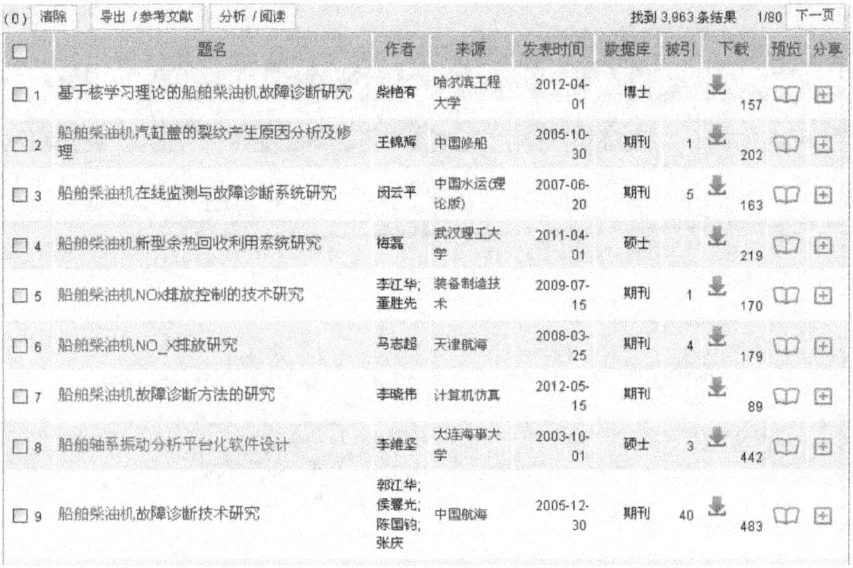

(0) 清除　导出 / 参考文献　分析 / 阅读　找到 3,963 条结果　1/80　下一页

□	题名	作者	来源	发表时间	数据库	被引	下载	预览	分享
□ 1	基于核学习理论的船舶柴油机故障诊断研究	柴艳有	哈尔滨工程大学	2012-04-01	博士		157		
□ 2	船舶柴油机汽缸盖的裂纹产生原因分析及修理	王锦辉	中国修船	2005-10-30	期刊	1	202		
□ 3	船舶柴油机在线监测与故障诊断系统研究	阅云平	中国水运(理论版)	2007-06-20	期刊	5	163		
□ 4	船舶柴油机新型余热回收利用系统研究	梅磊	武汉理工大学	2011-04-01	硕士		219		
□ 5	船舶柴油机NOx排放控制的技术研究	李江华; 董胜先	装备制造技术	2009-07-15	期刊	1	170		
□ 6	船舶柴油机NO_x排放研究	马志超	天津航海	2008-03-25	期刊	4	179		
□ 7	船舶柴油机故障诊断方法的研究	李晓伟	计算机仿真	2012-05-15	期刊		89		
□ 8	船舶轴系振动分析平台化软件设计	李维坚	大连海事大学	2003-10-01	硕士	3	442		
□ 9	船舶柴油机故障诊断技术研究	郭江华; 侯蕾光; 陈国钧; 张庆	中国航海	2005-12-30	期刊	40	483		

图 7－40　检索结果

4）如果要下载某一篇文献，直接单击下载，将弹出“文件下载”窗口。“打开”是在线打开，“保存”是保存到本地计算机。单击“打开”，由于维普不支持迅雷等下载工具的多线程下载，如果弹出迅雷下载窗口，单击“取消”即可阅读文献，如图 7－41、图 7－42、图 7－43、图 7－44 所示。

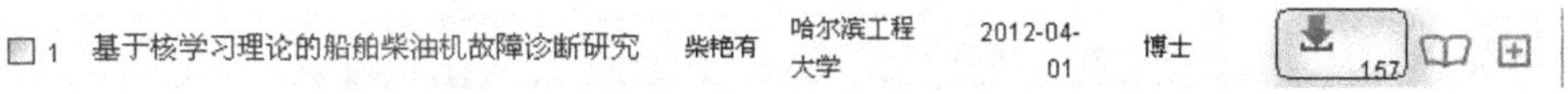

图 7－41　下载按钮

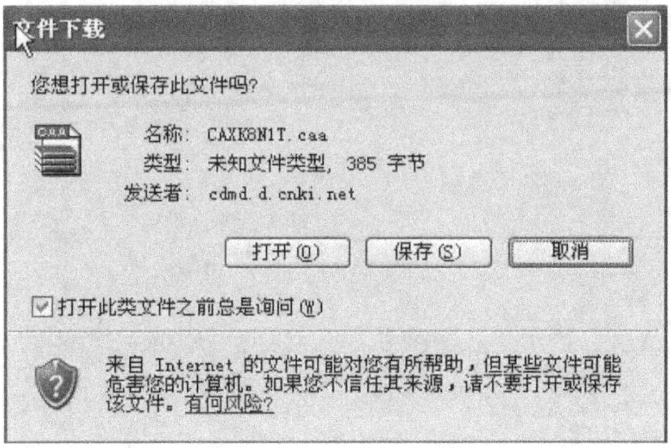

图 7－42　文件下载

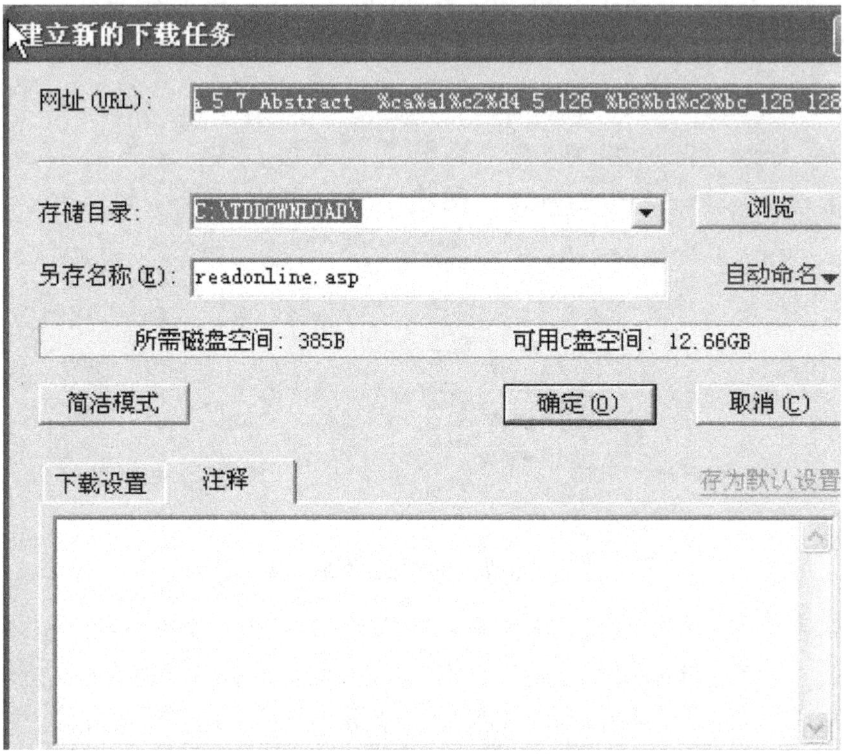

图 7－43　建立下载任务

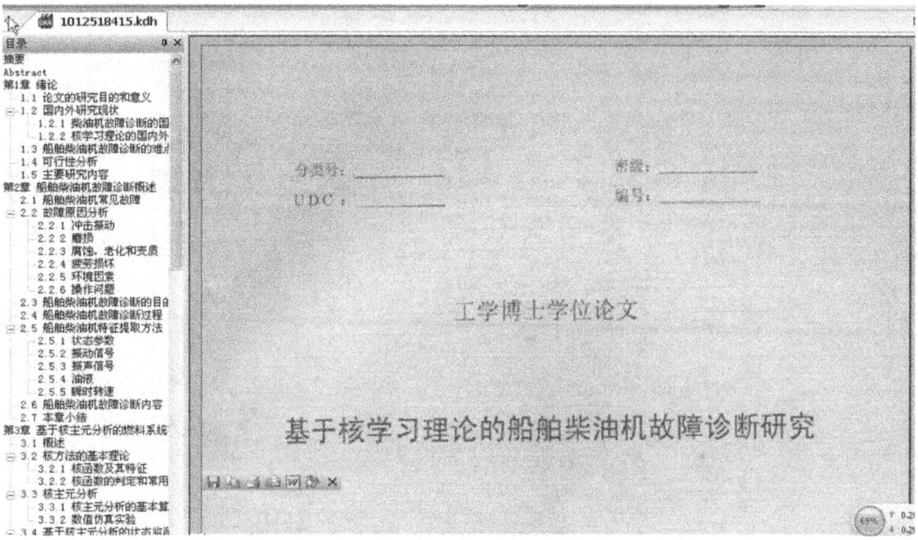

图 7－44　文件阅读

第 3 节　利用网络搜索引擎检索信息

【实训内容】

利用 Internet 网络搜索引擎检索信息。

【实训说明】

Internet 的迅猛发展使其所含的信息数量急剧增长，在这样一个浩瀚无边的信息空间里，快速查找并获取所需要的信息已成为人们最迫切的需求。为了帮助人们从网络信息的汪洋大海之中将对自己有价值的部分搜寻、挑选出来，网络搜索引擎便应运而生了。搜索引擎正是为解决用户的查询问题而出现的，如果说 Internet 上的信息浩如烟海，那么搜索引擎就是海洋中的导航灯。只有通过搜索引擎的查询结果，用户才会知道信息所处的地点，再去该网站获得详细资料。本任务以百度为例。

【注意事项】

1. Keyword 原则

所谓 Keyword 原则，是用户检索时，首先要把问题分解成若干个关键词，然后对这些关键词进行组配，形成所谓的“检索表达式”，让计算机能够理解和执行，并输出想要的结果。这是检索能否成功的关键。

2. 检索词的选用

Google 和百度等搜索引擎抽取检索词时会有所偏向，应尽量选择专指词、特定概念或专业术语作检索词，避免普遍词和太泛指的词。像计算机、互联网、中国、世界等词，太多太泛，用作关键词，会反馈数以亿计的检索结果，失去检索意义，被称为“禁用词”。

3. 一些检索思想

1）不是互联网上所有的信息都能被搜索引擎搜集。

2）动手前多动脑。

3）不要盲目信任搜索得到的信息。

4）不要期望一次搜索解决问题。

5）如果我们只是在网上漫游，享受网络无边世界的乐趣，搜索引擎可以满足我们的要求，但是如果我们想查找某些特定的专业信息，我们必须重视专业数据库的作用。

【实训步骤】

下面以在百度上检索“船舶柴油机”的网络信息为例进行介绍，如图 7－45 ~ 图 7－51 所示。

1. intitle

检索式：关键词 A　intitle：关键词 B

含义：搜索含关键词 B 标题的网页，并在含关键词 B 标题的网页搜索含关键词 A 的内容。

例：船舶 intitle：柴油机

注意：“船舶”与“intitle：柴油机”之间要空一格，“intitle”要紧跟“：”，如果漏掉“：”会导致检索失败。

解析：“柴油机”一词是对检索标题的网页限定，称为“定位词”，用于检索题目范围的限定，intitle 前面的词称为“船舶”，即我们需要的检索方向。目标词与定位词根据具体情况，可以考虑互换。

图 7-45　检索页面

2. site

检索式：关键词 A site：网址（不加“http://www”）。

含义：在某个站点中搜索关键词 A 的内容。

例：在站点 www. wspc. edu. cn 查找船舶柴油机方面的信息。

检索式：船舶柴油机 site：wspc. edu. cn。

解析：可以在 www. wspc. edu. cn 查找船舶柴油机方面的信息。

注意：“site:”后面跟站点域名，不要加“http://www”，site：和站点名之间不能有空格。

图 7-46　检索页面

3. filetype

检索式：关键词 A　filetype：文件类型。

含义：查找关于关键词 A 的非 HTML 文件，如 PDF、DOC、PPT、XLS。

例如，查找船舶柴油机方面 doc 文本文件，只需搜索“船舶柴油机 filetype：doc”即可。

注意：“船舶柴油机”与“filetype：doc”之间要空一格，“filetype”要紧跟“：”。

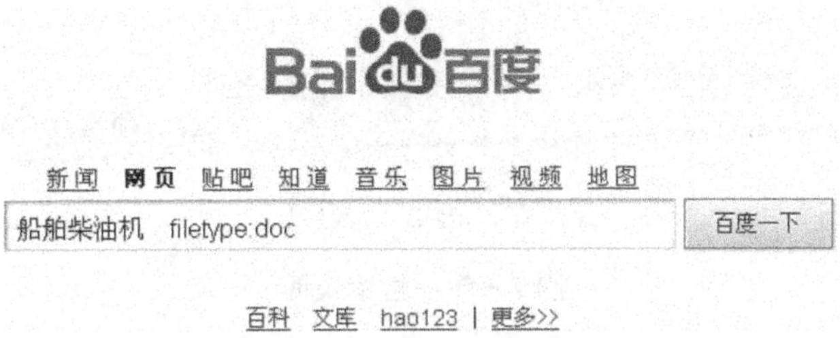

图 7 - 47　检索页面

4. inurl

检索式：关键词 A　inurl：网页的 URL 包含的字符串。

含义：表示限定搜索结果，网页的 URL 必须包含所规定的字符串。

命令格式：inurl：限定的字符串检索词。

示例：搜索船舶柴油机新闻的专题资料。许多中文网站都以“news”作为下载目录或频道名称。

检索式：船舶柴油机 inurl：news。

图 7 - 48　检索页面

5. 逻辑与（找到更精确的结果）

图 7 - 49　检索页面

6. 逻辑或（扩大检索范围）

图 7－50　检索页面

7. 逻辑非（缩小检索范围）

图 7－51　检索页面

课后习题

综合检索船舶辅机方面的文献信息。

参考文献

[1] 肖亚明，尹志清，王涛. 信息检索与利用 [M]. 天津：天津大学出版社，2009.

[2] 张玲. 国防科技信息资源与网络检索 [M]. 哈尔滨：哈尔滨工程大学出版社，2009.

[3] 燕今伟，刘霞. 信息素质教程 [M]. 武汉：武汉大学出版社，2008.

[4] 黄如花. 信息检索 [M]. 2 版. 武汉：武汉大学出版社，2010.

[5] 戴建陆，张岚. 信息检索 [M]. 2 版. 北京：中国电力出版社 ，2012.

[6] 柯平. 信息素养与信息检索概论 [M]. 天津：南开大学出版社，2005.

[7] 李岩，王贤超，刘佳. 信息检索实用教程 [M]. 武汉：湖北科学技术出版社，2005.

[8] 符绍宏. 信息检索 [M]. 北京：高等教育出版社，2004.